大学物理习题
精析与自测

主 编 姜 悦 郭小建

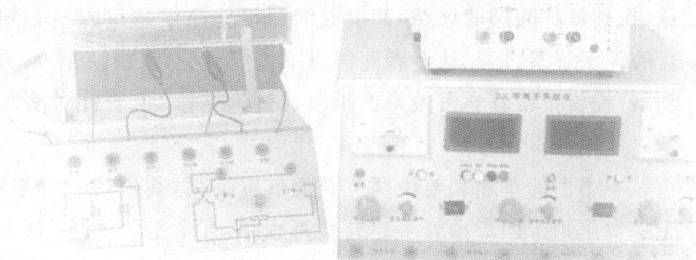

南京大学出版社

前　言

　　物理学的基本理论渗透在自然科学的各个领域,是其他自然科学和工程技术的基础。以物理学基础为内容的大学物理课程,是高等学校理工科学生的一门重要的通识性必修基础课,它是工程技术人员的理论基石,也是四年大学学习中唯一一门涉及到各个学科并与高新技术相联系的课程。高等学校开设大学物理课的目的在于打好基础,尤其是后续学习能力、学习方法的基础。

　　高校课堂的最大特点在于信息量大、课时紧,不可能像中学那样利用课堂时间就能掌握教学内容,复习和练习在大学物理的学习中显得特别重要,《大学物理习题精析与自测》是读者学习大学物理的好帮手。本书力图从学习要求、学习内容出发,建立清晰的知识结构,突出重点难点,理清解题思路,动手动脑,让读者掌握物理学分析问题、解决问题的思路和方法。由于大部分学校利用两个学期完成大学物理课程的学习,本书根据具体教学内容的安排分成上篇和下篇,上篇主要包括力学、机械振动、机械波、波动光学以及狭义相对论。下篇主要包括热学、电磁学以及量子物理部分。每一章包括五大板块:"学习基本要求"简明扼要地指出了本章应该掌握、理解以及了解的主要内容;"基本概念及基本规律"归纳总结了本章的主要知识点,并用虚线框标注了易混淆的知识点,突出强调了一些理解误区;"典型例题精析"补充了一些典型例题,首先通过逻辑推理理清题意,找到解决问题的思路,其次提纲挈领地抓住题目的核心知识点,最后给出题目的详细解答过程,让读者能够以不变应万变,该板块是本书的精华所在;"动手动脑"提供了检查学习效果的机会;"讨论交流"主要针对实际问题,让同学们有学以致用的本领。

　　本书由郭小建和姜悦两位老师负责编写,其中第一章至第四章、第八章、第十一章至第十四章由郭小建老师完成;第五章至第七章、第九章、第十章以及第十五章由姜悦老师完成。此外,本书在编写过程中得到金陵科技学院物理教研室陈治国、黄勇、蒋洪良、刘平、杨卓慧等老师的悉心指导和大力支持,物理实验中心的李宁高级工程师和朱培玉老师对本书的出版提出了宝贵的意见,在此一并表示感谢,特别感谢南京大学出版社为本书提供了宝贵的出版机会。

　　由于编者水平有限,错误和不当之处在所难免,恳请读者多提宝贵意见,以便日后不断完善。

编　者

2012 年 1 月

目　录

上　篇

下 篇

上 篇

第一章 质点运动学

一、学习基本要求

1. 掌握位置矢量、位移、速度和加速度等描述质点运动及运动变化的物理量. 理解这些物理量的矢量性、瞬时性和相对性.

2. 理解运动方程的物理意义及作用. 掌握应用微积分求解质点运动的两类常见问题:(1)已知质点的运动方程,求其速度和加速度;(2)已知质点的速度、加速度及初始条件,求其运动方程.

3. 能计算质点在平面内运动时的速度和加速度以及质点做圆周运动时的角速度、角加速度、切向加速度和法向加速度.

4. 了解相对运动.

二、基本概念及基本规律

1. 质点、参考系、坐标系

本章我们的研究对象是经过科学抽象而形成的物理模型——质点,主要任务是研究质点各种运动形式的规律,而"运动是绝对的,静止是相对的",为了描述物体的运动情况,我们必须选择参考系,参考系只能定性地描述质点的运动情况.质点在空间上位置的变化即为运动,在参考系选定之后,为了定量地描述质点的位置和位置随时间的变化关系,必须在参考系上选择一个坐标系.

质点　通常来说,物体的大小和形状对研究的问题是有影响的,但在有些问题中可以忽略这个影响,而把物体看成一个仅有质量的点,称为质点.这是一个经过科学抽象的理想模型,但这种研究方法在理论和实践上都有重要的意义.

以下两种情况可以将物体简化为质点:

（1）物体不变形,不转动.此时物体上各点的运动情况都相同,物体上任意一点可以代表所有点的运动.

（2）物体本身的线度和我们研究的范围相比小得很多,此时物体本身的大小、物体的变形及转动显得并不重要.

参考系　为了描述一个物体的运动,必须选择另一个物体作为参考,被选做参考的物体称为参照系.

注意:参照系不一定是静止的.

坐标系　为了定量地确定物体的运动,须在参照系上选用一个坐标系.常用的坐标系有直角坐标系、极坐标系和自然坐标系等.

2. 位置矢量、位移、速度、加速度

为了定量地研究质点的运动情况,首先要确定质点在空间的位置,这是通过位置矢量来描述的;质点位置的改变即为运动,这是通过位移来描述的;在不同的情形下,质点位移的大小和方向的改变量也不同,这是通过速度来描述的;在质点的受力情况不同时,速度的大小和方向的改变量也不同,这是通过加速度来描述的.位置矢量、位移、速度和加速度正是描述质点运动的四个基本物理量,它们都是矢量,有大小和方向,并且服从矢量运算的平行四边形法则.

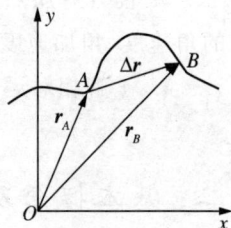

图 1-1

位置矢量（位矢）　从坐标原点指向质点所在位置的矢量,常用 r 表示,如图 1-1 中所示的 r_A、r_B.

说明:

（1）运动方程.质点运动时,位矢是关于时间 t 的函数,即 $r=r(t)$,位置矢量随时间变化的关系式称为质点的运动方程.

（2）**轨迹方程**.将运动方程写成分量形式,并联立组成方程组,消去时间参量 t,便可得到质点运动的轨迹方程.

位移　位矢在一段时间间隔 Δt 内的增量,即从起点 A 指向终点 B 的有向线段,常用 Δr 表示,如图 $1-1$ 所示,且 $\Delta r = r_A - r_B$.

注意:路程指质点实际运动轨迹的长度,位移和路程是两个不同的概念,位移为矢量,路程为标量,在量值上也未必相等.只有在匀速直线运动中,位移的大小与所通过的路程才相等.

速度　分为平均速度和瞬时速度,平均速度描述在一段时间或一段距离内运动的平均情况,而瞬时速度描述质点在某一时刻的运动状态.

平均速度　如图 $1-1$ 所示,若在 Δt 时间内,质点从点 A 运动到点 B,其位移为 Δr,则质点的平均速度可表示为 $\overline{v} = \dfrac{\Delta r}{\Delta t}$.

瞬时速度　当 $\Delta t \to 0$ 时平均速度的极限值叫做瞬时速度,简称速度,其数学表达式为 $v = \lim\limits_{\Delta t \to 0} \dfrac{\Delta r}{\Delta t} = \dfrac{\mathrm{d}r}{\mathrm{d}t}$.

加速度　和速度类似,分为平均加速度和瞬时加速度,平均加速度描述在一段时间或一段距离内速度改变的平均情况,而瞬时加速度描述质点在某一时刻的速度改变情况.

平均加速度　单位时间内的速度增量即平均加速度,如图 $1-2$ 所示,若在 Δt 时间内,质点的速度由 v_A 变为 v_B,则质点的平均加速度可表示为 $\overline{a} = \dfrac{\Delta v}{\Delta t}$.

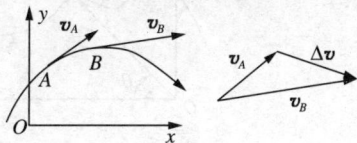

图 $1-2$

瞬时加速度　当 $\Delta t \to 0$ 时平均加速度的极限值叫做瞬时加速度,简称加速度,其数学表达式为 $a = \lim\limits_{\Delta t \to 0} \dfrac{\Delta v}{\Delta t} = \dfrac{\mathrm{d}v}{\mathrm{d}t} = \dfrac{\mathrm{d}^2 r}{\mathrm{d}t^2}$.

由此可见,运动方程、速度和加速度之间存在如下关系:

$$r(t) \underset{\text{积分}}{\overset{\text{求导}}{\rightleftharpoons}} v(t) \underset{\text{积分}}{\overset{\text{求导}}{\rightleftharpoons}} a(t).$$

3. 圆周运动的角量描述

圆周运动是一种极为简单的曲线运动,其运动轨迹为圆,正是因为这样的轨迹特征,我们在定量描述圆周运动时采用平面极坐标系.对于特定的圆周运动,我们只需要一个角坐标就可以确定质点的运动状态,因此称为角量描述,常用的角量有角坐标、角速度和角加速度.

平面极坐标系　　如图 $1-3$ 所示,设一质点在 Oxy 平面内运动,某时刻它位于点 A,其矢径 $\boldsymbol{r}$ 与 Ox 轴之间的夹角为 θ,于是质点在点 A 的位置可由 (r,θ) 两个坐标来确定,这样的坐标系称为平面极坐标系.和平面直角坐标系之间存在如下的转换关系:$\begin{cases} x=r\cos\theta, \\ y=r\sin\theta. \end{cases}$

角坐标　　如图 $1-4$ 所示,在平面极坐标系中,质点所在的位矢 $\boldsymbol{r}$ 与 Ox 轴之间的夹角.

> **说明:**
> (1) 角坐标 θ 有正负,通常选定逆时针方向转动的 θ 为正,而顺时针方向转动的 θ 为负.
> (2) 质点做圆周运动的过程中,θ 为关于时间 t 的函数 $\theta(t)$,此即用角量表示的圆周运动的运动方程.

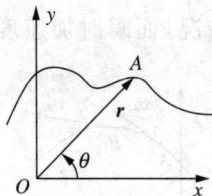

图 $1-3$

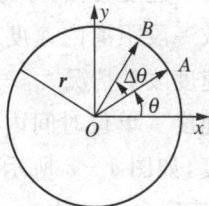

图 $1-4$

角位移　　如图 $1-4$ 所示,质点从起点 A 运动到终点 B 的过程中位矢转过的角度,用 $\Delta\theta$ 表示.

角速度　　与用线量描述的速度概念类似,角速度定义为角坐标 $\theta(t)$ 随时间的变化率,用 ω 表示,其数学表达式为 $\omega=\lim\limits_{\Delta t\to 0}\dfrac{\Delta\theta}{\Delta t}=\dfrac{\mathrm{d}\theta}{\mathrm{d}t}$.

角加速度　　与用线量描述的加速度概念类似,角加速度定义为角速度 $\omega(t)$ 随时间的变化率,用 α 表示,其数学表达式为 $\alpha=\lim\limits_{\Delta t\to 0}\dfrac{\Delta\omega}{\Delta t}=\dfrac{\mathrm{d}\omega}{\mathrm{d}t}=\dfrac{\mathrm{d}^2\theta}{\mathrm{d}t^2}$.

> 由此可见,运动方程、角速度和角加速度之间存在如下关系:
> $$\theta(t)\underset{积分}{\overset{求导}{\rightleftarrows}}\omega(t)\underset{积分}{\overset{求导}{\rightleftarrows}}\alpha(t).$$

4. 匀速率圆周运动和变速圆周运动

质点的运动轨迹为圆,且运动过程中虽然速度的方向不断改变,但大小不发生变化,这样的圆周运动称为匀速率圆周运动;若运动过程中速度的大小和方向都在不断变化,这样的圆周运动称为变速圆周运动.

注意:实际上匀速率圆周运动是变速运动.

自然坐标系　如图 1-5 所示,在运动轨道上任一点建立正交坐标系,其中一根坐标轴沿轨道切线方向,正方向为运动的前进方向;另一根坐标轴沿轨道法线方向,正方向指向轨道内凹的一侧.切向单位矢量用 e_t 表示,法向单位矢量用 e_n 表示.显然,轨迹上不同点处,自然坐标轴的方向在不断改变.圆周运动中用自然坐标系来描述质点的运动,将加速度沿着切线方向和法线方向进行分解,分别称作切向加速度和法向加速度,如图 1-6 所示.

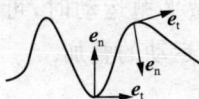

图 1-5

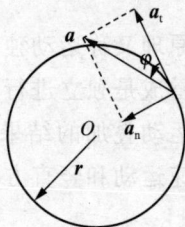

图 1-6

切向加速度　$a_t = \dfrac{\mathrm{d}v}{\mathrm{d}t} e_t$;

法向加速度　$a_n = \dfrac{v^2}{r} e_n$.

加速度　如图 1-6 所示,$a = a_t + a_n = \dfrac{\mathrm{d}v}{\mathrm{d}t} e_t + \dfrac{v^2}{r} e_n$.

$$\begin{cases} 大小:a = \sqrt{a_t^2 + a_n^2}; \\ 方向:\varphi = \arctan \dfrac{a_n}{a_t}(式中 \varphi 为 a 与 a_t 之间的夹角). \end{cases}$$

说明:

(1)切向加速度由速度大小变化引起的,法向加速度由速度方向变化引起的.

(2)匀速率圆周运动的切向加速度为 0,加速度始终指向圆心.

（3）式中 r 是圆周运动的半径，对于一般的曲线运动，以上的表达式仍适用，但需用曲率半径 ρ 替代式中的 r.

5. 圆周运动中角量和线量之间的关系

$$\begin{cases} s=r\theta, \\ v=r\omega, \\ a_t=r\alpha, \\ a_n=r\omega^2=\dfrac{v^2}{r}. \end{cases}$$

以上各式中等号左边为描述质点圆周运动的线量，等号右边为描述质点圆周运动的角量，这些关系式在第四章的刚体定轴转动中同样适用.

*6. 运动叠加原理

运动叠加原理又称运动独立性原理，是指一个物体同时参与几种运动，各分运动都可看成是独立进行的，互不影响，物体的合运动则可以视为几个相互独立的分运动叠加的结果. 例如，物体做平抛运动时，可以将其看成是水平方向的匀速运动和竖直方向的自由落体运动的叠加.

三、典型例题精析

在本章遇到的运动学问题中主要涉及运动方程、速度和加速度的求解，而运动方程是其中的核心，可以归纳为以下两种情形.

第一类情形：已知运动方程，求速度和加速度. 这类问题比较简单，只需将运动方程 $r(t)$ 对时间 t 求一阶导数和二阶导数就可分别得到速度和加速度. 即 $v=\dfrac{\mathrm{d}r}{\mathrm{d}t}, a=\dfrac{\mathrm{d}v}{\mathrm{d}t}=\dfrac{\mathrm{d}^2r}{\mathrm{d}t^2}$.

第二类情形：已知速度及初始条件求解运动方程，或者已知加速度及初始条件求解速度和运动方程. 这类问题是第一类问题的逆过程，应结合初始条件采用积分法求解，计算上复杂一些.

例1-1 已知质点沿 x 轴做直线运动，其运动方程为 $x=2+6t^2-2t^3$，式中 x 的单位为 m, t 的单位为 s. 试计算：（1）质点在运动开始后 4.0 s 内的位移大小以及质点在该时间内所通过的路程.（2）质点在运动开始后

4.0 s 内的平均速度及 4.0 s 末的瞬时速度.

逻辑推理

　　位移是指由起始点指向终点的有向线段的长度,而路程是指质点实际运动轨迹的长度,位移和路程是两个不同的概念.第一问中由运动方程可以求得位移,分别将 $t=0$ 和 $t=4$ s 代入运动方程,便可知道质点在起始点和终点的位置坐标,两个坐标点之间的距离即为所求的位移大小;在求解路程时,首先得弄清楚质点运动的轨迹,本题中需要分别求出运动方向发生变化前和变化后的位移,而运动方向发生变化的时刻即为速度为 0 的时刻,可以根据运动方程的一阶导数为 0 来确定.第二问中的平均速度可由运动开始后 4.0 s 内的位移除以时间间隔得到,瞬时速度应先由运动方程对时间求一阶导数得出速度随时间变化的关系,再将 $t=4$ s 代入速度的表达式.

提纲挈领

位移:$\Delta x = x(t+\Delta t) - x(t)$;

平均速度:$\overline{\boldsymbol{v}} = \dfrac{\Delta x}{\Delta t}$;

速度:$v_x = \dfrac{\mathrm{d}x}{\mathrm{d}t}$.

详解过程

　　解　(1) 将 $t=0$ 代入运动方程,得 $x=2$ m.

将 $t=4$ s 代入运动方程,得 $x=-30$ m.

位移大小:$\Delta x = |x|_{t=4\,\mathrm{s}} - x|_{t=0} = 32$ m.

根据运动方程的一阶导数为 0,可知 $12t-6t^2=0$,得 $t=2$ s.

$t=2$ s 时,$x=10$ m.由此可知,质点在 $t=0$ 到 $t=2$ s 内沿 x 轴正方向运动,然后反向运动到 $x=-30$ m 处,计算路程需分段进行.

$s_1 = x|_{t=2\,\mathrm{s}} - x|_{t=0} = 10-2 = 8(\mathrm{m})$;

$s_2 = |x|_{t=4\,\mathrm{s}} - x|_{t=2\,\mathrm{s}}| = |-30-10| = 40(\mathrm{m})$.

因此,路程 $s = s_1 + s_2 = 48$ m.

(2) $\overline{\boldsymbol{v}} = \dfrac{\Delta x}{\Delta t} = \dfrac{x|_{t=4\,\mathrm{s}} - x|_{t=0}}{4} = \dfrac{-30-2}{4} = -8(\mathrm{m/s})$;

$$v_x = \frac{\mathrm{d}x}{\mathrm{d}t} = 12t - 6t^2 ; t = 4 \text{ s 时}, v = -48 \text{ m/s}.$$

可见,$t = 4$ s 时质点的速度大小为 48 m/s,方向沿 x 轴负方向.

例 1-2 已知质点的运动方程为 $r = 4t\,i + (4 - 2t^2)\,j$,式中各量均采用国际单位制.

求:(1) $t = 2$ s 和 $t = 4$ s 时质点的位矢.

(2) $t = 2$ s 末的速度和加速度.

(3) 写出质点的轨迹方程.

逻辑推理

该题属于第一类情形,已知运动方程,求速度和加速度. 特定时刻的位矢可直接将时间代入运动方程;特定时刻的速度和加速度可以将运动方程对时间 t 求一阶导数得到速度的表达式,再将速度的表达式对时间 t 求一阶导数得到加速度的表达式,最后将时间代入所求得的速度和加速度的表达式即可;写出运动方程的分量式,得到 x、y 与时间 t 的关系式,联立组成方程组并消去参数 t,便可得到质点的轨迹方程.

提纲挈领

位矢公式:$r = x\,i + y\,j$;

速度公式:$v = \dfrac{\mathrm{d}r}{\mathrm{d}t}$;

加速度公式:$a = \dfrac{\mathrm{d}v}{\mathrm{d}t}$.

详解过程

解 (1) $t = 2$ s 时,$r = 8i - 4j$;

$t = 4$ s 时,$r = 16i - 28j$.

(2) $v = \dfrac{\mathrm{d}r}{\mathrm{d}t} = 4i - 4t\,j$;

$a = \dfrac{\mathrm{d}v}{\mathrm{d}t} = -4j$.

因此,$t = 2$ s 时,$v = 4i - 8j$. 即 $v = 4\sqrt{5}$ m/s,$\theta = -63°26'$(θ 为速度方向与 x 轴之间的夹角).

$t = 2$ s 时,$a = -4j$. 即 $a = 4$ m/s²,方向沿着 y 轴负方向.

显然,此题中加速度为恒矢量,表明质点做匀加速运动.

(3) $\begin{cases} x=4t; \\ y=4-2t^2. \end{cases}$

消去时间 t,可得 $y=4-\dfrac{x^2}{8}$,即为质点的轨迹方程.

说明:由轨迹方程可以看出,质点的运动轨迹为一抛物线,我们可以根据轨迹方程画出质点的运动轨迹图.

例 1-3 一质点沿着 x 轴运动,其加速度随时间变化关系为 $a=(3+2t)i$,式中各量均为国际单位.如果初始时刻质点的速度 v_0 为 5 m/s,位置矢量为 $r_0=2i$ m,试求:

(1) t 时刻质点的速度.

(2) t 时刻质点的位矢.

> **逻辑推理**

本题属于典型的第二类情形,已知加速度及初始条件求解速度和运动方程.从题目中的加速度公式出发,对时间积分并结合初始速度便可得到速度的表达式;将得到的速度表达式对时间积分,并结合初始位矢便可得到运动方程的表达式.

> **提纲挈领**

速度:$v=\displaystyle\int_0^t a\mathrm{d}t$;

运动方程:$r=\displaystyle\int_0^t v\mathrm{d}t$.

> **详解过程**

解 (1) $v=\displaystyle\int_0^t a\mathrm{d}t=\int_0^t (3+2t)i=(t^2+3t+c)i\,(\mathrm{m/s})$.

将 $t=0$ 时,$v_0=5$ m/s 代入上式,得 $c=5$.

因此,t 时刻质点的速度为 $v=(t^2+3t+5)i\,(\mathrm{m/s})$.

(2) $r=\displaystyle\int_0^t v\mathrm{d}t=\int_0^t (t^2+3t+5)i=\left(\dfrac{1}{3}t^3+\dfrac{3}{2}t^2+5t+c\right)i\,(\mathrm{m})$

将 $t=0$ 时,$r_0=2i$ m 代入上式,得 $c=2$.

因此,t 时刻质点的运动方程为 $r=\left(\dfrac{1}{3}t^3+\dfrac{3}{2}t^2+5t+2\right)i\,(\mathrm{m})$,即为所求

的 t 时刻质点的位矢.

例 1 - 4　一汽车正以速度 v_0 行驶,发动机关闭后因受到阻力作用将做减速运动,其加速度与速度成正比,方向相反,$a=-kv$(k 为常数).试求在关闭发动机后,

(1) 汽车的速度随时间变化的关系式.

(2) 汽车行驶 s 距离时的速度.

(3) 汽车停止前滑行的距离.

逻辑推理

本题仍然属于第二类情形,已知加速度及初始条件求解速度和运动方程.但在具体运算的过程中由于加速度是关于速度 v 的函数,因此应根据已知条件进行适当的变量转换.用已知的加速度代入加速度公式 $a=\dfrac{\mathrm{d}v}{\mathrm{d}t}$,分离变量并积分便可得出速度随时间变化的关系式;将加速度公式改写成速度对位移的一阶微分的形式,分离变量并积分便可得出速度与行驶距离 s 之间的关系式;将 $v=0$ 代入第二问题中,求得的关系式便可得出汽车停止前滑行的距离.

提纲挈领

加速度:$a=\dfrac{\mathrm{d}v}{\mathrm{d}t}$;

速度:$v=\dfrac{\mathrm{d}s}{\mathrm{d}t}$.

详解过程

解　(1) 由 $a=\dfrac{\mathrm{d}v}{\mathrm{d}t}=-kv$,得 $\dfrac{\mathrm{d}v}{v}=-k\mathrm{d}t$.

两边积分,得 $\displaystyle\int_{v_0}^{v}\dfrac{\mathrm{d}v}{v}=-k\int_{0}^{t}\mathrm{d}t$.

因此,$\ln\dfrac{v}{v_0}=-kt$,即 $v=v_0\mathrm{e}^{-kt}$.

(2) 由 $a=\dfrac{\mathrm{d}v}{\mathrm{d}t}=\dfrac{\mathrm{d}v}{\mathrm{d}s}\dfrac{\mathrm{d}s}{\mathrm{d}t}=v\dfrac{\mathrm{d}v}{\mathrm{d}s}=-kv$,得 $\mathrm{d}v=-k\mathrm{d}s$.

两边积分,得 $\displaystyle\int_{v_0}^{v}\mathrm{d}v=-k\int_{0}^{s}\mathrm{d}s$.

因此，$v=v_0-ks$.

（3）将 $v=0$ 代入 $v=v_0-ks$，得 $s=\dfrac{v_0}{k}$.

即汽车停止前滑行的距离为 $\dfrac{v_0}{k}$.

例 1-5　一质点做半径 $R=0.20$ m 的圆周运动，其运动方程为 $\theta=\pi+\dfrac{1}{4}t^2$，式中各量均为国际单位.求：

（1）$t=2$ s 时质点的角速度 ω 和角加速度 α.

（2）$t=2$ s 时质点的切向加速度、法向加速度以及总加速度.

逻辑推理

本题从以角量表示的运动方程出发，对时间 t 求一阶导数可得角速度 ω，再将角速度 ω 对时间 t 求一阶导数便可得角加速度 α，最后将 $t=2$ s 代入角速度和角加速度的表达式即可；第二问的求解会应用到第一问的结果，切向加速度 $a_t=R\alpha$，法向加速度 $a_n=R\omega^2$，而总加速度为切向加速度和法向加速度的矢量和.

提纲挈领

角速度：$\omega=\dfrac{\mathrm{d}\theta}{\mathrm{d}t}$；

角加速度：$\alpha=\dfrac{\mathrm{d}\omega}{\mathrm{d}t}$；

切向加速度：$a_t=R\alpha$；

法向加速度：$a_n=R\omega^2$；

圆周运动的加速度：$\boldsymbol{a}=a_t\boldsymbol{e}_t+a_n\boldsymbol{e}_n$.

详解过程

解　（1）$\omega=\dfrac{\mathrm{d}\theta}{\mathrm{d}t}=\dfrac{t}{2}(\mathrm{rad}\cdot\mathrm{s}^{-1})$，$\alpha=\dfrac{\mathrm{d}\omega}{\mathrm{d}t}=\dfrac{1}{2}(\mathrm{rad}\cdot\mathrm{s}^{-2})$.

$t=2$ s 时，$\omega=1(\mathrm{rad}\cdot\mathrm{s}^{-1})$，$\alpha=\dfrac{1}{2}(\mathrm{rad}\cdot\mathrm{s}^{-2})$.

（2）$t=2$ s 时，$a_t=R\alpha=0.2\times\dfrac{1}{2}=0.1(\mathrm{m/s^2})$，$a_n=R\omega^2=0.2\times1=0.2(\mathrm{m/s^2})$.

总加速度：$a=a_t e_t+a_n e_n=(0.1e_t+0.2e_n)\text{m/s}^2$. 也即加速度大小：$a=\sqrt{0.1^2+0.2^2}\approx0.22(\text{m/s}^2)$；$a$ 与 a_t 之间的夹角：$\varphi=\arctan\dfrac{a_n}{a_t}=63°26'$.

四、动手动脑

1. 一个在 xy 平面上运动的质点，其运动方程为 $x=4t-3$，$y=2t^2+t-6$，该质点的运动轨迹是 ［ ］

(A) 直线   (B) 双曲线

(C) 抛物线   (D) 三次曲线

2. 以下几种运动中，加速度 a 保持不变的运动是 ［ ］

(A) 单摆的运动   (B) 匀速率圆周运动

(C) 圆锥摆运动   (D) 抛体运动

3. 质点做曲线运动，r 表示位置矢量，v 表示速度，a 表示加速度，s 表示路程，a_t 表示切向加速度. 下列表达式中：

(1) $\dfrac{dv}{dt}=a$；   (2) $\dfrac{dr}{dt}=v$；

(3) $\dfrac{ds}{dt}=v$；   (4) $\left|\dfrac{dv}{dt}\right|=a_t$.

其中，正确的是 ［ ］

(A) (1)(4)   (B) (2)(4)

(C) (2)   (D) (3)

4. 质点做半径为 R 的变速圆周运动时的加速度大小为（v 表示任意时刻质点的速率） ［ ］

(A) $\dfrac{dv}{dt}$ (B) $\dfrac{v^2}{R}$

(C) $\dfrac{dv}{dt}+\dfrac{v^2}{R}$ (D) $\sqrt{\left(\dfrac{dv}{dt}\right)^2+\left(\dfrac{v^4}{R^2}\right)}$

5. 一个质点在做圆周运动时，则有 ［ ］

(A) 切向加速度一定改变，法向加速度也改变

(B) 切向加速度可能改变，法向加速度一定改变

(C) 切向加速度可能改变，法向加速度不变

(D) 切向加速度一定改变，法向加速度不变

6. 质点沿半径为 R 的圆周做匀速率运动,每 T 秒转一圈. 在 $2T$ 时间间隔中,其平均速度大小与平均速率大小分别为　　　　　　[　　]

(A) $2\pi R/T$, $2\pi R/T$

(B) 0, $2\pi R/T$

(C) $0, 0$

(D) $2\pi R/T, 0$

7. 下列各项说法中,正确的是　　　　　　[　　]

(A) 物体运动速度的大小与受力成正比

(B) 物体所受合力的方向与物体运动方向一致

(C) 匀速率圆周运动中物体受合力为变力

(D) 物体做圆周运动时,所受合力一定指向圆心

8. 某物体的运动规律为 $\mathrm{d}v/\mathrm{d}t = -kv^2 t$, 式中的 k 为大于零的常量. 当 $t=0$ 时,初速度为 v_0, 则速度 v 与时间 t 的函数关系是　　　　　[　　]

(A) $v = \dfrac{1}{2}kt^2 + v_0$

(B) $v = -\dfrac{1}{2}kt^2 + v_0$

(C) $\dfrac{1}{v} = \dfrac{kt^2}{2} + \dfrac{1}{v_0}$

(D) $\dfrac{1}{v} = -\dfrac{kt^2}{2} + \dfrac{1}{v_0}$

9. 一运动质点在某瞬时位于矢径 $\boldsymbol{r}(x, y)$ 的端点处,其速度大小为

[　　]

(A) $\dfrac{\mathrm{d}r}{\mathrm{d}t}$

(B) $\dfrac{\mathrm{d}\boldsymbol{r}}{\mathrm{d}t}$

(C) $\dfrac{\mathrm{d}|\boldsymbol{r}|}{\mathrm{d}t}$

(D) $\sqrt{\left(\dfrac{\mathrm{d}x}{\mathrm{d}t}\right)^2 + \left(\dfrac{\mathrm{d}y}{\mathrm{d}t}\right)^2}$

10. 下列关于匀速圆周运动的说法中,正确的是　　　　　[　　]

(A) 匀速圆周运动是一种匀速运动

(B) 匀速圆周运动的加速度是恒定的

(C) 匀速圆周运动的加速度描述的是做匀速圆周运动物体速度变化的快慢

(D) 做匀速圆周运动的物体在任意两段相同时间内的平均速度都是相同的

11. 关于互成角度的两个直线运动的合成,下列说法中正确的是

[　　]

(A) 两个匀加速直线运动的合运动一定还是匀加速直线运动

(B) 两个匀变速直线运动的合运动一定还是匀变速运动

(C) 两个初速为零的匀变速直线运动的合运动可能是曲线运动

(D) 两个初速都不为零的匀加速直线运动的合运动一定是曲线运动

12. 一小球沿斜面向上运动,其运动方程为 $s=8t-t^2$(SI),则小球运动到最高点的时刻是 　　　　　　　　　　　　　　　　　[　]

(A) $t=4$ s　　　　　　　　　(B) $t=2$s

(C) $t=8$ s　　　　　　　　　(D) $t=5$ s

13. 质点沿 x 轴做直线运动,其 v-t 曲线如图 1-7 所示,当 $t=0$ 时,质点位于坐标原点,则 $t=4.5$ s时,质点在 x 轴上的位置为 　　　　　　　[　]

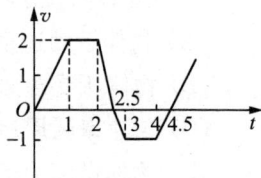

(A) -5 m　　　　　　　　　(B) 5 m

(C) 2 m　　　　　　　　　　(D) -2 m

图 1-7

14. 对于沿仰角 θ 以初速度 v_0 斜向上抛出的物体,以下说法中正确的是 　　　　　　　　　　　　　[　]

(A) 物体从抛出至到达地面的过程,其切向加速度保持不变

(B) 物体从抛出至到达地面的过程,其法向加速度保持不变

(C) 物体从抛出至到达最高点之前,其切向加速度越来越小

(D) 物体通过最高点之后,其切向加速度越来越小

15. 如图 1-8 所示,p 是一圆的竖直直径 pc 的上端点,一质点从 p 开始分别沿不同的弦无摩擦下滑时,到达各弦的下端所用的时间相比较是 　　　　　　　　　　[　]

(A) 到 a 用的时间最短

(B) 到 b 用的时间最短

(C) 到 c 用的时间最短

(D) 所用时间都一样

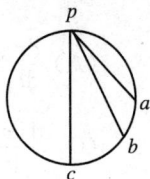

图 1-8

16. 一质点的运动方程为 $x=6t-t^2$(SI),则在 t 由 0 至 4 s 的时间间隔内,质点的位移大小为 　　　　　　,在 t 由 0 到 4 s 的时间间隔内质点走过的路程为 　　　　　　.

17. 半径为 30 cm 的飞轮,从静止开始以 0.50 rad·s^{-2} 的匀角加速度转动,则飞轮边缘上一点在飞轮转过 240° 时的切向加速度的大小 $a_t=$ 　　　　　　,法向加速度的大小 $a_n=$ 　　　　　　.

18. 质点在 Oxy 平面内的运动方程为 $\boldsymbol{r}=x\boldsymbol{i}+y\boldsymbol{j}$,其中 $x=2t$,$y=\dfrac{1}{2}t^2$ -2,式中各量均为 SI 单位.则 $t=4$ s时质点的速度和速率分别为

和_____;质点的轨道方程为_____.

19. 法向加速度为零时,物体一定做_____运动.(选填"直线"或"曲线")

20. 一辆做匀加速直线运动的汽车,在 6 s 内通过相隔 60 m 远的两点,已知汽车经过第二点时的速率为 15 m/s.则

(1) 汽车通过第一点时的速率 $v_1 =$ _____;

(2) 汽车的加速度 $a =$ _____.

21. 一质点从静止出发沿半径 $R = 1$ m 的圆周运动,其角加速度随时间 t 的变化规律是 $\beta = 12t^2 - 6t$(SI).则质点的角速度 $\omega =$ _____;切向加速度 $a_t =$ _____.

22. 物体做斜抛运动如图 1-9 所示,在轨道点 A 处速度的大小为 v,其方向与水平方向夹角成 30°.则:(1) 物体在 A 点的切向加速度 $a_t =$ _____;(2) 轨道的曲率半径 $\rho =$ _____.

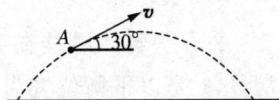
图 1-9

23. 质点运动学方程为 $r = 4t^2 i + (2t + 3) j$.求:(1) 质点的轨迹方程;(2) 自 $t = 0$ 至 $t = 1$ s 内质点的位移;(3) $t = 3$ s 末的速度和加速度.

24. 一质点沿 x 轴运动,其加速度 a 与位置坐标 x 的关系为 $a = 2 + 6x^2$(SI).如果质点在原点处的速度为零,试求其在任意位置处的速度.

25. 一人自原点出发,25 s 内向东走 30 m,又 10 s 内向南走 10 m,再 15 s 内向正西北走 18 m.求在这 50 s 内,

(1) 平均速度的大小和方向;

(2) 平均速率的大小.

26. 一物体悬挂在弹簧上做竖直振动,其加速度为 $a = -ky$,式中 k 为常量,y 是以平衡位置为原点所测得的坐标. 假定振动的物体在坐标 y_0 处的速度为 v_0,试求速度 v 与坐标 y 的函数关系式.

27. 一质点沿半径为 1 m 的圆周运动,运动方程为 $\theta = 2 + 3t^3$,式中 θ 以弧度计,t 以秒计.求:(1) $t = 2$ s 时,质点的切向和法向加速度;(2) 当加速度的方向和半径成 45°角时,其角位移是多少?

五、讨论交流

1. 一人骑自行车沿笔直的公路行驶,其速度图线如图 1 - 10 中折线 *OABCDE* 所示,其中三角形 *OAB* 的面积等于三角形 *CDE* 的面积. 问:

(1) *BC* 线段和 *CD* 线段各表示什么运动?

(2) 自行车所经历的路程等于多少?

(3) 自行车的位移等于多少?

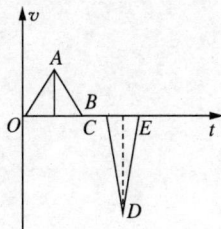

图 1 - 10

2. 在香港海洋公园的游乐场中,有一台大型游戏机叫"跳楼机". 参加游戏的游客被安全带固定在座椅上,由电动机将座椅沿光滑的竖直轨道提升到离地面 40 m 高处,然后由静止释放. 座椅沿轨道自由下落一段时间后,开始受到压缩空气提供的恒定阻力而紧接着做匀减速运动,下落到离地面 4.0 m 高处速度刚好减小到零,这一下落全过程经历的时间是 6 s. 求:(1) 座椅被释放后自由下落的高度有多高?(2) 在匀减速运动阶段,座椅和游客的加速度大小是多少?(*g* 取 10 m/s^2)

3. 如果不允许你去航空公司问讯处,问你乘波音 747 飞机自北京不着陆飞行到巴黎,你能否估计大约用多少时间? 如果能,试估计一下(自己找所需数据).

第二章 牛顿定律

一、学习基本要求

1. 掌握牛顿三大定律的基本内容及其适用条件.
2. 理解力的概念、掌握力作用下的典型运动特征.
3. 熟练掌握用隔离体法分析物体的受力情况,能用微积分方法求解两类基本的动力学问题.
4. 理解惯性系与非惯性系的概念,了解惯性力的概念.

二、基本概念及基本规律

1. 牛顿三大定律

上一章讨论了用位移、速度和加速度等描述质点的运动规律,但没有涉及质点运动状态变化的原因.本章将讨论质点间相互作用引起运动状态变化的规律,这部分内容称为动力学.而牛顿运动定律不仅是质点动力学的基本定律,更是研究经典力学的基础.

牛顿第一定律　任何物体都要保持其静止或匀速直线运动状态,直到外力迫使它改变这种运动状态为止,称为牛顿第一定律.其数学表达式为
$F=0$ 时,$v=$ 恒矢量.

> **说明:**
> 　(1) 物体都有保持运动状态不变的特性,这种特性称为**物体的惯性**. 质量是物体惯性大小的量度.
> 　(2) 力是使物体运动状态发生变化即产生加速度的原因,而不是维持物体运动的原因.
> 　(3) 牛顿第一定律适用于惯性系.

牛顿第二定律　物体的动量随时间的变化率等于作用于物体上的合外力.其数学表达式为

$$\boldsymbol{F} = \frac{\mathrm{d}\boldsymbol{P}}{\mathrm{d}t} = \frac{\mathrm{d}(m\boldsymbol{v})}{\mathrm{d}t}.$$

牛顿第二定律的数学表达式又称为质点动力学方程.当物体的速度 $v \ll c$ 时,该表达式中的质量 m 为恒量.因此,上式可以表示为

$$\boldsymbol{F} = \frac{\mathrm{d}(m\boldsymbol{v})}{\mathrm{d}t} = m\frac{\mathrm{d}\boldsymbol{v}}{\mathrm{d}t} + \boldsymbol{v}\frac{\mathrm{d}m}{\mathrm{d}t} = m\boldsymbol{a}.$$

该矢量表达式在具体应用于解决实际问题时常用它的分量式.

直角坐标系表示: $\boldsymbol{F} = ma_x\boldsymbol{i} + ma_y\boldsymbol{j} + ma_z\boldsymbol{k}$.

分量式为
$$\begin{cases} F_x = ma_x = m\dfrac{\mathrm{d}v_x}{\mathrm{d}t}; \\[2mm] F_y = ma_y = m\dfrac{\mathrm{d}v_y}{\mathrm{d}t}; \\[2mm] F_z = ma_z = m\dfrac{\mathrm{d}v_z}{\mathrm{d}t}. \end{cases}$$

自然坐标系表示: $\boldsymbol{F} = ma_t\boldsymbol{e}_t + ma_n\boldsymbol{e}_n$.

分量式为
$$\begin{cases} F_t = ma_t = m\dfrac{\mathrm{d}v}{\mathrm{d}t} = mr\alpha; \\[2mm] F_n = ma_n = m\dfrac{v^2}{r} = mr\omega^2. \end{cases}$$

> **说明:**
> 　(1) 牛顿第二定律给出了力与物体运动状态变化之间的瞬时对应关系.即 $\boldsymbol{F}$ 与 $\boldsymbol{a}$ 同时产生,同时变化,同时消失.
> 　(2) 牛顿第二定律概括了力的独立性原理或力的叠加原理:几个力同时作用在一个物体上所产生的加速度等于每个力单独作用时所产生的加速度的矢量和.

（3）牛顿第二定律是在实验的基础上，利用数学知识总结出的客观规律，它和牛顿第一定律一样只适用于惯性参照系.

（4）$F=ma$ 只适用于宏观低速运动的物体.

牛顿第三定律　两物体之间的作用力 F 和反作用力 F'，总是沿同一直线，且大小相等、方向相反，分别作用在两个物体上. 其数学表达式为

$$F = F'.$$

说明：

（1）物体间的作用力和反作用力是互以对方为自己存在的条件：即力总是成对出现，作用力和反作用力同时存在，同时消失，任一时刻共线、等值、反向.

（2）作用力和反作用力分别作用在相互作用的两个不同的物体上，各产生其效果，不能互相抵消.

（3）作用力和反作用力一定是同一性质的力. 例如，作用力是弹性力，反作用力也一定是弹性力，绝不可能是其他性质的力.

（4）牛顿第三定律讨论的是相互作用力，并没有涉及运动的描述. 因此，在任何参照系中都适用.

2. 几种常见的力

牛顿定律是以力的概念为核心的运动定律，在实际应用中受力分析是成功解决问题的第一步. 因此，弄清楚常见力的一些基本性质非常重要，力学中常遇到的力有弹性力、摩擦力、万有引力等.

万有引力　任何两个物体之间都存在着相互吸引的力，这种力称为万有引力. 实验证明：两个相距为 r，质量分别为 m_1、m_2 的质点之间相互作用的万有引力的大小与两个质点质量乘积成正比，与它们之间距离的平方成反比，方向沿着两质点的连线. 矢量表达式为

$$F = -G\frac{m_1 m_2}{r^2}e_r.$$

式中：G 为万有引力恒量，其数值与式中的力、质量及距离的单位有关，根据实验测定，$G = 6.67 \times 10^{-11}$ N · m² · kg⁻²；e_r 为 m_1 指向 m_2 的单位矢量；负号表示 m_1 施于 m_2 的万有引力的方向始终和单位矢量 e_r 的方向相反，如图 2-1 所示.

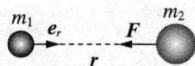

图 2-1

重力　地球和物体之间的万有引力.

按照万有引力定律,质量为 m 的物体在距离地球中心的距离为 R 时的重力为

$$P=G\frac{M \cdot m}{R^2}.$$

若令式中 $G\frac{M}{R^2}=g$,则有

$$P=mg.$$

对于地球表面附近的物体,重力加速度 $g=G\frac{M}{R^2}\approx9.8 \text{ m} \cdot \text{s}^{-2}$.

说明:

(1) 由于地球并不是一个质量均匀分布的球体,加上地球的自转,使得地球表面不同地方的重力加速度 g 的值略有差异,但在一般问题中,这种差异常可忽略不计.

(2) 虽然重力是由万有引力引起的,但是物体所受的重力一般并不等于地球对物体的万有引力.地球对物体的万有引力会产生两个效果,一是使物体随地球自转,二是使物体落向地面.因此,可将万有引力分解为两个力,即物体维持自转所需的向心力和重力,换句话说,重力是万有引力的一个分力.

(3) 重力的方向一般也并不指向地球的中心,只有两极和赤道处的物体所受的重力才指向地心.

弹性力　发生弹性形变的物体由于要恢复原状,对他接触的物体产生的力称为弹性力.

在弹性限度内弹性力都遵从胡克定律:$F=-kx$.

说明:

(1) 形变也存在于物体内部,因此物体内部的各部分间都有弹性力相作用.

(2) 如果形变过大,即超出了弹性限度,则没有弹性力产生.

(3) 任何物体都能发生形变,不发生形变的物体是不存在的.

弹性力是个统称,在不同的情形下有不同的名称,常见的有以下几种:

压力:物体置于支承面上相互压缩时产生的弹性力.因方向垂直于物体表面,又称正压力.

张力:绳索被拉紧时产生的弹性力.对于质量可忽略的绳索,静止的绳索和匀速运动的绳索,绳索中各处的张力均相等.

弹力:弹簧发生形变时产生的弹性力.

摩擦力　分为静摩擦力和滑动摩擦力.

静摩擦:两物体相互接触,彼此之间保持相对静止,但却有相对滑动的趋势时,两物体接触面间出现的相互作用的摩擦力,称为静摩擦力.

> 说明:
>
> (1)静摩擦力的作用线在两物体的接触面内,而且静摩擦力的方向总是与该物体相对滑动趋势的方向相反.
>
> (2)静摩擦力的大小随着外力的变化而变化.若物体在外力作用下,相对运动趋势逐渐增大,静摩擦力也随之增大.
>
> (3)物体刚要开始相对滑动时的静摩擦力最大,称为最大静摩擦力,且 $f_{max} = \mu_0 N$,式中 μ_0 为静摩擦因数,N 为物体接触面上正压力的大小.

滑动摩擦力:两物体间相互接触,并有相对滑动时,在两物体接触处出现的相互作用的摩擦力称为滑动摩擦力.

> 说明:
>
> (1)滑动摩擦力的作用线在两物体的接触面内,而且方向总是与物体相对运动的方向相反.
>
> (2)滑动摩擦力的大小也与物体受的正压力的大小成正比,即 $f = \mu N$,式中 μ 称为滑动摩擦因数.
>
> (3)滑动摩擦因数 μ 稍小于静摩擦因数 μ_0,但若没有特别说明,可近似地认为两者是相等的.

3. * 惯性系和非惯性系

在运动学中,参照系可根据研究问题的方便任意选择;但在动力学中,牛顿运动定律并非对所有参照系都适用.

惯性系　凡是牛顿运动定律成立的参照系,称为惯性系.

非惯性系　牛顿运动定律不成立的参照系,称为非惯性系.

注意:一个参照系是否为惯性系,需要由实验和观察来判断.一般在研究地面上运动的物体时,地面可以近似地看成惯性系.

三、典型例题精析

牛顿运动定律将物体的受力情况和运动特点紧密联系在一起,尤其是牛顿第二定律 $F=ma$,等号的左边是物体所受的合外力,等号的右边是在合外力下产生的瞬时加速度,即物体的运动特点.因此,应用牛顿运动定律来分析和解决实际问题时,通常不外乎这样两类问题:一类是已知质点的受力情况,需要求解质点的运动状态;另一类是已知质点的运动状态,需要求解作用于质点上的力.此外,受力情况有恒力和变力之分,恒力作用下的加速度也是恒定的,这类问题比较容易;而变力问题涉及微积分,相比之下显得复杂一些.

应用牛顿运动定律解决实际问题时通常按以下几个步骤进行:

(1)分析题意,确定研究对象.

(2)应用隔离体法对研究对象正确地进行受力分析,并作出其受力图.分析质点受力时既不要遗漏,也不要无中生有.

(3)考虑研究对象所进行的物理过程,判断加速度的特点.即有无加速度,若有加速度,还需判断各个隔离体之间加速度的关联情况.

(4)建立坐标系,对各研究对象根据牛顿第二运动定律列方程.

(5)解方程,必要时进行讨论.

例 2-1　如图 2-2 所示,两个物体 A 和 B,它们的质量分别为 $m_1=0.4$ kg 和 $m_2=0.2$ kg,用一根绳子相连,物体 B 从一无摩擦的滑轮挂下来,物体 A 则放在桌子上.已知阻碍桌面上物体运动的摩擦力 $F_\mu=0.098$ N,求两个物体的加速度.

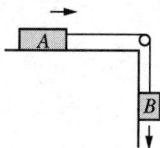

图 2-2　　　　图 2-2(a)　　　　图 2-2(b)

$F_\mu \longleftarrow \boxed{A} \longrightarrow F_T$

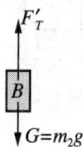

F'_T

$\boxed{B}$

$G=m_2g$

逻辑推理

这是非常典型的第一类问题,已知质点的受力情况,需要求解质点的运动状态,而且两物体均受恒力作用.选择物体 A 和 B 为研究对象,分别对两物体进行受力分析,如图 2-2(a,b)所示.注意到同一绳子两端的张力的大小应该相等,而且两物体以同样大小的加速度运动.弄清楚两物体的运动情况、受力情况以及加速度特点后建立坐标系,分别对物体 A 和 B 列方程,并联立方程组求解.

提纲挈领

牛顿第二定律:$\boldsymbol{F} = m\boldsymbol{a}$;

牛顿第三定律:$\boldsymbol{F} = -\boldsymbol{F}'$.

详解过程

解 取物体 A 和 B 为研究对象,受力分析如图 2-2(a,b)所示.根据牛顿第二定律,得

$$\begin{cases} F_T - F_\mu = m_1 a_A; \\ m_2 g - F_T' = m_2 a_B; \\ F_T = F_T'; \\ a_A = a_B. \end{cases}$$

解得 $a_A = a_B = \dfrac{m_2 g - F_\mu}{m_2 + m_2} = 3.1 \text{ m/s}^2$.

例 2-2 如图 2-3 所示,已知两物体 A、B 的质量 m 均为 3 kg,物体 A 以加速度 $a_A = 1.0 \text{ m} \cdot \text{s}^{-2}$ 运动.求物体 B 与桌面间的摩擦力.(滑轮与连接绳的质量不计)

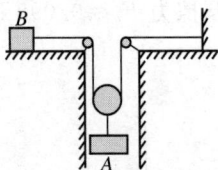
图 2-3

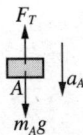
图 2-3(a)

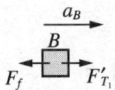
图 2-3(b)

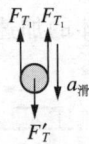
图 2-3(c)

逻辑推理

这是非常典型的第二类问题,已知质点的运动状态,需要求解作用于质点上的力,而且两物体均受恒力作用.选择物体 A 和 B 以及滑轮为研究对象,分别对两物体及滑轮进行受力分析,如图 2-3(a,b,c)所示.注意到滑轮与连接绳的质量均不计,因此同一绳子两端的张力的大小相等.而且物体 A

和滑轮以同样大小的加速度运动,但物体 B 连在滑轮的一端,因此物体 B 的加速度是滑轮的两倍.弄清楚各物体的运动情况、受力情况以及加速度特点后建立坐标系,分别对物体 A 和 B 列方程,并联立方程组求解.

提纲挈领

牛顿第二定律:$\boldsymbol{F}=m\boldsymbol{a}$;

牛顿第三定律:$\boldsymbol{F}=-\boldsymbol{F}'$.

详解过程

解　取物体 A、B 及滑轮为研究对象,受力分析如图 $2-3(a,b,c)$ 所示.根据牛顿第二定律列方程,得

$$\begin{cases} mg-F_T=ma_A; \\ F'_{T_1}-F_f=ma_B; \\ F'_T-2F_{T_1}=0; \\ F_T=F'_T; \\ F_{T_1}=F'_{T_1}; \\ a_B=2a_A. \end{cases}$$

联立,解得 $F_f=\dfrac{mg-5ma_A}{2}$.

将 $m=3\ \mathrm{kg}$、$a_A=1.0\ \mathrm{m\cdot s^{-2}}$ 代入上式,得 $F_f=7.2\ \mathrm{N}$.

例 2-3　一根不伸长的无摩擦的轻绳跨过定滑轮,绳子一端挂一质量为 m 的物体,绳的另一端施一变力 $F(t)$(图 $2-4$).当 $F=mg$ 时,此系统处于平衡状态.从某一时刻起,物体以速度 $v=2t^2-\dfrac{2}{3}t^3$ 开始运动.试求:

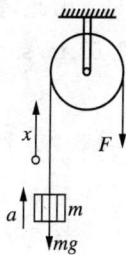

(1) 变力 $F(t)$.

(2) 物体从开始运动到平衡状态所需的时间和物体的最大速度.

图 $2-4$

逻辑推理

该题属于第二类问题,已知质点的运动状态,需要求解作用于质点上的力,但和前两题不同的是作用于绳子一端的作用力为变力.取物体为研究对象,并视为质点,把物体和绳隔离开来并分析物体的受力情况.注意到连接

绳的质量不计,因此同一绳子两端的张力的大小相等,物体受重力 mg 和向上的拉力 $F(t)$ 作用.

提纲挈领

牛顿第二定律:$F = ma$；

牛顿第三定律:$F = -F'$；

速度和加速度的关系:$a = \dfrac{\mathrm{d}v}{\mathrm{d}t}$.

详解过程

解 (1) 若选取竖直向上为坐标轴 Ox 的正向,由牛顿第二定律,得

$$F(t) - mg = m\frac{\mathrm{d}v}{\mathrm{d}t} = m\frac{\mathrm{d}}{\mathrm{d}t}\left(2t^2 - \frac{2}{3}t^3\right) = m(4t - 2t^2).$$

故 $F(t) = mg + 4mt - 2mt^2$.

(2) 由题意知,当 $F = mg$ 时物体处于平衡状态,即

$$mg + 4mt - 2mt^2 = mg.$$

解得 $t = 2$ s,$t = 0$(舍去).

故 $t = 2$ s 时,物体运动的速度最大.

将 $t = 2$ s 代入速度方程,可得

$$v_{\max} = \left(2t^2 - \frac{2}{3}t^3\right)_{t=2} \approx 2.67 \text{ m/s}.$$

因此,物体从开始运动到平衡状态所需的时间为 2 s,物体的最大速度为 2.67 m/s.

四、动手动脑

1. 一段路面水平的公路,转弯处轨道半径为 R,汽车轮胎与路面间的静摩擦因数为 μ_0,要使汽车不至于发生侧向打滑,汽车在该处的行驶速率　　［　　］

(A) 不能小于 $\sqrt{\mu_0 gR}$ (B) 必须等于 $\sqrt{\mu_0 gR}$

(C) 不能大于 $\sqrt{\mu_0 gR}$ (D) 取决于汽车的质量 m

2. 用水平力 F_N 把一个物体压着靠在粗糙的竖直墙面上保持静止. 当 F_N 逐渐增大时,物体所受的静摩擦力的大小　　［　　］

(A) 不为零,但保持不变

（B）随 F_N 成正比地增大

（C）开始随 F_N 增大，达到某一最大值后，就保持不变

（D）无法确定

3. 如图 2-5 所示，在倾角为 θ 的固定光滑的斜面上，放一质量为 m 的小球，球被竖直的木板挡住，在竖直木板被迅速拿开的瞬间，小球获得的加速度为　　　[　　]

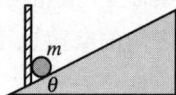

（A）$g\sin\theta$　　　　　　　　　　（B）$g\cos\theta$

（C）$g\tan\theta$　　　　　　　　　　（D）$g/\cos\theta$

图 2-5

4. 如图 2-6 所示，质量为 m 的物体 A 用平行于斜面的细线连接置于光滑的斜面上，若斜面向左方做加速运动，当物体开始脱离斜面时，它的加速度的大小为　[　　]

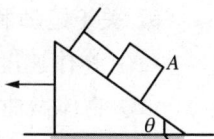

（A）$g\sin\theta$　　　　　　　　　　（B）$g\cos\theta$

（C）$g\cot\theta$　　　　　　　　　　（D）$g\tan\theta$

图 2-6

5. 如图 2-7 所示，在升降机天花板上拴有轻绳，其下端系一重物，当升降机以加速度 a 上升时，绳中的张力正好等于绳子所能承受的最大张力的一半. 问：升降机以多大加速度上升时，绳子刚好被拉断？　　　　　　　[　　]

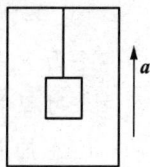

（A）$2a$　　　　　　　　　　　　（B）$2(a+g)$

（C）$2a+g$　　　　　　　　　　　（D）$a+g$

图 2-7

6. 物体运动的速度方向、加速度方向与作用在物体上合外力的方向之间的关系是　　　　　　　　　　　　　　　[　　]

（A）速度方向、加速度方向、合外力方向三者总是相同的

（B）速度方向可与加速度成任何夹角，但加速度方向总是与合外力的方向相同

（C）速度方向总是与合外力方向相同，而加速度方向可能与速度方向相同，也可能不相同

（D）速度方向总是与加速度方向相同，而速度方向可能与合外力方向相同，也可能不相同

7. 如图 2-8 所示，一轻绳跨过一个定滑轮，两端各系一质量分别为 m_1 和 m_2 的重物，且 $m_1 > m_2$. 滑轮质量及轴上摩擦均不计，此时重物的加速度的大小为 a. 今用一竖直向下的恒力 $F = m_1g$ 代替质量为 m_1 的物体，可得质量为 m_2 的重物的加速度的大小为 a'，则　　　　　　　[　　]

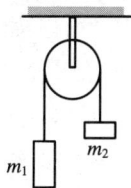

图 2-8

(A) $a'=a$ (B) $a'>a$

(C) $a'<a$ (D) 不能确定

8. 如图 2-9 所示,物体 A、B 质量相同,B 在光滑水平桌面上.滑轮与绳的质量以及空气阻力均不计,滑轮与其轴之间的摩擦也不计.系统无初速地释放,则物体 A 下落的加速度是   [   ].

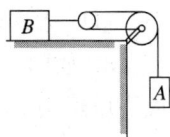

图 2-9

(A) g (B) $4g/5$

(C) $g/2$ (D) $g/3$

9. 关于运动和力,正确的说法是   [   ]

(A) 物体速度为零时,合外力一定为零

(B) 物体做曲线运动,合外力一定是变力

(C) 物体做直线运动,合外力一定是恒力

(D) 物体做匀速运动,合外力一定为零

10. 一物体受几个力的作用而处于静止状态,若保持其他力恒定而将其中一个力 F_1 逐渐减小到零(保持方向不变),然后又将 F_1 逐渐恢复到原状.在这个过程中,物体的   [   ]

(A) 加速度增大,速度增大

(B) 加速度减小,速度增大

(C) 加速度先增大后减小,速度增大

(D) 加速度和速度都是先增大后减小

11. 质量为 2 kg 的物体,受到互成 90° 的两个力的作用,这两个力都是 14 N,这个物体的加速度的大小为_____,方向为_____.

12. 如图 2-10 所示,质量相同的 A、B 两球用细线悬挂于天花板上且静止不动.两球间是一个轻质弹簧,如果突然剪断悬线,则在剪断悬线瞬间 A 球加速度为_____;B 球加速度为_____.

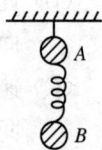

13. 运动物体所受摩擦力的方向_____(填"一定"或"不一定")与物体的运动方向相反.

图 2-10

14. 如图 2-11 所示,一圆锥摆摆长为 l,摆锤质量为 m,在水平面上做匀速圆周运动,摆线与铅直线夹角 θ.则

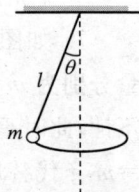

(1) 摆线的张力 $T=$_____;

(2) 摆锤的速率 $v=$_____.

15. 如果一个箱子与货车底板之间的静摩擦因数为 μ,当

图 2-11

这货车爬一与水平方向成 θ 角的平缓山坡时,为了使箱子不在车底板上滑动,车的最大加速度 $a_{\max}=$ _____.

16. 如图 2-12 所示,倾角为 30°的一个斜面体放置在水平桌面上,一个质量为 2 kg 的物体沿斜面下滑,下滑的加速度为 3.0 m/s². 若此时斜面体静止在桌面上不动,则斜面体与桌面间的静摩擦力 $f=$ _____.

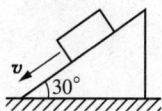

图 2-12

17. 质量为 m 的雨滴下降时,因受空气阻力,在落地前已是匀速运动,其速率为 $v=5.0$ m/s,设空气阻力大小与雨滴速率的平方成正比. 问:当雨滴下降速率为 $v=4.0$ m/s 时,其加速度 a 多大?(g 取 9.8 m/s²)

18. 质量为 16 kg 的质点在 xOy 平面内运动,受一恒力作用,力的分量为 $f_x=6$ N,$f_y=-7$ N,当 $t=0$ 时,$x=y=0$,$v_x=-2$ m·s^{-1},$v_y=0$. 求当 $t=2$ s 时质点的位矢和速度.

五、讨论交流

1. 为了确保跳水运动员的生命安全,10 m 高台跳水的游泳池的深度应如何设计?

2. 当汽车突然加速、减速或转弯时,乘客上部身体相对于汽车和路面的运动状态各发生怎样的改变?

第三章　动量守恒定律和能量守恒定律

一、学习基本要求

1. 掌握冲量的概念及用微积分计算变力冲量的方法.
2. 理解质点与质点系的动量定理,掌握动量守恒定律.
3. 掌握功的概念及用微积分计算变力功的方法,掌握保守力做功的特点及势能的概念.
4. 掌握动能定理、功能原理及机械能守恒定律.
5. 了解完全弹性碰撞和完全非弹性碰撞的特点,并能利用动量守恒定律和机械能守恒定律处理较简单的碰撞问题.

二、基本概念及基本规律

本章主要在牛顿第二定律的基础上从力的累积作用出发分别探究了力对时间和空间的累积效果.从力对时间的累积出发介绍了冲量、动量的概念,并从质点的动量定理出发推导了质点系的动量定理,从而引出了动量守恒定律及其成立的条件;从力对空间的累积出发介绍了功和能量的概念,并从质点的动能定理出发推导了质点系的动能定理,结合保守力做功的特点,导出了质点系的功能原理,进而得出机械能守恒定律及其成立的条件.

1. 动量、冲量

动量　表征物体在一定运动状态下具有的"运动量".其数学定义式为

$$P = m\boldsymbol{v}.$$

冲量　表征力在时间上的累积效应.其数学定义式为

$$I = \int_{t_1}^{t_2} \boldsymbol{F}\mathrm{d}t.$$

说明：

（1）动量是状态量,而冲量是过程量.

（2）动量和冲量都是矢量,动量和冲量的加减满足平行四边形法则.

2. 质点的动量定理　质点系的动量定理

质点的动量定理　在给定的时间间隔内,外力作用在质点上的冲量等于质点在此时间内动量的增量.其数学表达式为

$$I = \int_{t_1}^{t_2} \boldsymbol{F}\mathrm{d}t = m\boldsymbol{v}_2 - m\boldsymbol{v}_1.$$

上式为质点动量定理的矢量表达式,具体计算时需写成标量分量式.在直角坐标系中可分解为

$$\begin{cases} I_x = \int_{t_1}^{t_2} F_x \mathrm{d}t = mv_{2x} - mv_{1x}; \\ I_y = \int_{t_1}^{t_2} F_y \mathrm{d}t = mv_{2y} - mv_{1y}; \\ I_z = \int_{t_1}^{t_2} F_z \mathrm{d}t = mv_{2z} - mv_{1z}. \end{cases}$$

分量式表明在某方向受到冲量,该方向上的动量就增加.

质点系的动量定理　作用于系统的合外力的冲量等于系统动量的增量.其数学表达式为

$$\int_{t_1}^{t_2} \boldsymbol{F}^{\mathrm{ex}}\mathrm{d}t = \sum_{i=1}^{n} m_i \boldsymbol{v}_i - \sum_{i=1}^{n} m_i \boldsymbol{v}_{i0}.$$

式中：$\boldsymbol{F}^{\mathrm{ex}} = \boldsymbol{F}_1 + \boldsymbol{F}_2 + \cdots + \boldsymbol{F}_N$,为作用于系统的合外力；$\sum_{i=1}^{n} m_i \boldsymbol{v}_i$为质点系的末动量；$\sum_{i=1}^{n} m_i \boldsymbol{v}_{i0}$为质点系的初始动量.

和质点的动量定理类似,在具体计算时也写成标量分量式,即

$$\begin{cases} \int_{t_1}^{t_2} \boldsymbol{F}_x^{\mathrm{ex}} \mathrm{d}t = \sum_{i=1}^{n} m_i \boldsymbol{v}_{ix} - \sum_{i=1}^{n} m_i \boldsymbol{v}_{i0x}; \\[2ex] \int_{t_1}^{t_2} \boldsymbol{F}_y^{\mathrm{ex}} \mathrm{d}t = \sum_{i=1}^{n} m_i \boldsymbol{v}_{iy} - \sum_{i=1}^{n} m_i \boldsymbol{v}_{i0y}; \\[2ex] \int_{t_1}^{t_2} \boldsymbol{F}_z^{\mathrm{ex}} \mathrm{d}t = \sum_{i=1}^{n} m_i \boldsymbol{v}_{iz} - \sum_{i=1}^{n} m_i \boldsymbol{v}_{i0z}. \end{cases}$$

说明：

（1）冲量的方向沿着动量增量的方向，一般不是瞬时力的方向，而是所有元冲量 $\boldsymbol{F}\mathrm{d}t$ 的合矢量的方向.

（2）动量定理常在打击或碰撞问题中用来求平均作用力：$\overline{\boldsymbol{F}} = \dfrac{\int_{t_1}^{t_2} \boldsymbol{F}\mathrm{d}t}{t_2 - t_1} = \dfrac{m\boldsymbol{v}_2 - m\boldsymbol{v}_1}{t_2 - t_1}$.

（3）只有系统的外力才能改变整个系统的总动量，而内力仅能改变系统内某个物体的动量，并不能改变系统的总动量.

3. 动量守恒定律

若系统所受合外力为零时，系统的总动量保持不变. 其数学表达式为：若 $\boldsymbol{F}^{\mathrm{ex}} = 0$，则 $\boldsymbol{P} = \sum m_i \boldsymbol{v}_i =$ 常矢量.

上式为质点系动量守恒定律的矢量表达式，具体计算时需写成标量分量式. 在直角坐标系中可写为

$$\begin{cases} F_x^{\mathrm{ex}} = 0, P_x = \sum m_i v_{ix} = \text{恒矢量}; \\[1ex] F_y^{\mathrm{ex}} = 0, P_y = \sum m_i v_{iy} = \text{恒矢量}; \\[1ex] F_z^{\mathrm{ex}} = 0, P_z = \sum m_i v_{iz} = \text{恒矢量}. \end{cases}$$

上述分量式表明只要某个方向所受到的合外力为零，那么该方向的动量就守恒.

注意：

（1）动量守恒定律中"系统的总动量保持不变"指的是质点系内各个物体动量的矢量总和不变，系统内任一物体的动量是可变的，且各物体的动量必相对于同一惯性参考系.

（2）动量守恒定律在以下几种情形中成立：若系统所受的合外力为零，则系统的动量守恒；若系统所受的合外力不为零，但在某一方向上的合外力为零，则该方向上动量守恒；在碰撞、打击、爆炸等问题中内力远大于外力，虽然系统的合外力不为零，但在这类问题中可以忽略外力对系统的影响，近似地认为系统动量守恒.

（3）动量守恒定律只在惯性参考系中成立，是自然界最普遍、最基本的定律之一.

4. 功、功率、质点的动能定理

功　表征力在空间上的累积效果的物理量，功是能量转换的度量，是过程量，而且是标量. 其数学定义式为：

若力为恒力，如图 3-1 所示，$W = F\cos\theta \cdot |\Delta\boldsymbol{r}| = \boldsymbol{F} \cdot \Delta\boldsymbol{r}$；

若力为变力，如图 3-2 所示，$W = \int_A^B \mathrm{d}W = \int_A^B \boldsymbol{F} \cdot \mathrm{d}\boldsymbol{r} = \int_A^B F\cos\theta\mathrm{d}s$.

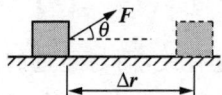

图 3-1

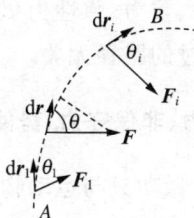

图 3-2

功是标量，没有方向性，但有正功和负功之分，主要取决于表达式中 θ 的大小：

$$\begin{cases} 0° < \theta < 90°, & \mathrm{d}W > 0; \\ 90° < \theta < 180°, & \mathrm{d}W < 0; \\ \theta = 90°, \boldsymbol{F} \perp \mathrm{d}\boldsymbol{r}, \mathrm{d}W = 0. \end{cases}$$

功率　功随时间的变化率，是反映力做功快慢的物理量. 其数学定义式为

$$P = \frac{\mathrm{d}W}{\mathrm{d}t} = \boldsymbol{F} \cdot \boldsymbol{v} = Fv\cos\theta,$$

其常用的单位有瓦特、马力、匹等.

质点的动能定理　合外力对质点所做的功等于质点动能的增量. 其数

学表达式为

$$W = E_{k_2} - E_{k_1} = \frac{1}{2}mv_2^2 - \frac{1}{2}mv_1^2.$$

> **说明：**
> (1) 功是过程量,而动能是状态量,质点的动能定理反映了做功与物体状态变化之间的关系.
> (2) 功和动能都与参考系有关,动能定理仅适用于惯性系,但对不同惯性系动能定理形式相同.

5. 万有引力、重力、弹性力的功

万有引力的功:$W = Gm'm\left(\dfrac{1}{r_B} - \dfrac{1}{r_A}\right)$;

重力的功:$W = -(mgh_2 - mgh_1)$;

弹性力做功:$W = -\left(\dfrac{1}{2}kx_2^2 - \dfrac{1}{2}kx_1^2\right)$.

万有引力、重力、弹性力做功的共同特点是:只与运动物体的始末位置有关,而与经过的路径无关.

6. 保守力、非保守力、势能

保守力 做功只与运动物体的始末位置有关,而与经过的路径无关,具有这样特性的力叫做保守力.如上面提到的万有引力、重力、弹性力以及在静电场中将会学到的电场力等.

由于保守力做功和路径无关,因此质点沿任意闭合路径运动一周时,保守力对它所做的功为零,即 $W = \oint_l \boldsymbol{F} \cdot \mathrm{d}\boldsymbol{r} = 0$.

非保守力 做功和所经历的路径有关的力叫做非保守力.如摩擦力、磁力等.

对于非保守力,$W = \oint_l \boldsymbol{F} \cdot \mathrm{d}\boldsymbol{r} \neq 0$.

势能 鉴于保守力做功的特点,我们把与物体相对位置有关的能量称为势能.

对应于万有引力、重力、弹性力所做的功,常见的三种势能如下:

引力势能:$E_p = -G\dfrac{m'm}{r}$(常取无限远处为势能零点);

重力势能：$E_p = mgh$（常取 $h = 0$ 处为势能零点）；

弹性势能：$E_p = \dfrac{1}{2}kx^2$（常取弹簧自由端为势能零点）.

不难看出，一对保守力做的功等于相关势能增量的负值，即

$$W = -(E_{p_2} - E_{p_1}) = -\Delta E_p.$$

> **说明：**
> （1）势能是状态的函数，即 $E_p = E_p(x, y, z)$.
> （2）势能具有相对性，势能的大小与势能零点的位置选取有关，但势能差与势能零点选取无关.
> （3）势能属于整个系统，单独讲某个物体具有多少势能是没有意义的.

7. 质点系的动能定理、功能原理、机械能守恒定律

质点系的动能定理　质点系动能的增量等于作用于质点系的所有外力和内力做功的和. 其数学表达式为

$$W^{ex} + W^{in} = \sum_i E_{ki} - \sum_i E_{ki0}.$$

比较质点系的动量定理易知，内力不能改变系统的总动量，但能改变系统的能量.

功能原理　外力和系统非保守的内力做功之和等于系统机械能的增量. 其表达式为

$$W^{ex} + W^{in}_{nc} = E - E_0.$$

机械能指系统的动能和势能之和，是状态量，功是过程量，功能原理将系统的过程量和状态量紧密联系在一起.

机械能守恒定律　如果一个系统只有保守内力做功，非保守内力和一切外力都不做功，那么系统的总机械能保持不变.

若 $W^{ex} + W^{in}_{nc} = 0$，则 $E = E_0 = $ 恒量.

注意：满足守恒条件时，系统的总机械能保持不变，但系统内各个物体之间的动能和势能可以相互转化.

8. 碰撞

碰撞过程属于两物体相互接触时间极短而相互作用力较大的相互作

用,因此内力远大于外力,在所有的碰撞过程中可以近似认为碰撞前后系统的总动量守恒.

根据碰撞前后系统动能的变化情况,常将碰撞分为三类:

完全弹性碰撞:碰撞前后系统的总动能守恒.

非弹性碰撞:碰撞后系统的总动能小于碰撞前系统的总动能,系统的总动能不守恒.

完全非弹性碰撞:碰撞后物体以共同的速度前进,此情形下系统损失的总动能最多.

9. 能量守恒定律

对一个与自然界无任何联系的系统来说,系统内各种形式的能量可以相互转换,但是不论如何转换,能量既不能产生,也不能消灭.这一结论叫做能量守恒定律.

10. * 质心、质心运动定律

质心　可看做整个质点系的代表点叫质心.可以认为系统的全部质量、动量都集中在它上面.

质心运动定律　作用在系统上的合外力等于系统的总质量乘以质心的加速度.

三、典型例题精析

本章主要讨论力在时间和空间上的积累效果,揭示了过程量和状态量之间的关系.因此,在分析、求解力学问题时,可从牛顿第二定律所表述的力与加速度的瞬时关系入手去考虑;当问题涉及质点或质点系所受的力经历一段时间时,通常可用与动量、能量有关的一些定律或定理去解决,可以避免一些复杂的细节问题.

例 3 - 1　一架以 300 m/s 的速率水平飞行的飞机,与一只身长为 0.2 m、质量为 0.50 kg 的飞鸟相撞.设碰撞后飞鸟的尸体与飞机具有同样的速率,而原来飞鸟相对于地面的速率甚小,可以忽略不计.试估计飞鸟对飞机的冲击力.(提示:碰撞时间可以用飞鸟身长除以飞机速率来估算)

逻辑推理

因为飞鸟和飞机相撞的过程中两者之间的作用力在短时间内急剧变化,而且是变力,力随时间变化的规律也难以知道,所以,不可能直接用第二章学到的牛顿运动定律来解题.如果我们换个角度,考虑力在时间上的累积效果,借助于质点的动量定理来分析问题,那么就可以避免一些复杂的细节问题.要求飞鸟对飞机的冲击力,原则上可以选择飞机为研究对象,但从题目给定的已知条件出发我们无法知道飞机的动量变化情况,而飞鸟的动量变化量可以写出来,因而可以根据牛顿第三定律将问题转化为求飞机对飞鸟的作用力.对飞鸟应用质点的动量定理可以求得飞机对飞鸟的平均作用力.

提纲挈领

质点的动量定理:$\boldsymbol{I} = \int_{t_1}^{t_2} \boldsymbol{F} \mathrm{d}t = m\boldsymbol{v}_2 - m\boldsymbol{v}_1$;

平均作用力:$\overline{\boldsymbol{F}} = \dfrac{\int_{t_1}^{t_2} \boldsymbol{F} \mathrm{d}t}{t_2 - t_1} = \dfrac{m\boldsymbol{v}_2 - m\boldsymbol{v}_1}{t_2 - t_1}$;

牛顿第三定律:$\boldsymbol{F} = -\boldsymbol{F}'$.

详解过程

解 以飞鸟为研究对象,取飞机运动方向为 x 轴正向.由动量定理,得

$$F\Delta t = mv - 0. \tag{1}$$

而

$$\Delta t = \frac{l}{v}, \tag{2}$$

联立(1)(2)两式,解得 $F = 2.25 \times 10^5$ N.

由牛顿第三定律可知,飞鸟对飞机的冲击力为 2.25×10^5 N.

飞鸟对飞机的冲击力相当于 22 t 重的物体所受到的重力,作用力非常大,后果很严重.飞机与飞鸟相撞而造成航空事故的报道也很多,飞机与飞鸟在空中相撞,轻者飞机不能正常飞行,往往被迫紧急降落;重者机毁人亡,酿成重大灾难.如何避免飞机与飞鸟相撞也就成为"世界级难题".

例 3 - 2 一质量为 2 kg 的物体由静止出发沿直线运动,作用在物体上的力随时间的变化关系式为 $F = 6t$(N).试求在开始 2 s 内,此力对物体所做

的功.

　　此题可以从两个角度进行分析,第一角度是:由于力随时间变化的关系式已知,可以根据变力做功的表达式直接计算,但是力 F 是关于时间 t 的函数,计算前还得写出速度随时间变化的关系式;第二角度是:可以根据质点的动能定理求解,开始 2 s 内变力对物体所做的功就等于这段时间内物体动能的改变量,由于物体由静止出发,初动能为 0,因此,动能的改变量等于物体的末动能,只需求出物体在 2 s 末的速度即可算出结果.

牛顿第二定律:$\boldsymbol{F} = m\boldsymbol{a}$;

速度与加速度的关系:$a_x = \dfrac{\mathrm{d}v_x}{\mathrm{d}t}$;

变力功表达式:$W = \displaystyle\int F_x \mathrm{d}x = \int F_x v_x \mathrm{d}t$;

质点的动能定理:$W = E_{k_2} - E_{k_1} = \dfrac{1}{2}mv_2^2 - \dfrac{1}{2}mv_1^2$.

解法一　由牛顿第二定律,可知:

$$a_x = F_x/m = 3t\,(\mathrm{m/s^2});\tag{1}$$

$$a_x = \frac{\mathrm{d}v_x}{\mathrm{d}t}.\tag{2}$$

由式(1)(2),可得 $\displaystyle\int_0^{v_x}\mathrm{d}v = \int_0^t 3t\mathrm{d}t$,所以,$v_x = 1.5t^2\,(\mathrm{m/s})$.

因此,变力功可表示为 $\mathrm{d}W = F_x\mathrm{d}x = F_x v_x \mathrm{d}t = 9t^3\mathrm{d}t\,(\mathrm{J})$.

在开始 2 s 内变力对物体所做的功为 $W = \displaystyle\int_0^2 9t^3\mathrm{d}t = 36\,(\mathrm{J})$.

解法二　和解法一类似,解得物体的速度随时间变化的关系式为 $v_x = 1.5t^2\,(\mathrm{m/s})$.

$t = 2$ s 时,物体的速度为 $v_x = 6$ m/s,此时,物体的动能为

$$E_k = \frac{1}{2}mv_x^2 = \frac{1}{2}\times 2\times 6^2 = 36\,(\mathrm{J}).$$

因此,在开始 2 s 内物体动能的增量为 $\Delta E_k = 36 - 0 = 36\,(\mathrm{J})$.

由质点的动能定理可知,在开始 2 s 内变力对物体所做的功为 $W=\Delta E_k$ $=36(J)$.

例 3-3　一载人小船静止于水面上,小船质量为 100 kg,人的质量为 50 kg,船的全长为 3.6 m.问:当人从船尾走到船头时,小船将移动多少距离?(水的阻力可以忽略不计)

逻辑推理

将人和小船看成一个系统,由于水的阻力忽略不计,整个系统在水平方向所受的合外力为零,满足动量守恒成立的条件,且系统的总动量为零.可以列出系统水平方向的动量守恒定律方程,在方程中人和小船的速度都是以河岸作为参照的.根据位移公式,可知人的速度和小船的速度分别是人和小船相对于河岸的位移除以整个过程的作用时间,从而可以得到人从船尾走到船头的过程中小船移动的距离.

提纲挈领

动量守恒定律: $\boldsymbol{F}^{ex}=0$ 时, $\boldsymbol{P}=\sum m_i\boldsymbol{v}_i=$ 常矢量.

位移公式: $s=vt$.

详解过程

解　设小船的质量为 M,人的质量为 m,小船的全长为 l;作用过程如图 3-3 所示,小船相对于河岸的位移为 x,沿着 x 轴负方向,人相对于河岸的位移为 $l-x$,沿着 x 轴正方向.则可写出系统 x 方向的动量守恒方程为

$$M\frac{-x}{\Delta t}+m\frac{l-x}{\Delta t}=0.$$

图 3-3

代入数据,解得 $x=1.2$ m.

即人从船尾走到船头的过程中,小船移动的距离为 1.2 m.

例 3-4　质量为 72 kg 的人玩跳蹦极,如图 3-4(a)所示.弹性蹦极带原长为 20 m,其劲度系数为 60 N·m^{-1}(空气阻力可忽略不计).(1)此人自跳台跳出后,能达到的最大速度为多少?(2)为了确保人身安全,跳台的高度至少应有多高?

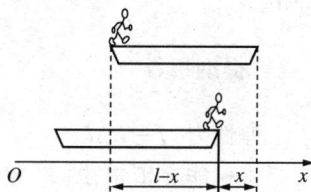

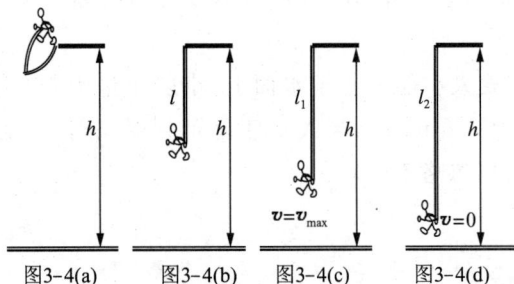

图3-4(a)　　　图3-4(b)　　　图3-4(c)　　　图3-4(d)

逻辑推理

人从离开跳台到速度为零的作用过程如图 3－4 所示. 人刚离开跳台时, 蹦极带处于弯曲状态, 人仅在重力作用下做自由落体运动, 这段过程到蹦极带处于原长状态结束, 如图 3－4(b)所示; 接下来人将在蹦极带向上的弹性力和重力的共同作用下运动, 但在初始阶段蹦极带的形变量小, 重力大于蹦极带向上的弹性力, 人仍然做加速运动, 直到人受到的重力和蹦极带向上的弹性力相等为止, 此时达到的速度即为整个过程中达到的最大速度, 如图 3－4(c)所示; 最后随着蹦极带形变量的增大, 蹦极带向上的弹性力将大于人受到的重力, 人开始做减速运动, 直至人的速度减为零, 整个运动过程结束, 如图 3－4(d)所示. 在整个运动过程中, 人所受的重力和蹦极带的弹性力都属于保守内力. 即在人跳蹦极的过程中只有保守的内力做功, 因此机械能守恒.

提纲挈领

弹性力: $f = k\Delta l$.

机械能守恒定律: 若 $W^{\text{ex}} + W^{\text{in}}_{\text{nc}} = 0$, 则 $E_k + E_p = $ 恒量.

详解过程

解　(1) 人受到的重力和蹦极带向上的弹性力相等时达到最大速度, 并取最大速度处为势能零点. 由机械能守恒定律, 得

$$mgl_1 = \frac{1}{2}k(l_1 - l)^2 + \frac{1}{2}mv_{\text{max}}^2. \tag{1}$$

又　　　　　　　　　　　　$mg = k(l_1 - l)$, 　　　　　　　　　　(2)

联立(1)(2)两式, 解得 $v_{\text{max}} = 22.5$ m/s.

即人自跳台跳出后能达到的最大速度为 22.5 m/s.

（2）将人跳离跳台时作为过程起点，速度为零时作为过程的终点，而且起点状态和终了状态的动能均为零，并取速度为零处为势能零点．在这整个过程中满足机械能守恒的条件，故有：

$$mgl_2 = \frac{1}{2}k(l_2 - l)^2.$$

代入数据，解得 $l_2 = 58.1$ m.

即人的速度为零时离跳台的距离为 58.1 m，因此，为了确保人身安全，跳台的高度至少应有 58.1 m.

例 3-5 一静止的物体，由于内部作用而炸裂成三块，其中两块质量相等，并以相同的速率 20 m/s 沿相互垂直的方向分开，第三块质量是其他任一块的质量的 2 倍．求第三块的速度大小和方向．

逻辑推理

在碰撞、打击、爆炸等问题中内力远大于外力，虽然系统的合外力不为零，但在这类问题中可以忽略外力对系统的影响，近似地认为系统动量守恒．本题中由于物体因内部作用而炸裂，重力（外力）的冲量在炸裂过程中对物体的动量影响很小，可近似认为符合动量守恒条件．由于物体最初动量为零，故炸裂后三块的动量的矢量和也应等于零，爆炸后各块之间的动量关系如图 3-5 所示.

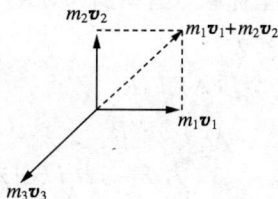

图 3-5

提纲挈领

动量守恒定律：$F^{ex} \ll F^{in}$ 时，$P = \sum m_i \boldsymbol{v}_i = $ 常矢量.

详解过程

解 设爆炸后三块的速度大小分别为 v_1、v_2、v_3，质量分别为 m_1、m_2、m_3．由以上的分析可知

$$m_1 \boldsymbol{v}_1 + m_2 \boldsymbol{v}_2 + m_3 \boldsymbol{v}_3 = 0.$$

也即第三块的动量与第一、第二两块动量的矢量和大小相等、方向相反.

又由题意知，$\boldsymbol{v}_1$ 和 $\boldsymbol{v}_2$ 相互垂直，故有

$$(m_3 v_3)^2 = (m_1 v_1)^2 + (m_2 v_2)^2.$$

又 $m_1 = m_2$，$m_3 = 2m_1$，$v_1 = v_2 = 20$ m/s，

联立,解得 $v_3 = \dfrac{\sqrt{2}}{2} v_1 = 14.1$ m/s.

$\boldsymbol{v}_3$ 的方向沿着 $\boldsymbol{v}_1$ 和 $\boldsymbol{v}_2$ 的角平分线,即 $\boldsymbol{v}_3$ 和 $\boldsymbol{v}_1$、$\boldsymbol{v}_2$ 之间的夹角均为 $135°$.

四、动手动脑

1. 一个质点在恒力 $\boldsymbol{F} = -3\boldsymbol{i} - 5\boldsymbol{j} + 10\boldsymbol{k}$(N)的作用下作直线运动,位移为 $\Delta\boldsymbol{r} = 4\boldsymbol{i} - 5\boldsymbol{j} + 6\boldsymbol{k}$(m),则这个力在该位移过程中所做的功为　　　　[　　]

(A) 67 J　　　　　　　　　　(B) 91 J

(C) 73 J　　　　　　　　　　(D) -67 J

2. 如图 3-6 所示,一质点在坐标平面内做圆周运动,有一力 $\boldsymbol{F} = F_0(x\boldsymbol{i} + y\boldsymbol{j})$ 作用在质点上. 在该质点从坐标原点运动到 $(0, 2R)$ 位置过程中,力 $\boldsymbol{F}$ 对它所做的功为　　　　[　　]

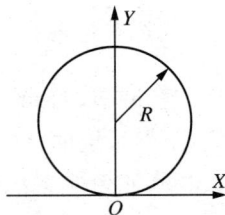

(A) $F_0 R^2$　　　　　　　　(B) $2F_0 R^2$

(C) $3F_0 R^2$　　　　　　　　(D) $4F_0 R^2$

图 3-6

3. 力 $\boldsymbol{F} = 12t\,\boldsymbol{i}$(SI)作用在质量 $m = 2$ kg 的物体上,使物体由原点从静止开始运动,则它在 3 s 末的动量应为　　　　[　　]

(A) $-54\boldsymbol{i}$ kg·m·s^{-1}　　　　(B) $54\boldsymbol{i}$ kg·m·s^{-1}

(C) $-27\boldsymbol{i}$ kg·m·s^{-1}　　　　(D) $27\boldsymbol{i}$ kg·m·s^{-1}

4. 如图 3-7 所示,圆锥摆的摆球质量为 m,速率为 v,圆半径为 R,当摆球在轨道上运动半周时,摆球所受重力冲量的大小为　　　　[　　]

(A) $2mv$

(B) $\sqrt{(2mv)^2 + (mg\pi R/v)^2}$

(C) $\dfrac{\pi Rmg}{v}$

(D) 0

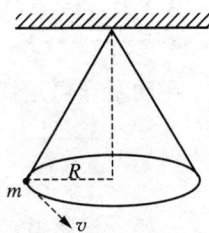

图 3-7

5. 质量分别为 m_A 和 m_B($m_A > m_B$)、速度分别为 $\boldsymbol{v}_A$ 和 $\boldsymbol{v}_B$($v_A > v_B$)的两质点 A 和 B,受到相同的冲量作用,则　　　　[　　]

(A) A 的动量增量的绝对值比 B 的小

(B) A 的动量增量的绝对值比 B 的大

（C）A、B 的动量增量相等

（D）A、B 的速度增量相等

6．如图 3-8 所示，置于水平光滑桌面上质量分别为 m_1 和 m_2 的物体 A 和 B 之间夹有一轻弹簧．首先用双手挤压 A 和 B，使弹簧处于压缩状态，然后撤掉外力，则在 A 和 B 被弹开的过程中　　　［　　］

（A）系统的动量守恒，机械能不守恒

（B）系统的动量守恒，机械能守恒

（C）系统的动量不守恒，机械能守恒

（D）系统的动量与机械能都不守恒

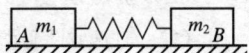

图 3-8

7．如图 3-9 所示，一质量为 M 的弹簧振子，水平放置且静止在平衡位置，一质量为 m 的子弹以水平速度 v 射入振子中，并随之一起运动．如果水平面光滑，此后弹簧的最大势能为　　　［　　］

（A）$\dfrac{1}{2}mv^2$

（B）$\dfrac{m^2 v^2}{2(M+m)}$

（C）$(M+m)\dfrac{m^2}{2M^2}v^2$

（D）$(M-m)\dfrac{m^2}{2M^2}v^2$

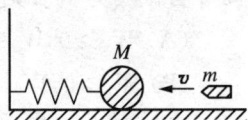

图 3-9

8．质点系所受外力的矢量和恒为零，则　　　［　　］

（A）质点系的总动量恒定不变，质点系内各质点的动量都不改变

（B）质点系的总动量恒定不变，质点系内各质点的动量可以改变

（C）质点系的总动量可以改变，质点系内质点的动量恒定不变

（D）质点系的总动量和质点系内各质点的动量都可以改变

9．以下说法正确的是　　　［　　］

（A）质点系动能的增量等于一切外力做功的代数和

（B）质点系机械能的增量等于一切外力做功和一切内力做功的代数和

（C）质点系所受外力和非保守内力均不做功，则质点系机械能守恒

（D）质点系动能的增量等于一切外力和非保守内力做功的代数和

10．以下叙述中，正确的说法是　　　［　　］

（A）质点对轴的角动量等于质点所受合力对同一轴的力矩

（B）作用在质点上的合力对某参考点的力矩，等于质点对同一参考点角动量对时间的变化率

(C) 质点系所受合力为零,质点系的角动量守恒

(D) 质点系受外力,但外力做功代数和为零,则质点系角动量守恒

11. 下列叙述中,正确的说法是 　　　　　　　　　　　　　　[　　]

(A) 质点受多个力作用,合力在某个方向上的冲量等于该力方向上质点动量的改变量

(B) 质点所受合外力的冲量等于质点的动量

(C) 匀速圆周运动中,质点所受外力不做功,故质点的动量守恒

(D) 以仰角 α 发射一枚炮弹,从炮弹离开炮口开始到炮弹在空中爆炸为止,在此期间炮弹的动量守恒

12. 一个做直线运动的物体,其速度 v 与时间 t 的关系曲线如图 3-10 所示.设时刻 t_1 至 t_2 间外力做功为 W_1;时刻 t_2 至 t_3 间外力做功为 W_2;时刻 t_3 至 t_4 间外力做功为 W_3.则 　　　[　　]

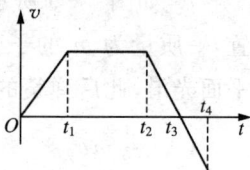

图 3-10

(A) $W_1>0,W_2<0,W_3<0$

(B) $W_1>0,W_2<0,W_3>0$

(C) $W_1=0,W_2<0,W_3>0$

(D) $W_1=0,W_2<0,W_3<0$

13. 对于一个物体系统来说,在下列条件中,机械能守恒的系统是 　　　　　　　　　　　　　　　　　　　　[　　]

(A) 合外力为 0

(B) 合外力不做功

(C) 外力和非保守内力都不做功

(D) 外力和保守力都不做功

14. 质量为 m 的小球,沿水平方向以速率 v 与固定的竖直壁做弹性碰撞,设指向壁内的方向为正方向.则由于此碰撞,小球的动量增量为 [　　]

(A) mv 　　　　　　　　　　(B) 0

(C) $2mv$ 　　　　　　　　　(D) $-2mv$

15. 一质点做匀速率圆周运动时,下列说法中正确的是 [　　]

(A) 它的动量不变,对圆心的角动量也不变

(B) 它的动量不变,对圆心的角动量不断改变

(C) 它的动量不断改变,对圆心的角动量不变

(D) 它的动量不断改变,对圆心的角动量也不断改变

16. 设作用在质量为 1 kg 的物体上的力 $F=6t+3$(SI).如果物体在这

一力的作用下,由静止开始沿直线运动,在 0 到 2.0 s 的时间间隔内,这个力作用在物体上的冲量大小 $I=$ _____.

17. 一物体质量 $M=2$ kg,在合外力 $F=(3+2t)i$(SI)的作用下,从静止开始运动.则当 $t=1$ s 时,物体的速度 $v=$ _____.

18. 一质量为 5 kg 的物体,其所受的作用力 F 随时间的变化关系如图 3 - 11 所示.设物体从静止开始沿直线运动,则 20 s 末物体的速率 $v=$ _____.

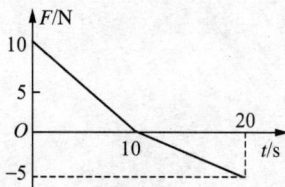

图 3 - 11

19. 一质量为 m 的物体,以初速 v_0 从地面抛出,抛射角 $\theta=30°$,空气阻力忽略不计.则从抛出到刚要接触地面的过程中,物体动量增量的大小为 _____,物体动量增量的方向为 _____.

20. 一个打桩机,夯的质量为 m_1,桩的质量为 m_2.假设夯与桩相碰撞时为完全非弹性碰撞且碰撞时间极短,则刚刚碰撞后夯与桩的动能是碰前夯的动能的 _____ 倍.

21. 如图 3 - 12 所示,一质量为 m 的摆球在水平面内以角速度 ω 匀速转动形成一个圆锥摆.在小球转动一周的过程中,

(1) 小球动量增量的大小等于 _____.

(2) 小球所受重力的冲量的大小等于 _____.

(3) 小球所受绳子拉力的冲量大小等于 _____.

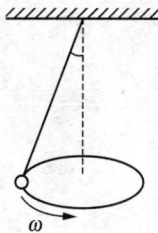

图 3 - 12

22. 质量 $m=1.0$ kg 的物体在坐标原点处静止出发沿水平面内 x 轴运动,物体受到一个外力 $F=(3+2x)i$(N)的作用,则在物体开始运动的 3.0 m 内,外力所做的功为 _____;当 $x=3.0$ m 时,其速率为 _____.

23. 一质量为 $m=5$ kg 的物体,在 0 到 10 s 内,受到如图 3 - 13 所示的变力 F 的作用,由静止开始沿 x 轴正向运动,而力的方向始终为 x 轴的正方向.则 10 s 内变力 F 所做的功为 _____.

24. 若作用于一力学系统上外力的合力为零,则外力的合力矩 _____(填"一定"或"不一定")为零;这种情况下力学系统的动量、角动量、机械能三个量中一定守恒的量是 _____.

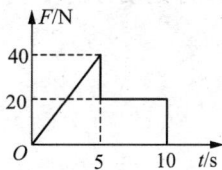

图 3 - 13

25. 一人从 10 m 深的井中提水,起始时桶中装有 10 kg 的水,桶的质量为 1 kg,由于水桶漏水,每升高 1 m 要漏去 0.2 kg 的水.求水桶匀速地从井中提到井口人所做的功.

26. 质量为 1 kg 的物体,它与水平桌面间的摩擦因数 $\mu = 0.2$.现对物体施以 $F = 10t$(SI)的力(t 表示时刻),力的方向保持一定,如图 3-14 所示.若 $t = 0$ 时物体静止,则 $t = 3$ s 时它的速度大小 v 为多少?

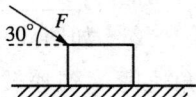

图 3-14

27. 光滑水平面上有两个质量不同的小球 A 和 B.A 球静止,B 球以速度 v 和 A 球发生碰撞,碰撞后 B 球速度的大小为 $\dfrac{1}{2}v$,方向与 v 垂直.求碰后 A 球运动方向.

28. 如图 3-15 所示,有两个长方形的物体 A 和 B 紧靠着静止放在光滑的水平桌面上,已知 $m_A=2$ kg, $m_B=3$ kg. 现有一质量 $m=100$ g 的子弹以速率 $v_0=800$ m/s 水平射入长方体 A,经 $t=0.01$ s,又射入长方体 B,最后停留在长方体 B 内未射出,设子弹射入 A 时所受的摩擦力为 $F=3\times10^3$ N. 求:

(1) 子弹在射入 A 的过程中, B 受到 A 的作用力的大小.

(2) 当子弹留在 B 中时, A 和 B 的速度大小.

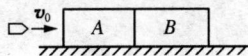

图 3-15

29. 静水中停着两条质量均为 M 的小船,当第一条船中的一个质量为 m 的人以水平速度 v(相对于地面)跳上第二条船后,两船运动的速度各多大?(忽略水对船的阻力)

五、讨论交流

1. 力对物体不做功,物体一定沿直线运动吗?

2. 有两个相同的物体,处于同一位置,其中一个水平抛出,另一个沿斜面无摩擦地自由滑下.哪一个物体先到达地面? 落地时两者速率是否相等? 两者动能的增加是否相等?

3. 人通过挂在高处的定滑轮,用绳子分别把物体拉高 h,一次是匀加速拉,另一次是非匀加速拉,但两次中物体的初速率和末速率都相同.问:人对物体所做的功是否相同?

4. 将一薄板盖在玻璃杯上,在薄板上放一只鸡蛋.为什么迅速地把盖在杯上的薄板从侧面打去,鸡蛋就掉在杯中? 若慢慢地将薄板拉开,鸡蛋就会和薄板一起移动呢?

第四章 刚体转动

一、学习基本要求

1. 了解刚体模型以及刚体的运动形式.

2. 理解描写刚体定轴转动角速度和角加速度的物理意义,并掌握角量与线量的关系.

3. 理解力矩的概念和刚体绕定轴转动的转动定律.

4. 理解角动量概念,掌握刚体绕定轴转动的角动量定理以及刚体绕定轴转动的角动量守恒定律.

5. 理解刚体定轴转动的转动动能概念,能在有刚体绕定轴转动的问题中正确地应用机械能守恒定律.

二、基本概念及基本规律

前面三章所研究的运动物体都是建立在一种理想化的模型上,即当物体的大小和形状忽略不计时,可将此物体看成没有大小和形状,仅具有整个物体的质量和确定的空间位置的质点. 然而在实际问题中,很多物体的大小和形状是不能忽略的. 例如,研究轮盘的转动、星球的自转等就不能把这些运动物体作为质点,此时物体的大小和形状在运动中起着重要的作用. 即便在物体运动过程中,大小和形状均不变化,但物体各部分的运动情况并不相同,此时也不能把物体看做质点处理.因此,本章将介绍另外一个理想模型——刚体.和前面三章研究质点的思路类似,首先介绍刚体的基本运动形式以及刚体运动的描述,接着介绍反映刚体受力特征和刚体运动状态之间关系的转动定律,最后从力矩在时间和空间上的累积效果出发介绍了刚体的角动量以及角动量守恒定律、刚体的转动动能以及刚体绕定轴转动的动能定理.

1. 刚体、刚体的平动与转动

刚体   在任何情况下大小和形状都不发生变化的物体称为刚体.刚体是一个理想化模型,其特点是:

(1)刚体可以看成由很多质点组成的质点系.若把刚体分成很多个微小的部分,则每个微小的部分可认为是一个质点.

(2)当刚体受到外力时,构成刚体的任意两个质点间的距离保持恒定.

刚体的平动   刚体中所有点的运动轨迹都保持完全相同.

说明:刚体上任意一个质点的运动情况就能反映整个刚体的运动状态.因此,刚体做平动时可以看做质点处理.

刚体的转动   刚体上的所有质点都绕同一直线做圆周运动,这种运动称为刚体的转动,这条直线称为转轴.

刚体的转动 $\begin{cases} \text{定轴转动:转轴固定不动.} \\ \text{非定轴转动:转轴的位置或者方向随时间而改变.} \end{cases}$

本章主要介绍刚体的定轴转动,它是研究刚体其他复杂运动的基础.

刚体定轴转动的特点:

(1)刚体上所有的点都绕转轴做圆周运动,圆面为转动平面.

(2)刚体上所有的点在给定的时间内都转过相等的角度,对转轴都有相同的角速度和角加速度.

(3)由于刚体上各点相对于转轴的位置并不相同,它们的速度、加速度以及位移却不尽相同.

2. 刚体定轴转动的角量描述

角坐标   刚体上任一点的位置矢量 r 和参考坐标轴 Ox 之间的夹角称为角坐标,常用 θ 表示,如图 4-1 所示.沿逆时针方向转动时,取 $\theta > 0$;沿顺时针方向转动时,取 $\theta < 0$.

随着刚体的转动,θ随时间而变化,因此,$\theta=\theta(t)$称为刚体的转动方程.

角位移　刚体角坐标的变化量称为角位移.如图4-1所示,dt时间内刚体的角位移为$d\theta=\theta(t+dt)-\theta(t)$,反映了刚体在$dt$时间内的位置变化.

角速度　刚体的转动方程对时间的一阶导数称为角速度,常用ω表示.其数学表达式为

$$\omega=\lim_{\Delta t\to 0}\frac{\Delta\theta}{\Delta t}=\frac{d\theta}{dt}.$$

说明:角速度是矢量,其方向可以根据右手螺旋法则确定:伸开右手,让拇指和其余四指垂直,四指的弯曲方向和刚体的转动方向一致,这时拇指所指的方向便是角速度矢量$\boldsymbol{\omega}$的方向,如图4-2所示.

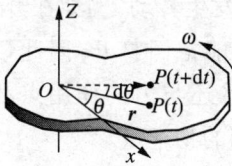 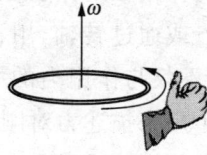

图4-1　　　　　　　　　　　　　　　　图4-2

角加速度　刚体的角速度对时间的一阶导数称为角加速度,常用α表示.其数学表达式为

$$\alpha=\frac{d\omega}{dt}=\frac{d^2\theta}{dt^2}.$$

说明:角加速度也是矢量,其方向沿着角速度增量的方向.

角量和线量之间的关系　在质点运动学中,我们用位置矢量、位移、速度、加速度等来定量描述一个质点的运动状态,这几个量常被称做线量.在刚体定轴转动中,描述刚体上任意一点的线量和角量之间有如下关系:

线速度和角速度:$v=r\omega$;
切向加速度和角加速度:$a_t=r\alpha$;
法向加速度和角速度:$a_n=r\omega^2$.

由以上的几个关系式可以看出,角量能描述刚体转动中所有质点的共性,线量能反映各个质点运动情况的差别.

3. 匀变速定轴转动

当刚体绕定轴转动的角加速度α等于常量时,刚体所做的运动称作匀变速转动.与匀变速直线运动类似,匀变速定轴转动中各个物理量之间的关系

式如表 4-1 所示.

表 4-1　质点匀变速直线运动和刚体匀变速定轴转动中各个物理量之间的关系式

质点匀变速直线运动	刚体绕定轴做匀变速转动
$v = v_0 + at$	$\omega = \omega_0 + \alpha t$
$x = x_0 + v_0 t + \dfrac{1}{2} a t^2$	$\theta = \theta_0 + \omega_0 t + \dfrac{1}{2} \alpha t^2$
$v^2 = v_0^2 + 2a(x - x_0)$	$\omega^2 = \omega_0^2 + 2\alpha(\theta - \theta_0)$

4. 力矩

即使有力作用在刚体上,刚体也可能不发生转动. 例如在开、关门时,若力与转轴平行或通过转轴,用再大的力也不能把门打开. 因此,要改变刚体的转动状态,不仅与作用力的大小有关,而且还与力的作用点和方向有关. 力矩就是一个用来描述力对刚体的转动作用的物理量.

力矩的矢量表达式:$M = r \times F$.

力矩的大小:$M = Fr\sin\theta = Fd$,其中 $d = r\sin\theta$,称为力臂.

力矩的方向:根据右手螺旋定则判断,即伸开右手,让大拇指和其余四指垂直,让四指由矢径 r 的方向经小于 $180°$ 的角度转向力 F 方向时,大拇指的指向就是力矩 M 的方向,如图 4-3 所示.

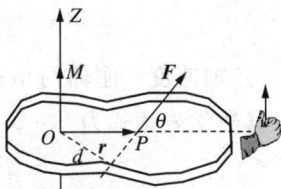

图 4-3

说明:

(1) 力矩是矢量,在定轴转动问题中,力对转轴的力矩方向沿着转轴.

(2) 若有几个力同时作用在定轴转动的刚体上,那么作用在刚体上的合力矩等于各分力矩的矢量和.

(3) 刚体内一对相互作用的作用力和反作用力的力矩互相抵消.

(4) 力矩必须指明所针对的轴.

5. 转动定律

刚体定轴转动的角加速度与它所受的合外力矩成正比,与刚体的转动

惯量成反比,这一关系式称为刚体的转动定律.其数学表达式为

$$M = J\alpha.$$

> **说明:**
>
> (1) 转动定律是刚体定轴转动的基本定律,反映了力矩的瞬时作用规律,表达式中的各个物理量须是对同一转轴而言的.
>
> (2) 转动定律在研究刚体的运动规律中与牛顿第二定律在质点运动学中的地位是对等的.在实际应用中,研究对象若是质点则根据牛顿第二定律列方程,研究对象若是刚体则根据转动定律列方程.
>
> (3) 在质点运动中,力是引起质点运动状态改变的原因,外力使质点获得加速度.而在刚体的定轴转动中,力矩是改变刚体转动状态的原因,力矩使刚体获得角加速度.

6. 转动惯量

刚体上各个质点的质量与该质点到转轴距离平方的乘积之和称为刚体对该转轴的转动惯量.其数学表达式为

$$J = \sum_i \Delta m_i r_i^2.$$

转动惯量的单位为 $kg \cdot m^2$.

关于转动惯量的具体计算可分为质量离散分布和连续分布两种情形:

(1) 质量离散分布时, $J = \sum \Delta m_i r_i^2 = m_1 r_1^2 + m_2 r_2^2 + \cdots + m_i r_i^2$,其中 r_i 为 Δm_i 到转轴的距离.

(2) 质量连续分布时, $J = \int r^2 \mathrm{d}m$,其中 r 为质量元 $\mathrm{d}m$ 到转轴的距离.

$\begin{cases} \text{对质量线分布的刚体}: \mathrm{d}m = \lambda \mathrm{d}l, \lambda \text{ 为质量线密度}; \\ \text{对质量面分布的刚体}: \mathrm{d}m = \sigma \mathrm{d}l, \sigma \text{ 为质量面密度}; \\ \text{对质量体分布的刚体}: \mathrm{d}m = \rho \mathrm{d}l, \rho \text{ 为质量体密度}. \end{cases}$

计算转动惯量常用到的三个基本定理:

平行轴定理　刚体对任一轴的转动惯量 J 等于对过质心 C 的平行轴的转动惯量 J_C 与二轴间垂直距离 d 的平方和刚体质量的乘积之和,即 $J = J_C + md^2$.

正交轴定理　过薄板状刚体上任意一点且垂直于板面的轴的转动惯量等于过板面上同一点的两条正交轴的转动惯量之和.

组合定理　若某刚体由 n 个部分组成,各部分对同一轴的转动惯量分

别为 J_1、J_2、$\cdots$、J_n,则整个刚体对该轴的转动惯量为 $J = J_1 + J_2 + \cdots + J_n = \sum J_i$.

> **说明:**
>
> (1) 转动惯量是刚体转动惯性大小的量度,转动惯量越大,刚体的转动状态越难以改变.
>
> (2) 转动惯量不仅仅和刚体的质量有关,还取决于质量分布情况.
>
> (3) 转动惯量与转轴的位置有关,因此必须指明对哪一个转轴的转动惯量.

7. 质点的角动量和刚体的角动量

质点的角动量 如图 4-4 所示,质量为 m 的质点对点 O 的角动量定义为 $\boldsymbol{L} = \boldsymbol{r} \times \boldsymbol{P} = m\boldsymbol{r} \times \boldsymbol{v}$.

大小:$L = rmv\sin\theta$.

方向:根据右手螺旋定则判断,即伸开右手,让大拇指和其余四指垂直,让四指由矢径 $\boldsymbol{r}$ 的方向经小于 $180°$ 的角度转向动量 $\boldsymbol{P}$ 的方向时,大拇指的指向就是质点对点 O 的角动量 $\boldsymbol{L}$ 的方向.

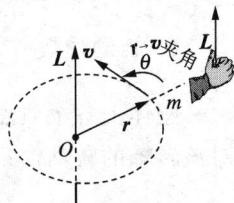

图 4-4

若质点做圆周运动,则 $\boldsymbol{r}$ 和 $\boldsymbol{P}$ 相垂直,质点对圆心的角动量大小为 $L = mr^2\omega = J\omega$.

由于质点对圆心角动量的方向和角速度 ω 的方向一致,因此质点对圆心的角动量的矢量表达式为 $\boldsymbol{L} = J\boldsymbol{\omega}$.

刚体的角动量 刚体绕定轴转动时的角动量:$\boldsymbol{L} = J\boldsymbol{\omega}$.

大小:$L = J\omega$.

方向:与角速度 ω 的方向一致,沿着转轴.

8. 刚体定轴转动的角动量定理

刚体绕定轴转动时,作用于刚体上的冲量矩等于角动量的增量.其数学表达式为

$$\int_{t_1}^{t_2} \boldsymbol{M} dt = \int_{t_1}^{t_2} d\boldsymbol{L} = \boldsymbol{L}_2 - \boldsymbol{L}_1 = J\boldsymbol{\omega}_2 - J\boldsymbol{\omega}_1.$$

式中,$\int_{t_1}^{t_2} \boldsymbol{M} dt$ 称作力矩对给定轴的冲量矩.

值得一提的是,角动量定理在刚体和质点中均适用.适用于刚体时,力矩和角动量必须是对同一转轴的;适用于质点时,力矩和角动量必须是对同一参考点的.

9. 刚体定轴转动的角动量守恒定律

如果刚体所受的合外力矩等于零,或者不受外力矩的作用,那么刚体的角动量保持不变.即:若 $\boldsymbol{M}=0$,则 $\boldsymbol{L}=J\boldsymbol{\omega}=$ 恒矢量.

> **说明:**
> (1) 这一定律不仅适用于做定轴转动的刚体,也适用于非刚体(即转动惯量不断改变)的定轴转动以及定轴转动的刚体组.
> (2) 对于质点而言,在有心力的作用下,质点对力心的角动量守恒.
> (3) 角动量守恒定律对宏观物体和微观粒子均适用.

10. 力矩的功和功率

力矩的功　力矩与刚体角位移乘积的积分.其数学表达式为 $W=\int_{\theta_1}^{\theta_2} M\mathrm{d}\theta$.

若作用于定轴转动的刚体上的力矩为恒力矩,则 $W=M\Delta\theta$.

力矩的功率　$P=\dfrac{\mathrm{d}W}{\mathrm{d}t}=M\dfrac{\mathrm{d}\theta}{\mathrm{d}t}=M\omega$.

由此可见,当功率一定时,刚体的转速越低,所受的力矩越大;反之转速越高,所受力矩越小.

11. 刚体定轴转动的转动动能和动能定理

刚体定轴转动的转动动能　刚体的转动惯量和角速度平方乘积的一半,即 $E_k=\dfrac{1}{2}J\omega^2$.

刚体定轴转动的动能定理　合外力矩对刚体所做的功等于刚体转动动能的增量,即

$$W=\int_{\theta_1}^{\theta_2} M\mathrm{d}\theta=\frac{1}{2}J\omega_2^2-\frac{1}{2}J\omega_1^2.$$

12. 质点运动和刚体定轴转动的对照

刚体定轴转动的规律和质点运动的规律是类似的,只需将描述刚体的角量和描述质点的线量对应,将转动惯量对应质量,将角动量对应动量,将转动动能对应动能,我们会发现它们具有相同的形式,为了便于从整体上系统地理解力学规律,下面把质点运动和刚体定轴转动相应的物理量做个对比(表 4 - 2).

表 4 - 2　质点运动和刚体定轴转动相应的物理量对比

质点的运动		刚体的定轴转动	
速度	$\boldsymbol{v}=\dfrac{\mathrm{d}\boldsymbol{r}}{\mathrm{d}t}$	角速度	$\boldsymbol{\omega}=\dfrac{\mathrm{d}\boldsymbol{\theta}}{\mathrm{d}t}$
加速度	$\boldsymbol{a}=\dfrac{\mathrm{d}\boldsymbol{v}}{\mathrm{d}t}$	角加速度	$\boldsymbol{\alpha}=\dfrac{\mathrm{d}\boldsymbol{\omega}}{\mathrm{d}t}$
质量	m	转动惯量	$J=\displaystyle\int r^2\,\mathrm{d}m$
力	$\boldsymbol{F}$	力矩	$\boldsymbol{M}=\boldsymbol{r}\times\boldsymbol{F}$
运动定律	$\boldsymbol{F}=m\boldsymbol{a}$	转动定律	$\boldsymbol{M}=J\boldsymbol{\alpha}$
动量	$\boldsymbol{P}=m\boldsymbol{v}$	角动量	$\boldsymbol{L}=J\boldsymbol{\omega}$
力的冲量	$\displaystyle\int_0^t \boldsymbol{F}\cdot\mathrm{d}t$	力矩的冲量	$\displaystyle\int_0^t \boldsymbol{M}\cdot\mathrm{d}t$
动量定理	$\displaystyle\int_{t_0}^t \boldsymbol{F}\mathrm{d}t=m\boldsymbol{v}-m\boldsymbol{v}_0$	角动量定理	$\displaystyle\int_{t_0}^t \boldsymbol{M}\mathrm{d}t=\boldsymbol{L}-\boldsymbol{L}_0$
动量守恒	$\displaystyle\sum \boldsymbol{F}_i=0,\ \sum m_i\boldsymbol{v}_i=$ 常量	角动量守恒	$\boldsymbol{M}=0,\ \displaystyle\sum J_i\boldsymbol{\omega}_i=$ 常量
力的功	$W=\displaystyle\int_A^B \boldsymbol{F}\cdot\mathrm{d}\boldsymbol{r}$	力矩的功	$W=\displaystyle\int_{\theta_0}^{\theta} M\mathrm{d}\theta$
动能	$E_k=mv^2/2$	动能	$E_k=J\omega^2/2$
动能定理	$W=\dfrac{1}{2}mv^2-\dfrac{1}{2}mv_0^2$	动能定理	$W=\dfrac{1}{2}J\omega^2-\dfrac{1}{2}J\omega_0^2$
重力势能	$E_p=mgh$	重力势能	$E_p=mgh_c$

三、典型例题精析

本章主要讨论刚体的定轴转动描述、力矩对刚体定轴转动状态的影响以及力矩在时间和空间上的积累效果,揭示了刚体定轴转动的过程量和状态量之间的关系.重点讨论转动定律的具体应用,具体解题步骤如下:

(1)确定研究对象,并对研究对象进行受力分析.

(2)建立合适的坐标系列方程,若对象是质点,则根据牛顿第二定律列方程;若对象是刚体,则需根据转动定律列方程.

(3)寻找各个物理量之间的约束关系,并代入数据解方程.

例 4-1 如图 4-5(a)所示,一根细绳绕在质量 $M=16\ \text{kg}$、半径为 $R=0.15\ \text{m}$ 的实心滑轮上,绳端挂一质量为 m 的物体.求:(1)由静止开始 1 s 后,物体下降的距离.(2)绳子中的张力.

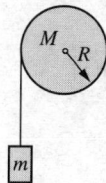 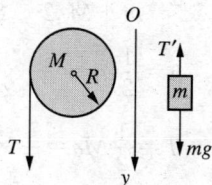

图 4-5(a)   图 4-5(b)

逻辑推理

分别选择实心滑轮和物体为研究对象.显然,物体可以当作质点看待,而实心滑轮须作为刚体来处理.分别对研究对象进行受力分析,如图 4-5(b)所示,物体受重力和绳子拉力的作用,而实心滑轮所受的重力和转轴对滑轮的支持力是一对平衡力,使滑轮转动的是绳子的拉力.对物体列牛顿第二定律方程,对实心滑轮列转动定律方程.物体和实心滑轮之间的约束关系使物体的加速度和滑轮边缘处质点的切向加速度相等.把所列方程和约束关系式联立,并代入数据即可求得静止开始 1 s 后物体下降的距离和绳子中的张力.

提纲挈领

转动定律:$M=J\alpha$;

牛顿第二定律:$F=ma$;

切向加速度和角加速度关系:$a_t=R\alpha$;

实心滑轮的转动惯量:$J=\dfrac{1}{2}MR^2$.

详解过程

解 分别以实心滑轮和物体为研究对象,选择如图 4-5(b)所示的 Oy 坐标轴,列出方程如下:

$$mg-T'=ma; \tag{1}$$

$$T \cdot R=\frac{1}{2}MR^2 \cdot \alpha; \tag{2}$$

$$T=T'; \tag{3}$$

$$a=R\alpha. \tag{4}$$

联立(1)(2)(3)(4)四式,解得

$$a=\frac{mg}{m+M/2}=\frac{8\times10}{8+8}=5(\text{m} \cdot \text{s}^{-2});$$

$$h=\frac{1}{2}at^2=\frac{1}{2}\times5\times1^2=2.5(\text{m});$$

$$T=\frac{1}{2}Ma=\frac{1}{2}\times16\times5=40(\text{N}).$$

例 4-2 一汽车发动机曲轴的转速在 12 s 内由 1.2×10^3 r·min^{-1} 均匀地增加到 2.7×10^3 r·min^{-1}.求:(1)曲轴转动的角加速度;(2)在此时间内曲轴转了多少圈?

逻辑推理

这是一个匀变速定轴转动的例子,可直接根据匀变速定轴转动中各个物理量之间的关系式计算出曲轴转动的角加速度和 12 s 内曲轴转过的角度.

提纲挈领

角速度表达式:$\omega=\omega_0+\alpha t$;

角位移关系式:$\omega^2-\omega_0^2=2\alpha\Delta\theta$.

详解过程

解　（1）由 $\omega = \omega_0 + \alpha t$，可得 $\alpha = \dfrac{\omega - \omega_0}{t}$.

$$\omega_0 = 1.2 \times 10^3 \ \text{r} \cdot \text{min}^{-1} = 40\pi \ \text{rad} \cdot \text{s}^{-1},$$

$$\omega = 2.7 \times 10^3 \ \text{r} \cdot \text{min}^{-1} = 90 \ \pi \ \text{rad} \cdot \text{s}^{-1},$$

所以　　　　　　$\alpha = \dfrac{\omega - \omega_0}{t} = \dfrac{90\pi - 40\pi}{12} \approx 13.08 (\text{rad} \cdot \text{s}^{-2}).$

（2）由 $\omega^2 - \omega_0^2 = 2\alpha\Delta\theta$，可得

$$\Delta\theta = \frac{\omega^2 - \omega_0^2}{2\alpha} = \frac{(90\pi)^2 - (40\pi)^2}{2 \times 13.08} \approx 780\pi(\text{rad}).$$

转过的圈数：$N = \dfrac{\Delta\theta}{2\pi} = 390.$

即曲轴转动的角加速度为 13.08 rad · s^{-2}，12 s 内曲轴转了 390 圈.

例 4-3　分别计算质量为 m、长为 l 的细棒绕通过其中心的垂直轴的转动惯量和通过其端点的垂直轴的转动惯量.

逻辑推理

这是一个质量连续分布的刚体的转动惯量求解问题，可以建立坐标系，先对刚体进行微分，写出质量元 dm 对转轴的转动惯量 dJ，然后将 dJ 对整个细棒进行积分.

提纲挈领

转动惯量：$J = \displaystyle\int_L r^2 \text{d}m$；

质量线密度：$\lambda = \dfrac{m}{l}$.

详解过程

解　（1）细棒绕通过其中心的垂直轴的转动惯量.

建立如图 4-6(a) 所示的坐标轴，坐标原点取在转轴上，即在细棒的中点处，在坐标 x 处取长为 dx 的质量元 dm. 则

$$\text{d}m = \lambda \text{d}x = \frac{m}{l}\text{d}x;$$

$$\mathrm{d}J = x^2 \mathrm{d}m = \frac{m}{l}x^2 \mathrm{d}x.$$

细棒绕通过其中心的垂直轴的转动惯量：

$$J = \int_{-\frac{l}{2}}^{\frac{l}{2}} \mathrm{d}J = \int_{-\frac{l}{2}}^{\frac{l}{2}} \frac{m}{l}x^2 \mathrm{d}x = \frac{1}{12}ml^2.$$

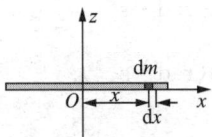   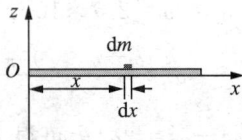

图 4 - 6(a)   图 4 - 6(b)

（2）细棒绕通过其端点的垂直轴的转动惯量.

建立如图 4 - 6(b) 所示的坐标轴，坐标原点取在转轴上，即在细棒的左端，在坐标 x 处取长为 $\mathrm{d}x$ 的质量元 $\mathrm{d}m$. 则

$$\mathrm{d}m = \lambda \mathrm{d}x = \frac{m}{l}\mathrm{d}x;$$

$$\mathrm{d}J = x^2 \mathrm{d}m = \frac{m}{l}x^2 \mathrm{d}x.$$

细棒绕通过其端点的垂直轴的转动惯量：

$$J = \int_0^l \mathrm{d}J = \int_0^l \frac{m}{l}x^2 \mathrm{d}x = \frac{1}{3}ml^2.$$

该题告诉我们，刚体的转动惯量与转轴的位置有关，质量分布离转轴越远，刚体对该轴的转动惯量越大. 因此，讲刚体的转动惯量，必须指明转轴的位置.

例 4 - 4 一质量为 M、半径为 R 的圆盘做定轴转动，其角速度为 ω，某时刻圆盘边缘处有一质量为 m 的小碎片从圆盘飞出，且小碎片脱离圆盘时的速度方向刚好竖直向上，如图 4 - 7 所示. 求：（1）碎片能上升的最大高度？（2）碎片飞出后剩余圆盘的角速度、角动量以及转动动能分别是多少？

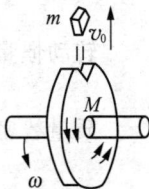

图 4 - 7

逻辑推理

小碎片脱离圆盘沿着数值方向上升的过程中，只受重力的作用，因此上升过程中的机械能守恒，到达最高点时小碎片的初动能全部转化为重力势能. 圆盘破裂瞬间，由碎片和剩余圆盘组成的系统对转轴的合外力矩为零，因此，系统的角动量守恒，进而可求得剩余圆盘的角速度，剩余圆盘的角速

度乘以其转动惯量即可得其角动量,转动动能也可根据定义求得.

提纲挈领

机械能守恒定律:$E_k + E_p =$ 常量(只有保守力做功);

角动量守恒定律:若 $\boldsymbol{M} = 0$,则 $\boldsymbol{L} = J\boldsymbol{\omega} =$ 恒矢量;

圆盘的转动惯量:$J = \dfrac{1}{2}MR^2$;

刚体的转动动能:$E_k = \dfrac{1}{2}J\omega^2$.

详解过程

解　(1) 碎片离开圆盘时的速度 $v = R\omega$.

设碎片能上升的最大高度为 h. 根据机械能守恒定律,知

$$\frac{1}{2}m\,(R\omega)^2 = mgh.$$

解得 $h = \dfrac{R^2\omega^2}{2g}$.

(2) 圆盘破裂瞬间,由碎片和剩余圆盘组成的系统对转轴的合外力矩为零,系统的角动量守恒,设剩余圆盘的角速度为 ω'. 则

$$J\omega = (J - mR^2)\omega' + mR^2\omega.$$

解得 $\omega' = \omega$,即剩余圆盘的角速度不变.

剩余圆盘的角动量:

$$L' = (J - mR^2)\omega' = \left(\frac{1}{2}MR^2 - mR^2\right)\omega = \left(\frac{1}{2}M - m\right)\omega R^2.$$

剩余圆盘的转动动能:

$$E_k = \frac{1}{2}(J - mR^2)\omega'^2 = \frac{1}{2}\left(\frac{1}{2}MR^2 - mR^2\right)\omega^2 = \frac{1}{4}(M - 2m)\omega^2 R^2.$$

四、动手动脑

1. 两个均质圆盘 A 和 B 的密度分别为 ρ_A 和 $\rho_B(\rho_A > \rho_B)$,但两圆盘的质量与厚度相同,如果两圆盘对通过盘心垂直于盘面转轴的转动惯量各为 J_A 和 J_B.则　　　　　　　　　　　　　　[　　]

(A) $J_A > J_B$　　　　　　　　　　(B) $J_A = J_B$

(C) $J_A < J_B$　　　　　　　　　　(D) 不能判断

2. 有两个力作用在一个有固定转轴的刚体上,对此有以下几种说法:

(1) 这两个力都平行于轴作用时,它们对轴的合力矩一定是零;

(2) 这两个力都垂直于轴作用时,它们对轴的合力矩可能是零;

(3) 当这两个力的合力为零时,它们对轴的合力矩一定是零;

(4) 当这两个力对轴的合力矩为零时,它们的合力也一定是零.

对上述说法,下述判断正确的是　　　　　　　　　　[　　]

(A) 只有(1)是正确的

(B) (1)(2)正确,(3)(4)错误

(C) (1)(2)(3)都正确,(4)错误

(D) (1)(2)(3)(4)都正确

3. 几个力同时作用在一个具有光滑固定转轴的刚体上,如果这几个力的矢量和为零,则此刚体　　　　　　　　　　[　　]

(A) 必然不会转动　　　　　　(B) 转速必然不变

(C) 转速必然改变　　　　　　(D) 转速可能不变,也可能改变

4. 如图 4-8 所示,一圆盘正绕垂直于盘面的水平光滑固定轴 O 转动,射来两个质量相同、速度大小相同,方向相反并在一条直线上的子弹,两子弹同时射入圆盘并且嵌在盘的边缘上.则子弹射入后的瞬间,对于圆盘和子弹系统的角动量 L 以及圆盘的角速度 ω,有　　　　[　　]

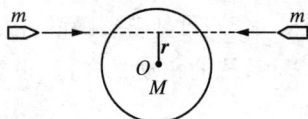

图 4-8

(A) L 不变,ω 增大　　　　(B) 两者均不变

(C) L 不变,ω 减小　　　　(D) 两者均不能确定

5. 均匀细棒 OA 可绕通过其一端 O 而与棒垂直的水平固定光滑轴转动,如图 4-9 所示.今使棒从水平位置由静止开始自由下落,在棒摆动到竖直位置的过程中,下述说法正确的是　　　　　　　　　　[　　]

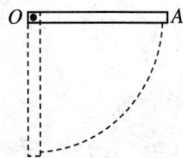

图 4-9

(A) 角速度从小到大,角加速度从大到小

(B) 角速度从小到大,角加速度从小到大

(C) 角速度从大到小,角加速度从大到小

(D) 角速度从大到小,角加速度从小到大

6. 质量为 m 的小孩站在半径为 R、转动惯量为 J 的可以自由转动的水平平台边缘上(平台可以无摩擦地绕通过中心的竖直轴转动),平台和小孩

开始时均静止. 当小孩突然一相对地面为 v 的速率沿台边缘逆时针走动时，则此平台相对地面旋转的角速度 ω 为　　　　　　　　　　　　[　　]

(A) $\omega = \dfrac{mR^2}{J}\left(\dfrac{v}{R}\right)$，顺时针方向

(B) $\omega = \dfrac{mR^2}{J+mR^2}\left(\dfrac{v}{R}\right)$，顺时针方向

(C) $\omega = \dfrac{mR^2}{J}\left(\dfrac{v}{R}\right)$，逆时针方向

(D) $\omega = \dfrac{mR^2}{J+mR^2}\left(\dfrac{v}{R}\right)$，逆时针方向

7. 关于力矩有以下几种说法：

(1) 内力矩不会改变刚体对某个轴的角动量；(2) 作用力和反作用力对同一轴的力矩之和必为零；(3) 质量相等、形状和大小不同的两个刚体，在相同力矩的作用下，它们的角加速度一定相等.

在上述说法中，正确的是　　　　　　　　　　　　　　　　　[　　]

(A) (2)　　　　　　　　　　　　　(B) (1)(2)

(C) (2)(3)　　　　　　　　　　　　(D) (1)(2)(3)

8. 一人握有两只哑铃，站在一可无摩擦地转动的水平平台上，开始时两手平握哑铃，人、哑铃、平台组成的系统以一角速度旋转，后来此人将哑铃下垂于身体两侧. 在此过程中，关于系统角动量和机械能正确的是　　[　　]

(A) 角动量守恒，机械能不守恒

(B) 角动量守恒，机械能守恒

(C) 角动量不守恒，机械能守恒

(D) 角动量不守恒，机械能不守恒

9. 花样滑冰运动员绕通过自身的竖直轴转动，开始时两臂伸开，转动惯量为 J_0，角速度为 ω_0. 然后她将两臂收回，使转动惯量减少为 $\dfrac{1}{3}J_0$. 这时她转动的角速度变为　　　　　　　　　　　　　　　　　　　　　[　　]

(A) $\dfrac{1}{3}\omega_0$　　　　　　　　　　　　(B) $(1/\sqrt{3})\omega_0$

(C) $\sqrt{3}\omega_0$　　　　　　　　　　　　(D) $3\omega_0$

10. 一个物体正在绕固定光滑轴自由转动，则　　　　　　　　　[　　]

(A) 它受热膨胀或遇冷收缩时，角速度不变

(B) 它受热时角速度变大，遇冷时角速度变小

(C) 它受热或遇冷时,角速度均变大

(D) 它受热时角速度变小,遇冷时角速度变大

11. 一个以恒定角加速度转动的圆盘,如果在某一时刻的角速度为 $\omega_1 = 20\pi$ rad/s,再转 60 转后角速度为 $\omega_2 = 30\pi$ rad/s.则角加速度 $\beta = $ _____,转过 60 转所需的时间 $\Delta t = $ _____.

12. 质量为 m、长为 L 的均匀细棒,绕通过棒的中心并与棒垂直的轴转动时的转动惯量为 _____;绕通过棒的一端并与棒垂直的轴转动时的转动惯量为 _____.

13. 刚体定轴转动定律表明,刚体所受的外力对转轴的力矩之和等于刚体对该轴的 _____ 与刚体的 _____ 的乘积.

14. 一条缆索绕过一定滑轮拉动一升降机,滑轮半径 $r = 0.5$ m,如果升降机从静止开始以 $a = 0.4$ m·s^{-2} 的加速度上升.则:(1) 滑轮角加速度 $\alpha = $ _____;(2) $t = 5$ s 时角速度为 _____,转过的圈数为 _____ 圈;(3) $t = 1$ s 时,轮缘上一点的加速度大小为 _____.

15. 一可绕定轴转动的飞轮,在 20 N·m 的总力矩作用下,在 10 s 内角速度由零均匀地增加到 8 rad/s,飞轮的转动惯量 $J = $ _____.

16. 一飞轮以 600 r/min 的转速旋转,转动惯量为 2.5 kg·m^2,现加一恒定的制动力矩使飞轮在 1 s 内停止转动,则该恒定制动力矩的大小 $M = $ _____.

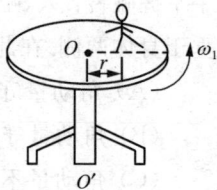

图 4-10

17. 如图 4-10 所示,有一半径为 R 的匀质圆形水平转台,可绕通过盘心 O 且垂直于盘面的竖直固定轴 OO' 转动,转动惯量为 J.台上有一质量为 m 的人,当他站在离转轴 r 处时 $(r < R)$,转台和人一起以 ω_1 的角速度转动.若转轴处摩擦可以忽略,问:当人走到转台边缘时,转台和人一起转动的角速度 $\omega_2 = $ _____.

18. 一水平的匀质圆盘,可绕通过盘心的竖直光滑固定轴自由转动.圆盘质量为 M,半径为 R,对轴的转动惯量 $J = \frac{1}{2}MR^2$.当圆盘以角速度 ω_0 转动时,有一质量为 m 的子弹沿盘的直径方向射入而嵌在盘的边缘上.子弹射入后,圆盘的角速度 $\omega = $ _____.

19. 一电唱机的转盘以 $n=78$ r/min 的转速匀速转动.

(1) 求转盘上与转轴相距 $r=15$ cm 的一点 P 的线速度 v 和法向加速度 a_n.

(2) 在电动机断电后,转盘在恒定的阻力矩作用下减速,并在 $t=15$ s 内停止转动.求转盘在停止转动前的角加速度 β 及转过的圈数 N.

20. 如图 4-11 所示,一个质量为 m 的物体与绕在定滑轮上的绳子相连,绳子质量可以忽略,它与定滑轮之间无滑动.假设定滑轮质量为 M,半径为 R,其转动惯量为 $\frac{1}{2}MR^2$,滑轮轴光滑.试求该物体由静止开始下落的过程中,下落速度与时间的关系.

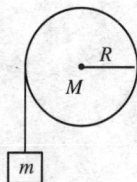

图 4-11

21. 如图 4-12 所示,质量为 m、长为 l 的棒,可绕通过棒中心且与棒垂直的竖直光滑固定轴 O 在水平面内自由转动.开始时棒静止,现有一子弹,质量也是 m,在水平面内以速度 v_0 垂直射入棒端并嵌在其中.则:子弹嵌入后棒的角速度为多少?

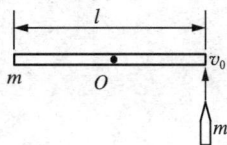

图 4-12

22. 在半径为 R 的具有光滑竖直固定中心轴的水平圆盘上,有一人静止站立在距转轴为 $\frac{1}{2}R$ 处,人的质量是圆盘质量的 1/10. 开始时盘载人对地以角速度 ω_0 匀速转动,现在此人垂直圆盘半径相对于盘以速率 v 沿与盘转动相反方向做圆周运动,如图 4 - 13 所示. 已知圆盘对中心轴的转动惯量为 $\frac{1}{2}MR^2$. 求:

(1) 圆盘对地的角速度.

(2) 欲使圆盘对地静止,人应沿着 $\frac{1}{2}R$ 圆周对圆盘的速度 v 的大小及方向.

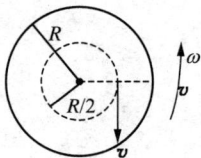

图 4 - 13

23. 一根长为 l、质量为 m 的均匀细棒,其一端有一固定的光滑水平轴,因而可以在竖直平面内转动,最初棒静止在水平位置. 求它下摆 θ 角时的角加速度和角速度.

五、讨论交流

1. 地球表面上不同纬度处因地球自转而具有的角速度是否相同？线速度大小是否相同？

2. 飞轮的质量为什么大部分分布于外轮缘？

3. 绕固定轴做匀变速转动的刚体，其上各点都绕转轴做圆周运动. 试问：刚体上任意一点是否有切向加速度？是否有法向加速度？切向加速度和法向加速度的大小是否变化？理由如何？

4. 计算一个刚体对某转轴的转动惯量时，一般能不能认为它的质量集中于其质心，成为一质点，然后计算这个质点对该轴的转动惯量？为什么？举例说明你的结论.

第五章 机械振动

一、学习基本要求

1. 掌握简谐运动的基本特征,能根据给定的初始条件写出一维简谐运动的运动方程,并理解其物理意义.

2. 理解描述简谐运动的各个物理量的物理意义及各量间的关系.

3. 掌握描述简谐运动的旋转矢量表示法,会用旋转矢量法确定简谐运动的相位,理解相位差的物理意义.

4. 理解简谐运动的能量特征及转化规律.

5. 掌握同方向、同频率简谐运动的合成规律,了解拍现象和相互垂直简谐运动合成的特点.

二、基本概念及基本规律

机械振动是物体在一定位置附近做的周期性往复运动.简谐运动是最简单、最基本的机械振动.常见的简谐运动有弹簧振子的运动、摆角小于 5°的单摆等.

(一)简谐运动的特征及判定

满足如下四个条件中的任一个,即可判定为简谐运动:

（1）物体受线性回复力作用：$F=-kx$，平衡位置 $x=0$.

（2）加速度与位移成正比而方向相反：$a=-\omega^2 x$.

（3）运动方程的微分形式满足 $\dfrac{\mathrm{d}^2 x}{\mathrm{d}t^2}=-\omega^2 x$.

（4）运动方程的形式可表示为 $x=A\cos(\omega t+\varphi)$.

以上四个条件是彼此等效的.

（二）简谐运动的描述

1. 函数表示法

简谐运动方程，即谐振子 t 时刻的位移 $x=A\cos(\omega t+\varphi)$；

速度：$v=\dfrac{\mathrm{d}x}{\mathrm{d}t}=-A\omega\sin(\omega t+\varphi)$；

加速度：$a=-A\omega^2\cos(\omega t+\varphi)$.

可由如下几个特征物理量来描述：

振幅 A　物体离开平衡位置的最大位移（或角位移）的绝对值，决定振动的能量；

周期 T　物体完成一次全振动所需的时间；

频率 ν　物体单位时间内完成全振动的次数；

角频率（圆频率）ω　物体在 2π 秒内所做全振动的次数，对于弹簧振子 $\omega=\sqrt{\dfrac{k}{m}}$，单摆 $\omega=\sqrt{\dfrac{g}{l}}$.

T、ν、ω 之间的关系为 $T=\dfrac{2\pi}{\omega}$，$\nu=\dfrac{1}{T}=\dfrac{\omega}{2\pi}$.

相位 $\omega t+\varphi$　表征 t 时刻物体的振动状态（相貌）.

> **关于相位，需注意如下两点：**
>
> （1）对于某一做简谐运动的物体，t 时刻的相位 $\omega t+\varphi$ 是确定的，因此该时刻物体的位移 x、速度 v 和加速度 a 均可由相位确定，相位决定物体的运动状态.
>
> （2）相位相差 2π 整数倍的两个时刻，物体运动状态完全相同，反映了简谐运动的周期性.

初相位 φ　$t=0$ 时刻的相位，φ 的取值范围一般为 $[0,2\pi]$ 或 $[-\pi,\pi]$.

在以上物理量中，若已知 A、ω（或 T、ν）、φ，就可以确定任一时刻谐振子的状态$(x$、v、$a)$.

总结与比较：

周期、频率和角频率都只由系统本身的物理性质决定，即对于某一给定的谐振子系统，其周期、频率和角频率都是固定值.

振幅 A 和初相位 φ 由初始条件确定：

$$A=\sqrt{x_0^2+\frac{v_0^2}{\omega^2}},\tan\varphi=\frac{-v_0}{\omega x_0}.$$

---

2. 旋转矢量表示法

旋转矢量表示法是简谐运动的几何作图表示法，该方法简单、直观，用于判断简谐运动的初相及相位，分析振动的合成问题.

（1）旋转矢量的定义

如图 5-1 所示，在纸平面内作 Ox 轴，由原点 O 作一矢量 **A**，使它的模等于振动的振幅 A，并让矢量 **A** 在 Oxy 平面内绕点 O 以角速度 ω（简谐运动的角频率）做逆时针的匀角速转动，这个矢量就叫做旋转矢量.

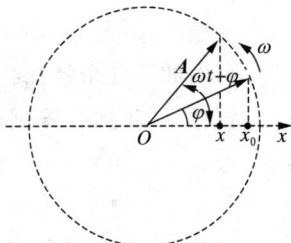

$t=0$ 时刻，旋转矢量与 Ox 轴的夹角等于初相位 φ. 经过 t 时间，旋转矢量转过的角度为 ωt，所以 t 时刻旋转矢量与 Ox 轴夹角为 $\omega t+\varphi$. 此时旋转矢量的矢端在 Ox 轴上投影点的坐标为 $x=A\cos(\omega t+\varphi)$，等于该时刻简谐运动物体的位移. 因此，旋转矢量 **A** 的端点在 x 轴上的投影点的运动就代表简谐运动. 旋转矢量在平面内旋转一周，对应着投影点在 Ox 轴上完成一次全振动.

图 5-1

（2）旋转矢量的应用

旋转矢量法不仅简单、形象，更重要的是它为相位这个抽象的概念赋予了直观的几何意义——旋转矢量与 Ox 轴的夹角.

① 旋转矢量法描绘简谐运动的 x-t 图线

将旋转矢量的 Ox 轴转为竖直向上（图 5-2），在左图作出初始时刻的旋转矢量，作其矢端在 Ox 轴上的投影，其投影坐标即为 $t=0$ 时刻右图的 x 坐标；让旋转矢量在平面内逆时针旋转一个周期，找到一些特殊时刻 $\left(\text{如} \dfrac{T}{4}、\dfrac{T}{2}、\dfrac{3T}{4}、T \text{ 等}\right)$ 相应的坐标点，连起来即可得到一个周期内的 x-t 图线.

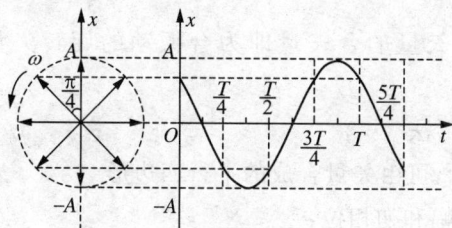

图 5 - 2

② 讨论简谐运动的相位差

相位差：$\Delta\varphi=\varphi_2-\varphi_1$，几何意义为两旋转矢量之间的夹角.

a. 对于同一简谐运动，相位差可以给出两运动状态间变化所需的时间：

$$\Delta\varphi=\omega\Delta t.$$

b. 对于两个同频率的简谐运动，相位差反映它们之间步调上的差异.

计算 $\Delta\varphi=\varphi_2-\varphi_1$，并使其落到区间 $[-\pi,\pi]$ 内：

若 $\Delta\varphi=0$，则两简谐运动同相，它们的旋转矢量方向始终一致.

若 $\Delta\varphi=\pm\pi$，则两简谐运动反相，它们的旋转矢量方向始终相反.

若 $\Delta\varphi$ 为一般角度，可以讨论两振动步调的前后，若 $\Delta\varphi=\varphi_2-\varphi_1>0$，则称 φ_2 超前于 $\varphi_1\Delta\varphi$；若 $\Delta\varphi<0$，则称 φ_2 落后于 $\varphi_1\Delta\varphi$.

相位差对于讨论振动的合成，乃至后续内容中讨论波的干涉等都至关重要.

（三）简谐运动的能量

谐振子动能 $E_k=\dfrac{1}{2}mv^2=\dfrac{1}{2}m\omega^2A^2\sin^2(\omega t+\varphi)$；

势能 $E_p=\dfrac{1}{2}kx^2=\dfrac{1}{2}kA^2\cos^2(\omega t+\varphi)$；

总能量 $E=E_k+E_p=\dfrac{1}{2}m\omega^2A=\dfrac{1}{2}kA^2$.

系统动能与势能都随时间周期性变化（能量变化周期为 $T/2$），回复力做功使动能与势能相互转化，但总机械能是守恒的，且正比于振幅的平方.

（四）简谐运动的合成

1. 同方向同频率简谐运动的合成

$x_1=A_1\cos(\omega t+\varphi_1)$，$x_2=A_2\cos(\omega t+\varphi_2)$，$x=x_1+x_2=A\cos(\omega t+\varphi)$，合

振动仍为简谐运动.

两分振动旋转矢量的合矢量即为合振动的旋转矢量,可由两种方法讨论:

(1) 平行四边形法

如图 5 - 3 所示,可由矢量合成的平行四边形法求出合振动的振幅和初相位:

$$A=\sqrt{A_1^2+A_2^2+2A_1A_2\cos(\varphi_2-\varphi_1)}\ ;$$

$$\tan\varphi=\frac{A_1\sin\varphi_1+A_2\sin\varphi_2}{A_1\cos\varphi_1+A_2\cos\varphi_2}.$$

合振动振幅由分振动的相位差 $\Delta\varphi=\varphi_2-\varphi_1$ 决定:

$$\Delta\varphi=\begin{cases}2k\pi,A=A_1+A_2,\text{合振动最强};\\(2k+1)\pi,A=|A_1-A_2|,\text{合振动最弱}.\end{cases}\quad(k=0,\pm1,\pm2,\cdots)$$

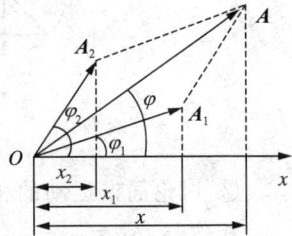

图 5 - 3

(2) 三角形法

矢量合成还可使用三角形法,如图 5 - 4 所示,将 A_1、A_2、A、$\Delta\varphi$ 之间的关系在同一个矢量三角形中表示出来,可通过余弦定理或正弦定理求解合振动,更加形象直观.

求解多个同方向同频率简谐运动的合成一般也使用三角形法,将各分振动的旋转矢量头尾相连,则由第一个旋转矢量的起点指向最后一个旋转矢量终点的矢量,即为合振动的旋转矢量. 如图 5 - 5 所示,三个分振动 A_1、A_2、A_3 的合振动,旋转矢量即为 A. 由相应的几何关系可求解合振动.

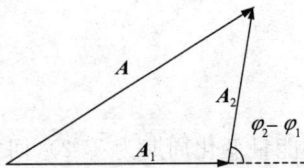

图 5 - 4

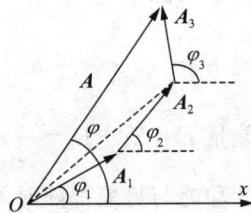

图 5 - 5

2. 两个同方向不同频率简谐运动的合成

频率较大而频率之差很小的两个同方向简谐运动的合成,其合振动的振幅时而加强时而减弱的现象叫拍. 合振动方程为

$$x = \left(2A\cos 2\pi \frac{\nu_2 - \nu_1}{2} t \right) \cos 2\pi \frac{\nu_2 + \nu_1}{2} t.$$

可将 $2A\cos 2\pi \dfrac{\nu_2 - \nu_1}{2} t$ 看做合振动的振幅. 由表达式可知, 合振动振幅是时间 t 的函数, 且以频率 $\nu = \nu_2 - \nu_1$ 在 $0 \sim 2A$ 之间做周期性变化, 合振幅变化的频率 $\nu = \nu_2 - \nu_1$ 称为拍频.

3. 相互垂直的两个同频率简谐运动

相互垂直的两个同频率简谐运动的合运动轨迹一般为椭圆, 称为李萨如图, 其具体形状等决定于两分振动的相位差和振幅.

三、典型例题精析

例 5-1　劲度系数为 $0.2\,\mathrm{N/m}$ 的轻弹簧, 连接一个质量为 $8\,\mathrm{g}$ 的物体构成弹簧振子, 如图 5-6 所示, 现将物体由平衡位置向下拉过 $1\,\mathrm{cm}$ 后, 给予向上的初速度 $5\,\mathrm{cm/s}$. 试求:
（1）弹簧振子的初相位;（2）简谐运动方程.

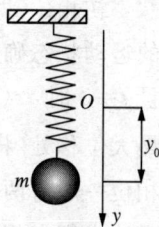

图 5-6

逻辑推理

为方便讨论, 应先建立坐标轴. 由于简谐运动的平衡位置应是合外力为零处, 所以可取挂物体达到平衡时物体的位置为坐标原点.

角频率由弹簧劲度系数和振子质量决定, 振幅和初相位均由初始条件决定, 求出各特征量即可确定简谐运动方程.

提纲挈领

$$\omega = \sqrt{\frac{k}{m}}, \quad A = \sqrt{x_0^2 + \frac{v_0^2}{\omega^2}}, \quad \tan\varphi = \frac{-v_0}{\omega x_0}.$$

详解过程

解　（1）取挂物体达到平衡时物体位置为坐标原点 O, 并取竖直向下为 y 轴正向, 则有初始条件: $y_0 = 1.0 \times 10^{-2}\,\mathrm{m}$, $v_0 = -5.0 \times 10^{-2}\,\mathrm{m \cdot s^{-1}}$.

角频率 $\omega = \sqrt{\dfrac{k}{m}} = \sqrt{\dfrac{0.2}{8 \times 10^{-3}}} = 5(\mathrm{rad \cdot s^{-1}})$;

初相位 $\tan\varphi=-\dfrac{v_0}{\omega y_0}=-\dfrac{-5.0\times10^{-2}}{5.0\times1.0\times10^{-2}}=1$，得 $\varphi=\dfrac{\pi}{4}$ 或 $\varphi=\dfrac{5\pi}{4}$．

由于 $y_0=A\cos\varphi>0$，故取 $\varphi=\dfrac{\pi}{4}$，此时 $v_0=-\omega A\sin\dfrac{\pi}{4}<0$，与 $v_0=-5.0\times10^{-2}\text{m/s}$ 的负号吻合，所以选择正确．

(2) 振幅 $A=\sqrt{y_0^2+\dfrac{v_0^2}{\omega^2}}=\sqrt{(1\times10^{-2})^2+\dfrac{(-5.0\times10^{-2})^2}{5^2}}\approx1.41(\text{cm})$．

所以，简谐运动方程为 $y=A\cos(\omega t+\varphi)=1.41\cos\left(5t+\dfrac{\pi}{4}\right)(\text{cm})$．

例 5-2 一简谐运动的 $x\text{-}t$ 图线如图 5-7 所示．求该简谐运动的初相位和周期．

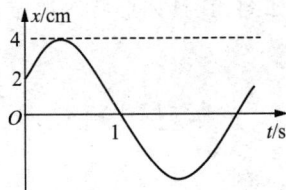

图 5-7

逻辑推理

初相位，即 $t=0$ 时的相位，应由物体该时刻的运动状态确定．由 $x\text{-}t$ 图线可看出，$A=4$ cm；且 $t=0$ 时，$x(0)=2$ cm，即物体位于正二分之一最大位移处．将已知条件代入简谐运动方程可解出初相位，但由位移解出的相位一般有两个根，需再根据速度方向舍去不合条件的值．也可以用旋转矢量法求解初相位．

要求简谐运动的周期，可由角频率入手．由 $x\text{-}t$ 图线还可以看出，$t=1$ s 时，$x(1)=0$；作出 $t=0$ 时刻和 $t=1$ s 时刻的旋转矢量，求出相位差，再根据 $\Delta\varphi=\omega\Delta t$ 可得角频率 ω，进而算出周期．

提纲挈领

简谐运动方程：$x=A\cos(\omega t+\varphi)$，即速度为 $v=-A\omega\sin(\omega t+\varphi)$；

相位差与时间间隔之间的关系：$\Delta\varphi=\omega\Delta t$；

周期与角频率的关系：$\omega=\dfrac{2\pi}{T}$．

详解过程

解 (1) 由 $x\text{-}t$ 图线可知，振幅 $A=4$ cm；且 $t=0$ 时，$x(0)=2$ cm.

方法一：$x=A\cos(\omega t+\varphi)$，将以上三个条件代入，得 $2=4\cos\varphi$. 解之得 $\varphi=\dfrac{\pi}{3}$ 或 $\varphi=-\dfrac{\pi}{3}$.

　　$t=0$ 时的速度方向判断：由图线可知，$t=0$ 的下一个时刻质点的位移大于 $t=0$ 时刻的位移，说明质点向着 x 轴正方向运动，所以 $v>0$.

$$v=-A\omega\sin(\omega t+\varphi)=-4\omega\sin\varphi,\varphi=\frac{\pi}{3}\text{时},v<0(\text{舍去});\varphi=-\frac{\pi}{3}\text{时},v>0.$$

　　所以，初相位 $\varphi=-\dfrac{\pi}{3}$.

　　方法二：由旋转矢量法求解.

　　由题意知，$t=0$ 时刻，质点位于二分之一最大位移处，即 Ox 轴上 P 点处. 由于质点位置即是旋转矢量矢端在 Ox 轴上的投影点位置，不难发现，满足此条件的旋转矢量有两个，如图 5-8(a)，其各自对应的初相位分别为 $\dfrac{\pi}{3}$ （Ox 轴上方）和 $-\dfrac{\pi}{3}$（Ox 轴下方）.

　　由于旋转矢量在平面内做逆时针旋转，若旋转矢量在 Ox 轴上方 $\left(\text{初相位为}\dfrac{\pi}{3}\right)$，下一个时刻旋转矢量在 Ox 轴的投影点将移至 P' 处，如图 5-8(b)，说明质点将向 Ox 轴负方向移动. 由此可知，该旋转矢量对应的质点速度 $v<0$，与题意不符，应舍去. 同理，可分析出 $\varphi=-\dfrac{\pi}{3}$ 时 $v>0$，满足题意. 所以，该简谐运动的初相位 $\varphi=-\dfrac{\pi}{3}$.（推荐用旋转矢量法求解）

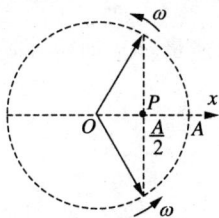　　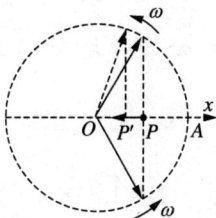　　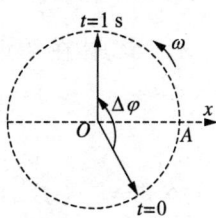

　　图 5-8(a)　　　　　　　图 5-8(b)　　　　　　　图 5-9

　　(2) $t=1$ s 时，$x(1)=0$，作出 $t=1$ s 时的旋转矢量图（图 5-9）. 由图知，该时刻相位为 $\dfrac{\pi}{2}$.

　　从 $t=0$ 到 $t=1$ s，$\Delta\varphi=\dfrac{\pi}{2}+\dfrac{\pi}{3}=\dfrac{5\pi}{6}$，$\Delta t=1$ s，所以 $\omega=\dfrac{\Delta\varphi}{\Delta t}=\dfrac{5\pi}{6}$ rad/s，

$T=\dfrac{2\pi}{\omega}=2.4$ s.

例 5 - 3 质量为 $0.1\,\mathrm{kg}$ 的物体,以振幅 $1 \times 10^{-2}\,\mathrm{m}$ 做简谐运动,其最大加速度为 $4\,\mathrm{m/s^2}$. 求:

(1) 振动的周期;

(2) 物体通过平衡位置时的总能量与动能;

(3) 物体在何处其动能和势能相等?

(4) 当物体的位移大小为振幅的一半时,动能、势能各占总能量的多少?

逻辑推理

求振动周期需知道角频率,已知振幅与最大加速度可求出角频率.

本题的后三问求解的是简谐运动的能量及其变化规律. 振子在平衡位置时动能最大势能为零,在正负最大位移处动能为零势能最大,保守力做功使得动能与势能之间相互转化,但总能量是守恒的,且正比于振幅的平方.

提纲挈领

$a = -A\omega^2 \cos(\omega t + \varphi), a_{\max} = A\omega^2;$

$E = E_k + E_p = \dfrac{1}{2}mv^2 + \dfrac{1}{2}kx^2 = \dfrac{1}{2}m\omega^2 A^2.$

详解过程

解 (1) 因为 $a_{\max} = A\omega^2$,所以 $\omega = \sqrt{\dfrac{a_{\max}}{A}} = 20\,\mathrm{s}^{-1}$,故 $T = \dfrac{2\pi}{\omega} = 0.314\,\mathrm{s}$.

(2) 当物体在平衡位置时,动能最大,势能为零,总能量等于动能,即

$$E = E_k = \frac{1}{2}mA^2\omega^2 = 2.0 \times 10^{-3}\,\mathrm{J}.$$

(3) $E = E_k + E_p$,所以 $E_k = E_p = 1.0 \times 10^{-3}\,\mathrm{J}.$ 又 $E_p = \dfrac{1}{2}kx^2 = \dfrac{1}{2}m\omega^2 x^2$,解之得 $x = \pm 7.07 \times 10^{-3}\,\mathrm{m}.$

分析振子的 E_p-x 图线(图 5-10)可知,物体在 O 点左右对称的两个位置均可满足动能与势能相等,所以两个根都满足题意.

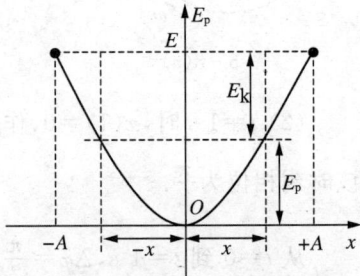

图 5-10

(4) $x = \frac{1}{2}A$，$E_p = \frac{1}{2}kx^2 = \frac{1}{2}k\left(\frac{A}{2}\right)^2 = \frac{E}{4}$，$E_k = E - E_p = \frac{3E}{4}$.

势能占总能量的 $\frac{1}{4}$，动能占总能量的 $\frac{3}{4}$.

例 5-4　两个同方向同频率的简谐振动，其合振动的振幅为 20 cm，与第一个振动的相位差为 $\varphi - \varphi_1 = \pi/6$. 若第一个振动的振幅为 $10\sqrt{3}$ cm，求：(1) 第二个振动的振幅；(2) 两个简谐振动的相位差.

逻辑推理

由已知条件可知，该题无法直接套公式. 考虑到已知一个振动的振幅，合振动的振幅与第一个振动的相位差可以用三角形法作出旋转矢量合成图来处理. 如图 5-11，合振动与第一个振动的相位差即为 $\boldsymbol{A}$ 与 $\boldsymbol{A}_1$ 的夹角，再由余弦定理或正弦定理可求 A_2 与 $\Delta\varphi$.

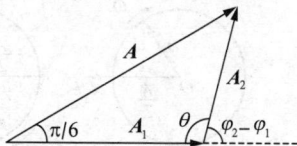

图 5-11

提纲挈领

旋转矢量合成的三角形法则；
余弦定理；
正弦定理.

详解过程

解　(1) 作出旋转矢量合成图，已知 A、A_1、$\boldsymbol{A}$ 与 $\boldsymbol{A}_1$ 的夹角. 由余弦定理，可得

$$A_2 = \sqrt{A^2 + A_1^2 - 2AA_1\cos\pi/6} = 10 \text{ cm}.$$

(2) 要求 $\varphi_2 - \varphi_1$，可先求其补角 θ.

根据正弦定理：$\dfrac{A}{\sin\theta} = \dfrac{A_2}{\sin\pi/6}$，解得 $\sin\theta = \dfrac{A}{A_2}\sin\dfrac{\pi}{6} = \dfrac{20}{10}\sin\dfrac{\pi}{6} = 1$，即 $\theta = 90°$.

所以，相位差 $\varphi_2 - \varphi_1 = \dfrac{\pi}{2}$（也可由余弦定理求解）.

四、动手动脑

1. 一弹簧振子做简谐振动，总能量为 E_1，如果简谐振动振幅增加为原

来的两倍,重物的质量增加为原来的四倍,则它的总能量 E 变为　　　　　　[　　]

(A) $E_1/4$　　　　(B) $E_1/2$　　　　(C) $2E_1$　　　　(D) $4E_1$

2. 一质点做简谐振动,其运动速度与时间的曲线如图 5-12 所示.若质点的振动规律用余弦函数描述,则其初相应为　　　　　　[　　]

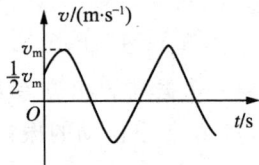

图 5-12

(A) $\pi/6$　　　　　　　　　　　(B) $5\pi/6$

(C) $-5\pi/6$　　　　　　　　　　(D) $-\pi/6$

3. 一个质点做简谐运动,振幅为 A,在起始时刻质点的位移为 $-A/2$,且向 x 轴正方向运动,则代表该简谐运动初始时刻的旋转矢量为　　　　　　[　　]

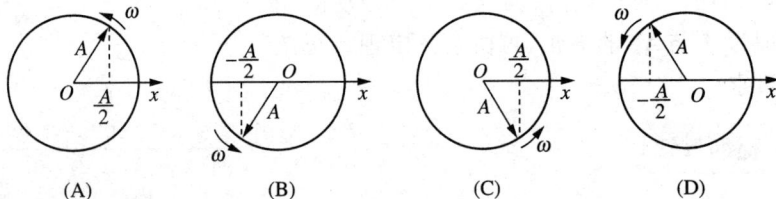

(A)　　　　　　　(B)　　　　　　　(C)　　　　　　　(D)

4. 一个做简谐运动的物体,某一时刻位于平衡位置,则　　　　　　[　　]

(A) 动能为零,势能为零　　　　　(B) 动能最大,势能为零

(C) 动能为零,势能最大　　　　　(D) 动能最大,势能也最大

5. 一质点做简谐振动,周期为 T.质点由平衡位置向 x 轴正方向运动时,由平衡位置到二分之一最大位移这段路程所需要的最短时间为　　[　　]

(A) $\dfrac{T}{4}$　　　　(B) $\dfrac{T}{12}$　　　　(C) $\dfrac{T}{6}$　　　　(D) $\dfrac{T}{8}$

6. 两个同振动方向、同频率、振幅均为 A 的简谐运动合成后,振幅仍为 A,则这两个简谐运动的相位差为　　　　　　[　　]

(A) $60°$　　　　　　　　　　　(B) $90°$

(C) $120°$　　　　　　　　　　(D) $180°$

7. 两个质点各自做简谐振动,它们的振幅相同、周期相同.第一个质点的振动方程为 $x_1=A\cos(\omega t+\alpha)$.当第一个质点从相对于其平衡位置的正位移处回到平衡位置时,第二个质点正在最大正位移处.则第二个质点的振动方程为　　　　　　[　　]

(A) $x_2=A\cos(\omega t+\alpha+\pi/2)$　　　(B) $x_2=A\cos(\omega t+\alpha-\pi/2)$

(C) $x_2=A\cos(\omega t+\alpha-3\pi/2)$　　(D) $x_2=A\cos(\omega t+\alpha+\pi)$

8. 如图 5-13 所示,一弹簧振子,当把它水平放置时,它可以做简谐振动.若把它竖直放置或放在固定的光滑斜面上,下面情况正确的是　　［　　］

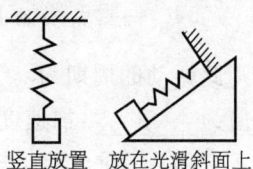

竖直放置　放在光滑斜面上

图 5-13

(A) 竖直放置可做简谐振动,放在光滑斜面上不能做简谐振动

(B) 竖直放置不能做简谐振动,放在光滑斜面上可做简谐振动

(C) 两种情况都可做简谐振动

(D) 两种情况都不能做简谐振动

9. 一质点在 x 轴上做简谐振动,振幅 $A=4$ cm,周期 $T=2$ s,其平衡位置取坐标原点.若 $t=0$ 时刻质点第一次通过 $x=-2$ cm 处,且向 x 轴负方向运动,则质点第二次通过 $x=-2$ cm 处的时刻为　　［　　］

(A) 1 s

(B) (2/3) s

(C) (4/3) s

(D) 2 s

10. 一弹簧振子做简谐振动,当位移为振幅的一半时,其动能为总能量的　　［　　］

(A) 1/4　　　　(B) 1/2　　　　(C) $1/\sqrt{2}$　　　　(D) 3/4

11. 已知某简谐振动的振动曲线如图 5-14 所示.则此简谐振动的振动方程为　　［　　］

(A) $x=2\cos\left(\dfrac{2}{3}\pi t+\dfrac{2}{3}\pi\right)$

(B) $x=2\cos\left(\dfrac{2}{3}\pi t-\dfrac{2}{3}\pi\right)$

(C) $x=2\cos\left(\dfrac{4}{3}\pi t+\dfrac{2}{3}\pi\right)$

(D) $x=2\cos\left(\dfrac{4}{3}\pi t-\dfrac{2}{3}\pi\right)$

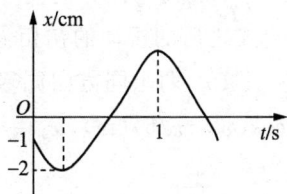

图 5-14

12. 一质点做简谐振动,其振动曲线如图 5-15 所示.根据此图,它的周期 $T=$ ＿＿＿＿,初相位 $\varphi=$ ＿＿＿＿.

13. 一质点做简谐振动,速度最大值 $v_m=5$ cm/s,振幅 $A=2$ cm.若令速度具有正最大值的那一时刻为 $t=0$,则振动表达式为＿＿＿＿＿＿＿＿.

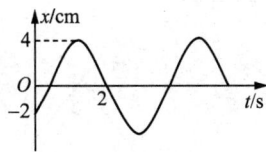

图 5-15

14. 一质点按如下规律沿 x 轴做简谐振动: $x=0.1\cos\left(8\pi t+\dfrac{2}{3}\pi\right)$(m). 则此振动的周期为_____，振幅为_____，初相为_____，速度最大值为_____，加速度最大值为_____.

15. 一质点沿 x 轴做简谐振动，振动范围的中心点为 x 轴的原点. 已知周期为 T，振幅为 A.

(1) 若 $t=0$ 时质点过 $x=0$ 处且朝 x 轴正方向运动，则振动方程为 $x=$ _____.

(2) 若 $t=0$ 时质点处于 $x=\dfrac{1}{2}A$ 处且向 x 轴负方向运动，则振动方程为 $x=$ _____.

16. 两个同方向的简谐振动曲线如图 5-16 所示. 合振动的振幅为 _____，合振动的振动方程为_____.

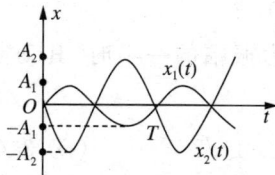

图 5-16

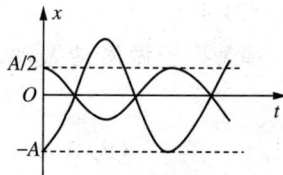

图 5-17

17. 两个同方向同频率的简谐振动曲线如图 5-17 所示，则这两个振动合成之后的振动的初相为_____.

18. 两个同方向同频率的简谐运动，振动方程分别为 $x_1=3\times10^{-2}\times\cos(\omega t-\pi/6)$(m)，$x_2=4\times10^{-2}\cos(\omega t+\pi/3)$(m). 则他们的合振动振幅为_____.

19. 三个简谐振动的旋转矢量如图 5-18 所示，则合振动的振幅为_____.

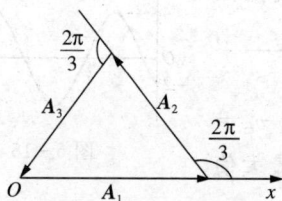

图 5-18

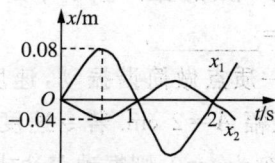

图 5-19

20. 图 5-19 所示为两个简谐振动的振动曲线,则合振动的方程为 $x=$
$x_1+x_2=$ _____ (m).

21. 两质点沿水平 x 轴线做相同频率和相同振幅的简谐振动,平衡位置
都在坐标原点.它们总是沿相反方向经过同一个点,其位移 x 的绝对值为振
幅的一半,则它们之间的相位差为 _____.

22. 一质量为 $m=0.25\ \text{kg}$ 的物体在弹性力作用下沿 x 轴运动,弹簧的
劲度系数 $k=25\ \text{N}\cdot\text{m}^{-1}$.

(1) 求振动周期 T 和角频率 ω.

(2) 如果振幅 $A=15\ \text{cm}$,$t=0$ 时位移 $x_0=7.5\ \text{cm}$,且物体沿 x 轴负方
向运动,求初速度及初相.

(3) 写出其振动方程.

23. 一质点做简谐振动,其振动方程为 $x=6.0\times10^{-2}\times\cos\left(\dfrac{1}{3}\pi t-\dfrac{1}{4}\pi\right)$
(m).

(1) 当 x 值为多大时,系统的势能为总能量的一半?

(2) 质点从平衡位置移动到上述位置所需最短时间为多少?

24. 一质点同时参与两个同方向的简谐振动,其振动方程分别为 $x_1=$
$5\times10^{-2}\cos(4t+\pi/3)\,(\text{m})$,$x_2=3\times10^{-2}\sin(4t-\pi/6)\,(\text{m})$.

画出两振动的旋转矢量图,并求合振动的振动方程.

五、讨论交流

1. 天花板上挂了一根细绳,若手边没有任何长度测量工具,有没有办法知道它的长度?

2. 讨论下列振动是不是简谐振动:
(1) 小球在地面上做完全弹性的上下跳动;
(2) 小球在半球形容器底部做小幅摆动.

3. 简谐振动的速度和加速度在什么情况下是同号的? 在什么情况下是异号的? 加速度为正值时,振动质点的速率是否一定在增加? 反之,速率是否一定在减小?

4. 一劲度系数为 k 的弹簧和一质量为 m 的物体组成一振动系统,若弹簧本身的质量不计,弹簧的自然长度为 L,物体与平面以及斜面间的摩擦不计.在如图 5-20 所示的三种情况中,振动周期是否相同?

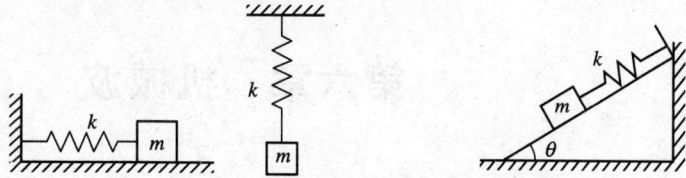

图 5-20

5. 对于频率不同的两个简谐振动,初相位相等,能否说这两个简谐振动是同相的?

第六章　机械波

一、学习基本要求

1. 理解机械波的形成条件、分类及描述波及其传播的基本物理量：横波、纵波、波长、周期、频率、波速、波线、波面、波前以及各物理量之间的关系.

2. 掌握平面简谐波的波函数的导出过程以及波函数的物理意义.理解振动方程、波形方程、振动曲线及波形曲线之间的区别.

3. 理解波动能量传播的特点,了解能流及能流密度的概念.

4. 理解惠更斯原理,并能用其定性地讨论波的衍射现象.

5. 理解波的叠加原理和波的干涉条件,能够对波的干涉现象进行定量讨论.

6. 了解驻波的概念,了解多普勒效应及其产生原因.

二、基本概念及基本规律

1. 机械波的形成、分类和描述

机械振动在弹性介质中传播形成机械波.波源和弹性介质是机械波产生和传播的两个必要条件.波动是介质中大量质点参与的集体运动,波的传播过程中传播的并非介质质点本身,而是振动状态及能量.沿着波的传播方向(波线方向),各介质质点的相位依次落后.

波分为横波和纵波.质点振动方向与波的传播方向相垂直的波为横波;质点振动方向与波的传播方向相平行的波为纵波.机械波中的横波能在固体内部传播,不能在气体、液体中传播;而纵波在固体、气体、液体中均能传播.

(1) 特征物理量

波长 λ 波的传播方向上两个相邻的相位差为 2π 的振动质点之间的距离,即一个完整波形的长度.

周期 T、频率 ν 周期是波前进一个波长需要的时间;频率是周期的倒数.波动的周期、频率与介质中各质点振动的周期、频率相同.

波速 u 描述波传播快慢的物理量.

各物理量之间的关系:$u = \dfrac{\lambda}{T} = \lambda\nu$.

注意:

 波的周期、频率仅由波源决定,与传播介质无关;而波速仅由传播介质决定,与波源质点的振动情况无关.

----

(2) 几何作图描述

波线 代表传播方向的射线.

波面 不同波线上相位相同的点连成的曲面,即同相面.

波前 最前面的波面,又叫波阵面.波前上各点相位等于波源初相.

2. 平面简谐波的波函数(波动方程)

$$y(x,t) = A\cos\left[\omega\left(t \mp \frac{x}{u}\right) + \varphi\right];$$

$$y(x,t) = A\cos\left[2\pi\left(\frac{t}{T} \mp \frac{x}{\lambda}\right) + \varphi\right].$$

注意:

 (1) 波沿 Ox 轴正方向传播取"$-$",波沿 Ox 轴负方向传播取"$+$".

 (2) φ 是坐标原点处质点的初相位,并非波源质点的初相位.

波函数的物理意义:

（1）当 x 一定时，$y=y(t)$，波函数表示坐标为 x 处质点的运动方程，y-t 曲线为 x 处质点的位移-时间曲线.

（2）当 t 一定时，$y=y(x)$，波函数描述 t 时刻各质点的振动位移分布，y-x 曲线为 t 时刻的波形图. 波程差与相位差的关系：

$$\Delta\varphi=2\pi\frac{\Delta x}{\lambda}.$$

（3）当 t、x 都变化时，波函数描述了各质点位移随时间变化的情况，即行波过程.

波形沿传播方向推移的距离 $\Delta x=u\Delta t$.

3. 波的能量

波的传播过程中各质元任一时刻的动能和势能相等，同相变化，总能量是不守恒的. 当质元位于平衡位置时，动能、势能及机械能最大；当质元位于最大位移处时，动能、势能及机械能都为零. 在波的传播过程中，质元总是不断从后方质元获得能量，又不断将能量传递给前方质元，因此波的传播过程是能量的传递过程.

能流 P：单位时间内垂直通过某一面积的能量.

能流密度 I：垂直通过单位面积的平均能流. 其数学表达式为

$$I=\frac{P}{S}=\frac{1}{2}\rho A^2\omega^2 u.$$

4. 惠更斯原理

介质中波动传播到的各点都可以看做是发射子波的波源，而在其后的任意时刻，这些子波的包络就是新的波前.

若已知某一时刻波前的位置，可根据惠更斯原理，用几何作图法确定下一时刻波前的位置，从而确定波的传播方向. 惠更斯原理可用来定性说明波的衍射现象.

5. 波的叠加原理

（1）几列波相遇之后，仍然保持它们各自原有的特征（频率、波长、振幅、振动方向等）不变，并按照原来的方向继续前进，好像没有遇到过其他波一样.

（2）在相遇区域内任一点的振动，为各列波单独存在时在该点引起振动位移的矢量和.

6. 波的干涉

满足相干条件（频率相同、振动方向一致、相位差恒定）的两列波相遇时，使某些地方振动始终加强，而使另一些地方振动始终减弱的现象，叫做波的干涉.

如图 6-1 所示，两相干波源 S_1、S_2，简谐运动方程分别为

$$y_1 = A_1\cos(\omega t + \varphi_1);$$
$$y_2 = A_2\cos(\omega t + \varphi_2).$$

两列波在 P 点引起的振动为

$$A = \sqrt{A_1^2 + A_2^2 + 2A_1 A_2 \cos\Delta\varphi}.$$

图 6-1

其中 $\Delta\varphi = \varphi_2 - \varphi_1 - 2\pi\dfrac{r_2 - r_1}{\lambda}$，此处 r_1 和 r_2 为波源到场点之间的距离，必为正值.

干涉加强或减弱的条件：

$$\Delta\varphi = \varphi_2 - \varphi_1 - 2\pi\frac{r_2 - r_1}{\lambda} = \begin{cases} \pm 2k\pi, A = A_1 + A_2, \text{合振幅最大；} \\ \pm(2k+1)\pi, A = |A_1 - A_2|, \text{合振幅最小.} \end{cases}$$

$(k = 0, 1, 2\cdots)$

$\varphi_1 = \varphi_2$ 时，以上条件可简化为

$$\text{波程差 } \delta = r_2 - r_1 = \begin{cases} \pm k\lambda, A = A_1 + A_2, \text{合振幅最大；} \\ \pm(2k+1)\dfrac{\lambda}{2}, A = |A_1 - A_2|, \text{合振幅最小.} \end{cases} \quad (k = 0,$$

$1, 2\cdots)$

7. 驻波

由振幅、频率和传播速度都相同的两列相干波在同一直线上沿相反方向传播时叠加而成的一种干涉现象.

8. 多普勒效应

当波源或观察者相对于介质运动时，观察者接收到的频率与波源发出的频率不同，这种现象称为多普勒效应.

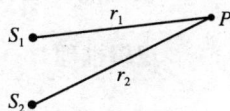

三、典型例题精析

例 6 - 1 图 6 - 2 所示为一平面简谐波在 $t=0$ 时刻的波形图，该简谐波以波速 $u=0.08$ m/s 沿 x 轴正方向传播. 求：（1）该波的波动方程；（2）P 处质点的运动方程.

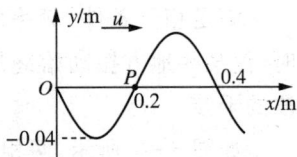

图 6 - 2

逻辑推理

要求波动方程，需要知道相应的特征物理量 A、ω、u 和 φ. u 已知，A 和 λ 可由波形图直接读出，可求得 ω，关键是求 φ. φ 是坐标原点处质点的初相位，即 $t=0$ 时刻，$x=0$ 处质点的相位. 由图可知，$t=0$ 时刻 O 处质点位于平衡位置. 又由于波的传播方向向右，各个质点下一时刻将重复波线后方质点该时刻的运动，而 O 点左边的质点该时刻位移大于 0，所以下一时刻 O 处质点将向 y 轴正方向运动，其速度 $v>0$. 由质点位移加上速度方向两个条件，可由旋转矢量法求出 φ. 将 P 处质点坐标代入波动方程，即可得运动方程.

提纲挈领

波动方程：$y(x,t)=A\cos\left[\omega\left(t\mp\dfrac{x}{u}\right)+\varphi\right]$；

$u=\dfrac{\lambda}{T}=\lambda\nu$；

旋转矢量法求相位.

详解过程

解 （1）右行波波动方程 $y=A\cos\left[\omega\left(t-\dfrac{x}{u}\right)+\varphi\right]$.

由图线知，$A=0.04$ m，波长 $\lambda=0.4$ m，所以 $\omega=\dfrac{2\pi}{T}=\dfrac{2\pi u}{\lambda}=0.4\pi$ s^{-1}.

$t=0$ 时刻，O 处质点位于平衡位置，且向 y 轴正方向运动. 由旋转矢量法可知，$\varphi=-\dfrac{\pi}{2}$.

将 $\varphi=-\dfrac{\pi}{2}$ 代入，可得波动方程：

$$y = 0.04\cos\left[0.4\pi\left(t - \frac{x}{0.08}\right) - \frac{\pi}{2}\right](\text{m}).$$

（2）将 P 处质点坐标代入波动方程，得

$$y = 0.04\cos\left(0.4\pi t + \frac{\pi}{2}\right)(\text{m}),$$

即为 P 点运动方程.

例 6-2 图 6-3 所示为一平面简谐波 $t=0$ 时刻的波形图，已知此波频率为 250 Hz，且图中 P 点的运动方向向上. 求:（1）该波的波动方程;（2）$x=7.5$ m 处质点的运动方程及 $t=0$ 时该点的速度.

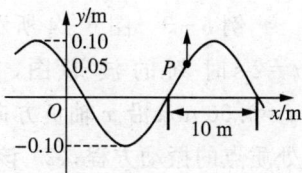

图 6-3

逻辑推理

题目并未直接告诉我们波的传播方向，但可由 P 点运动方向判断出该列波为左行波，求出相应的特征参数，可得波动方程.

将坐标代入波动方程，即可得 $x=7.5$ m 处质点的运动方程，运动方程求导可得质点速度.

提纲挈领

波动方程: $y(x,t) = A\cos\left[2\pi\left(\dfrac{t}{T} \mp \dfrac{x}{\lambda}\right) + \varphi\right]$;

质点速度: $v = \dfrac{\mathrm{d}y(t)}{\mathrm{d}t} = -A\omega\sin(\omega t + \varphi)$.

详解过程

解　（1）由 P 点的运动方向向上可知，该列波为左行波，波动方程为

$$y = A\cos\left[2\pi\left(\frac{t}{T} + \frac{x}{\lambda}\right) + \varphi\right] = A\cos\left[2\pi\left(t\nu + \frac{x}{\lambda}\right) + \varphi\right].$$

由波形图可知，$A = 0.1$ m，$\lambda = 20$ m，且 $\nu = 250$ Hz.

坐标原点处质点 $t=0$ 时位于正 $\dfrac{1}{2}$ 最大位移处，且向 y 轴负方向运动，由旋转矢量法可判断 $\varphi = \dfrac{\pi}{3}$.

将以上数据代入，得波动方程:

$$y = 0.1\cos\left(500\pi t + 0.1\pi x + \frac{\pi}{3}\right)(\text{m}).$$

（2）$x = 7.5$ m 处质点的运动方程为 $y = 0.1\cos\left(500\pi t + \dfrac{13}{12}\pi\right)$ (m).

该质点速度表达式为

$$v = \frac{\mathrm{d}y}{\mathrm{d}t} = -50\pi\sin\left(500\pi t + \frac{13\pi}{12}\right).$$

$t = 0$ 时，$v = -50\pi\sin\dfrac{13}{12}\pi \approx 40.6$（m/s）.

例 6-3 图 6-4 所示为一平面简谐波在 $t = 2$ s 时刻的波形图，此简谐波以速度 $u = 0.50$ m/s 沿 x 轴负方向传播. 求：（1）原点处质点的振动方程；（2）该波的波动方程.

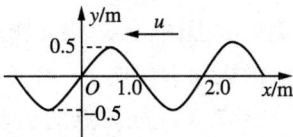

图 6-4

逻辑推理

要求原点处质点的振动方程，关键是求原点处质点的初相位，即 $t = 0$ 时的相位 φ. 图为 $t = 2$ s 时的波形图，可由图线求出原点质点 $t = 2$ s 时的相位 $\omega t + \varphi$，从而求得 φ.

求出相应的特征物理量，即可得波动方程.

提纲挈领

振动方程：$y(t) = A\cos(\omega t + \varphi)$；

相位：$\Phi = \omega t + \varphi$；

波动方程：$y(x, t) = A\cos\left[2\pi\left(\dfrac{t}{T} \mp \dfrac{x}{\lambda}\right) + \varphi\right] = A\cos\left(\omega t \mp 2\pi\dfrac{x}{\lambda} + \varphi\right)$.

详解过程

解 （1）振动方程 $y = A\cos(\omega t + \varphi)$.

由图可知，波长 $\lambda = 2.0$ m，振幅 $A = 0.5$ m，所以角频率 $\omega = \dfrac{2\pi u}{\lambda} = 0.5\pi$ rad/s.

从图中可知，$t = 2$ s 时，原点处质点位于平衡位置且向 y 轴正方向运动，即 $v > 0$，对原点 O 的振动作旋转矢量图（图 6-5），得 $\omega t + \varphi = \dfrac{3\pi}{2}$. 代入数据，可得

图 6-5

$\varphi = \dfrac{\pi}{2}$.

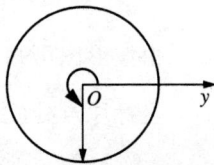

所以,原点的振动方程为

$$y = A\cos(\omega t + \varphi) = 0.50\cos\left(\frac{\pi}{2}t + \frac{\pi}{2}\right)(\text{m}).$$

(2) 该波为左行波,波动方程为

$$y = A\cos\left(\omega t + \frac{2\pi x}{\lambda} + \varphi\right) = 0.5\cos\left(\frac{\pi}{2}t + \pi x + \frac{\pi}{2}\right)(\text{m}).$$

例 6 - 4 一平面简谐波沿 Ox 轴正方向传播,波动方程为 $y = A\cos\left[2\pi\left(\frac{t}{T} - \frac{x}{\lambda}\right) + \phi\right]$,若以 $x = \frac{\lambda}{4}$ 处为新的坐标轴原点,且此坐标轴指向与波的传播方向相反. 试对此新坐标轴求该波的波动方程.

逻辑推理

该题考查学生对于波动方程的理解,主要体现在两方面:

(1) 左行波与右行波的定义. 在原坐标轴中,波的传播方向沿着坐标轴正向,显然为右行波;而新坐标轴正向与原坐标轴相反,如图 6 - 6 为 $O'x'$ 方向,在新坐标轴中,波的传播方向与坐标轴正方向相反,因此,该波应为左行波.

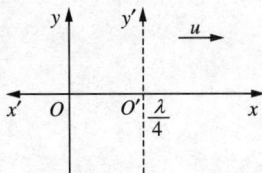

图 6 - 6

> **注意:**
>
> 判定一列波是左行波还是右行波,不是看波是向左还是向右传播,而是看波的传播方向与所取坐标轴正方向相同还是相反,相同为右行波,相反为左行波,即是"左"还是"右"与坐标轴取向有关.

(2) 波动方程中的初相位 φ 的意义. φ 是坐标原点处质点的初相位,而不是波源的初相位,该题中新的坐标原点取在 O' 处,因此新的波动方程中的 φ 也是 O' 处质点的初相位,即 φ 也与坐标轴的选取有关. 已知 OO' 的距离,可求出 O 与 O' 之间的相位差,进而确定 O' 点的初相位.

总之,波动方程与坐标系的选取有关,不同坐标系下波动方程的形式也不同.

提纲挈领

波动方程:$y(x,t) = A\cos\left[2\pi\left(\frac{t}{T} \mp \frac{x}{\lambda}\right) + \varphi\right]$,其形式及各特征量的意义;

波程差与相位差之间的关系：$\Delta\varphi=2\pi\dfrac{\Delta x}{\lambda}$.

详解过程

解　设新坐标轴为 $O'x'y'$，如图 6-6 所示.由于波的传播方向与新坐标轴正方向相反,所以该列波为左行波,其波动方程的形式为

$$y=A\cos\left[2\pi\left(\dfrac{t}{T}+\dfrac{x}{\lambda}\right)+\varphi\right].$$

其中 φ 为 O' 点的初相位.

O 与 O' 之间的相位差 $\Delta\varphi=2\pi\dfrac{\Delta x}{\lambda}=2\pi\dfrac{\lambda/4}{\lambda}=\dfrac{\pi}{2}$.

根据波的传播方向知,波动先到达 O 点,再到达 O' 点,因此,O 点相位超前于 O' 点,即

$$\Delta\varphi=\phi-\varphi=\dfrac{\pi}{2};$$

$$\varphi=\phi-\dfrac{\pi}{2}.$$

所以,新坐标轴下的波动方程为 $y=A\cos\left[2\pi\left(\dfrac{t}{T}+\dfrac{x}{\lambda}\right)+\phi-\dfrac{\pi}{2}\right]$.

例 6-5　两相干波源分别位于同一介质中的 A 点和 B 点,如图 6-7(a)所示,它们振幅相等,频率皆为 100 Hz,且 B 比 A 相位超前 π.已知 AB 相距 30 m,波速为 400 m/s.试求 AB 连线上因干涉而静止的各点的位置.

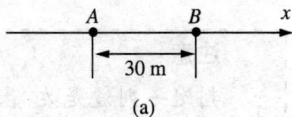

图 6-7(a)

逻辑推理

两相干波干涉,其合振动增强还是减弱,由两列波相遇时的相位差 $\Delta\varphi=\varphi_2-\varphi_1-2\pi\dfrac{r_2-r_1}{\lambda}$

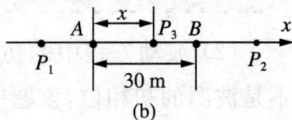

图 6-7(b)

决定.题中两波源振幅相等,因干涉而静止的点应满足相消条件,即 $\Delta\varphi$ 应为 π 的奇数倍.

提纲挈领

$$\Delta\varphi=\varphi_2-\varphi_1-2\pi\dfrac{r_2-r_1}{\lambda}.$$

$$\Delta\varphi=\begin{cases}2k\pi,A=A_1+A_2,\text{合振幅最大;}\\(2k+1)\pi,A=|A_1-A_2|,\text{合振幅最小.}\end{cases}\quad(k=0,\pm1,\pm2\cdots)$$

详解过程

解　$\varphi_B-\varphi_A=\pi,\lambda=\dfrac{u}{\nu}=\dfrac{400}{100}=4(\text{m}).$

$$\Delta\varphi=\varphi_B-\varphi_A-2\pi\frac{r_B-r_A}{\lambda}=\pi-2\pi\frac{r_B-r_A}{\lambda}.$$

在 AB 连线上分三部分讨论,如图 6-7(b)所示:

(1) A 点左边,$x<x_A$ 处,取 P_1 点,$r_B-r_A=P_1B-P_1A=30$ m.

$$\Delta\varphi=\pi-2\pi\frac{r_B-r_A}{\lambda}=\pi-2\pi\frac{30}{4}=-14\pi,\text{必为}\ \pi\ \text{的偶数倍.}$$

所以,A 点左边区域各点干涉均加强,没有干涉相消的位置.

(2) B 点右边,$x>x_B$ 处,取 P_2 点.

$$\Delta\varphi=\pi-2\pi\frac{r_B-r_A}{\lambda}=\pi-2\pi\frac{-30}{4}=16\pi,\text{也必为}\ \pi\ \text{的偶数倍.}$$

所以,B 点右边区域各点干涉也均加强,没有干涉相消的位置.

(3) AB 连线之间,$x_A<x<x_B$ 处,取 P_3 点,并令 P_3 到 A 点的距离为 x.

$$\Delta\varphi=\pi-2\pi\frac{r_B-r_A}{\lambda}=\pi-2\pi\frac{(30-x)-x}{4}=\pi(x-14),\text{干涉相消处满足}$$
$\Delta\varphi=(2k+1)\pi(k=0,\pm1,\pm2\cdots).$

$x=(2k+15)(\text{m}),k=0,\pm1,\pm2\cdots,$ 且 $x\in(0,30)$,即距离 A 点 $x=(1,3,5,7,9,11,13,15,17,19,21,23,25,27,29)(\text{m})$ 的 15 个位置处,干涉相消.

四、动手动脑

1. 在下列几种说法中,正确的是　　　　　　　　　　　　　[　　]

(A) 波源不动时,波源的振动周期与波动的周期在数值上是不同的

(B) 波源振动的速度与波速相同

(C) 在波传播方向上的任一质点的振动相位总是比波源的相位落后

(D) 在波传播方向上的任一质点的振动相位总是比波源的相位超前

2. 在简谐波传播过程中,沿传播方向相距为 $\frac{1}{2}\lambda$ 的两点的振动速度必定　　　　　　　　　　　　　　　　　　　[　　]

(A) 大小相同,方向相反　　　　(B) 大小和方向均相同

(C) 大小不同,方向相同　　　　(D) 大小不同,而方向相反

3. 图 6-8 所示为一沿 x 轴正向传播的平面简谐波在 $t=0$ 时刻的波形. 若各点振动初相取 $-\pi$ 到 π 之间的值,则　[　　]

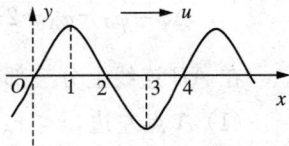

(A) 1 点的初位相为 $\varphi_1=0$

(B) 0 点的初位相为 $\varphi_0=-\frac{1}{2}\pi$

(C) 2 点的初位相为 $\varphi_2=0$

(D) 3 点的初位相为 $\varphi_3=0$

图 6-8

4. 一平面简谐波在弹性媒质中传播时,某一时刻媒质中某质元在负的最大位移处,则它的能量是　　　　　　　　　　　　[　　]

(A) 动能为零,势能最大　　　　(B) 动能为零,势能为零

(C) 动能最大,势能最大　　　　(D) 动能最大,势能为零

5. 频率为 100 Hz、传播速度为 300 m/s 的平面简谐波,波线上距离小于波长的两点振动的相位差为 $\frac{1}{3}\pi$,则此两点相距　　　　[　　]

(A) 2.86 m　　　　　　　　(B) 2.19 m

(C) 0.5 m　　　　　　　　　(D) 0.25 m

6. 如图 6-9 所示,一平面简谐波沿 x 轴正向传播,已知 P 点的振动方程为 $y=A\cos(\omega t+\varphi_0)$,则波的表达式为　　　　　　　　　　　　　　[　　]

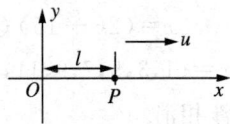

(A) $y=A\cos\{\omega[t-(x-l)/u]+\varphi_0\}$

(B) $y=A\cos[\omega(t-x/u)+\varphi_0]$

(C) $y=A\cos\omega(t-x/u)$

(D) $y=A\cos\{\omega[t+(x-l)/u]+\varphi_0\}$

图 6-9

7. 一平面简谐波沿 x 轴负方向传播,已知 $x=x_0$ 处质点的振动方程为 $y=A\cos(\omega t+\varphi_0)$. 若波速为 u,则此波的表达式为　　　　[　　]

(A) $y=A\cos\{\omega[t-(x_0-x)/u]+\varphi_0\}$

(B) $y=A\cos\{\omega[t-(x-x_0)/u]+\varphi_0\}$

(C) $y=A\cos\{\omega t-[(x_0-x)/u]+\varphi_0\}$

(D) $y=A\cos\{\omega t+[(x_0-x)/u]+\varphi_0\}$

8. 一简谐波沿 Ox 轴正方向传播，$t=0$ 时刻波形曲线如图 6-10 所示，其周期为 2 s. 则 P 点处质点的振动速度 v 与时间 t 的关系曲线为　　〔　　〕

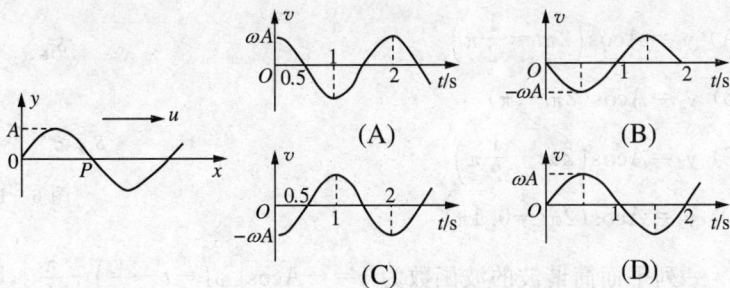

图 6-10

9. 一沿 x 轴负方向传播的平面简谐波在 $t=2$ s时的波形曲线如图 6-11 所示，传播速度 $u=0.5$ m·s^{-1}. 则原点 O 的振动方程为〔　　〕

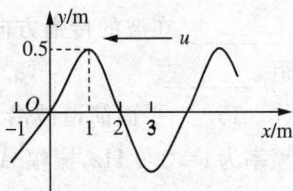

图 6-11

(A) $y=0.50\cos\left(\pi t+\dfrac{1}{2}\pi\right)$(m)

(B) $y=0.50\cos\left(\dfrac{1}{2}\pi t-\dfrac{1}{2}\pi\right)$(m)

(C) $y=0.50\cos\left(\dfrac{1}{2}\pi t+\dfrac{1}{2}\pi\right)$(m)

(D) $y=0.50\cos\left(\dfrac{1}{4}\pi t+\dfrac{1}{2}\pi\right)$(m)

10. 一平面简谐波在弹性媒质中传播，在媒质质元从最大位移处回到平衡位置的过程中　　　　　　　　　　　　　　　　　〔　　〕

(A) 它的势能转换成动能

(B) 它的动能转换成势能

(C) 它从相邻的一段媒质质元获得能量，其能量逐渐增加

(D) 它把自己的能量传给相邻的一段媒质质元，其能量逐渐减小

11. 在同一媒质中两列相干的平面简谐波的强度之比是 $I_1/I_2=4$，则两列波的振幅之比是　　　　　　　　　　　　　　　　〔　　〕

(A) $A_1/A_2=16$　　　　　　　(B) $A_1/A_2=4$

(C) $A_1/A_2=2$　　　　　　　(D) $A_1/A_2=1/4$

12. 如图 6-12 所示，S_1 和 S_2 为两相干波源，它们的振动方向均垂直于图面，发出波长为 λ 的简谐波，P 点是两列波相遇区域中的一点，已知 $\overline{S_1P}=2\lambda$，$\overline{S_2P}$

$=2.2\lambda$,两列波在 P 点发生相消干涉. 若 S_1 的振动方程为 $y_1=A\cos\left(2\pi t+\dfrac{1}{2}\pi\right)$,
则 S_2 的振动方程为　　　　　　　　　　　　　　　　[　　]

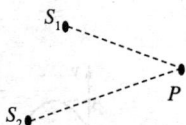

图 6 - 12

(A) $y_2=A\cos\left(2\pi t-\dfrac{1}{2}\pi\right)$

(B) $y_2=A\cos(2\pi t-\pi)$

(C) $y_2=A\cos\left(2\pi t+\dfrac{1}{2}\pi\right)$

(D) $y_2=A\cos(2\pi t-0.1\pi)$

13. 一列平面简谐波的波函数为 $y=-A\cos\left[\omega\left(-t-\dfrac{x}{u}\right)+\dfrac{\pi}{4}\right]$,则该列
波的传播方向为　　　　　　,坐标原点处质点的初相位为　　　　　.

14. 一平面简谐波,波速为 6.0 m/s,振动周期为 0.1 s,则波长为
　　　　.在波的传播方向上,有两质点的振动相位差为 $5\pi/6$,此两质点相
距　　　　.

15. 一平面简谐波沿 x 轴负向传播,波长 $\lambda=1.0\text{ m}$,原点处质点的振动
频率为 $\nu=2.0\text{ Hz}$,振幅 $A=0.1\text{ m}$,且在 $t=0$ 时恰好通过平衡位置向 y 轴负
向运动.则此平面波的波动方程为　　　　　　　　　　.

16. 已知一平面简谐波沿 x 轴正向传播,振动周期 $T=0.5\text{ s}$,波长 $\lambda=$
10 m,振幅 $A=0.1\text{ m}$,当 $t=0$ 时波源振动的位移恰好为正的最大值.若波源
处为原点,则沿波传播方向距离波源为 $\dfrac{1}{2}\lambda$ 处的振动方程为 $y=$ ＿＿＿＿＿

＿＿＿＿.当 $t=\dfrac{1}{2}T$ 时,$x=\lambda/4$ 处质点的振动速度为　　　　　.

17. 一平面简谐波沿 x 轴负方向传播,波速为 u. 已知 $x=-1\text{ m}$ 处质点
的振动方程为 $y=A\cos(\omega t+\varphi)$,则此波的表达式为＿＿＿＿＿＿＿＿.

18. 如图 6 - 13 所示,一平面简谐波沿 Ox 轴正方向传播,波长为 λ,若
P_1 点处质点的振动方程为 $y_1=A\cos(2\pi\nu t+\varphi)$,则 P_2 点处质点的振动方程
为＿＿＿＿＿＿＿＿.

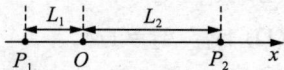

图 6 - 13

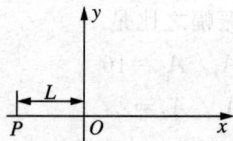

图 6 - 14

19. 如图 6-14 所示,一平面简谐波沿 Ox 轴负方向传播,波长为 λ,若 P 处质点的振动方程是 $y_P = A\cos\left(2\pi\nu t + \dfrac{1}{2}\pi\right)$. 则该波的表达式是_____ _____;$P$ 处质点_____时刻的振动状态与 O 处质点 t_1 时刻的振动状态相同.

20. 一平面余弦波沿 Ox 轴正方向传播,波动表达式为 $y = A\cos\left[2\pi\left(\dfrac{t}{T} - \dfrac{x}{\lambda}\right) + \varphi\right]$. 则 $x = -\lambda$ 处质点的振动方程是_____；若以 $x = \lambda$ 处为新的坐标轴原点,且此坐标轴指向与波的传播方向相反,则对此新的坐标轴,该波的波动表达式是_____.

21. 两列波满足相干条件方可干涉,相干条件为:_____、_____、_____.

22. 如图 6-15 所示,S_1 和 S_2 为同相位的两相干波源,相距为 L,P 点距 S_1 为 r；波源 S_1 在 P 点引起的振动振幅为 A_1,波源 S_2 在 P 点引起的振动振幅为 A_2,两波波长都是 λ. 则 P 点的振幅为_____.

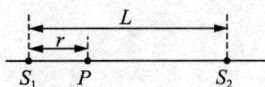

图 6-15

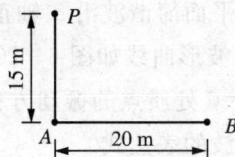

图 6-16

23. 如图 6-16 所示,A、B 两点为同一介质中两相干波源,其振幅皆为 5 cm,频率皆为 100 Hz,当点 A 位于波峰时,点 B 恰为波谷,波速为 10 m/s. 两列波传到点 P 时发生干涉,P 点的振幅为_____.

24. 如图 6-17 所示,两相干波源 S_1 与 S_2 相距 $3\lambda/4$,λ 为波长. 设两波在 S_1S_2 连线上传播时,它们的振幅都是 A,并且不随距离变化. 已知在该直线上在 S_1 左侧各点的合成波强度为其中一个波强度的 4 倍,则两波源应满足的相位条件是_____.

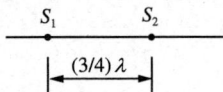

图 6-17

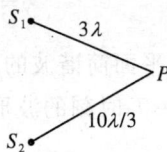

图 6-18

25. 如图 6-18 所示,波源 S_1 和 S_2 发出的波在 P 点相遇,P 点距波源 S_1 和 S_2 的距离分别为 3λ 和 $10\lambda/3$,λ 为两列波在介质中的波长.若 P 点的合振幅总是极大值,则两波在 P 点的振动频率_____,波源 S_1 的相位比 S_2 的相位领先_____.

26. 图 6-19 所示为一平面简谐波在 $t=0$ 时刻的波形图,设此简谐波的频率为 250 Hz,且此时质点 P 的运动方向向下.求:

(1) 该波的表达式;

(2) 在距原点 O 为 100 m 处质点的振动方程与振动速度表达式.

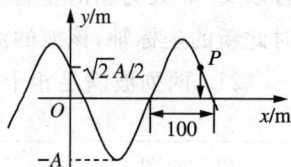

图 6-19

27. 一平面简谐波沿 x 轴正向传播,其振幅为 A,频率为 ν,波速为 u,设 $t=t'$ 时刻的波形曲线如图 6-20 所示.求:

(1) $x=0$ 处质点的振动方程;

(2) 该波的表达式.

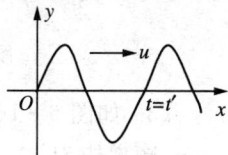

图 6-20

28. 已知波长为 λ 的平面简谐波沿 x 轴负方向传播,$x=\lambda/4$ 处质点的振动方程为

$$y=A\cos\frac{2\pi}{\lambda}\cdot ut(\text{SI}).$$

(1) 写出该平面简谐波的表达式;

(2) 画出 $t=T$ 时刻的波形图.

29. 如图 6-21 所示，S_1、S_2 为两平面简谐波相干波源．S_2 的相位比 S_1 的相位超前 $\pi/4$，波长 $\lambda=8.00$ m，$r_1=12.0$ m，$r_2=14.0$ m，S_1 在 P 点引起的振动振幅为 0.30 m，S_2 在 P 点引起的振动振幅为 0.20 m．求 P 点的合振幅．

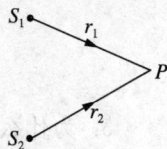

图 6-21

五、讨论交流

1. 振动和波动有什么区别和联系？

2. 当一列机械波由一种介质进入另一种介质时，其波长、频率、周期和波速中，哪些量是变的，哪些量是不变的？

3. 平面简谐波波动方程 $y=A\cos\left[\omega\left(t-\dfrac{x}{u}\right)+\varphi\right]$ 中的 $\dfrac{x}{u}$ 表示什么？若将其写成 $y=A\cos\left(\omega t-\dfrac{\omega x}{u}+\varphi\right)$，$\dfrac{\omega x}{u}$ 又表示什么？

4. 波动过程中体积元的总能量是随时间变化的,这和能量守恒定律是否矛盾?

5. 为什么我们观察不到由两个手电筒发出的光束之间的干涉效应,也听不出两把小提琴发出的声波之间的干涉效应?

第七章　波动光学

一、学习基本要求

1. 理解光的相干条件及由普通光源获得相干光的两种途径,理解光程和光程差的概念以及光程差和相位差的关系.

2. 掌握杨氏双缝干涉实验和劳埃德镜实验的原理和结论,理解半波损失的概念和其产生的条件.

3. 掌握薄膜干涉实验的原理及其应用,了解牛顿环和劈尖实验.

4. 理解惠更斯-菲涅耳原理,掌握单缝夫琅禾费衍射实验的半波带分析方法和结论.

5. 理解光的偏振性和获得偏振光的方法,掌握马吕斯定律和布儒斯特定律及其应用.

二、基本概念及基本规律

本章围绕光的波动性质展开讨论,主要涉及三方面:干涉、衍射和偏振.其中干涉和衍射是光作为一种电磁波的基本性质,而偏振性证明光是一种横波.

（一）干涉

1. 光的相干条件：频率相同、振动方向一致、相位差恒定

普通光源的发光机制是原子受激发并自发向低能级跃迁的过程中辐射出光子，原子自发辐射的间断性和相位随机性不利于干涉条件的实现。因此，两个独立的普通光源并不能形成相干光源，而应采用"同出一源，分之为二"的方法获得相干光，主要有两种途径：

（1）波阵面分割法。在同一波阵面上取两部分面元作为相干光源，如杨氏双缝干涉、劳埃德镜实验等。

（2）振幅分割法。利用反射、折射将波面上某处的振幅分为两部分，再使它们相遇，如薄膜干涉、迈克耳逊干涉实验等。

2. 基本概念：光程、光程差、半波损失

光程 折射率 n 与几何路程 L 的乘积 nL；光在折射率为 n 的介质中通过几何路程 L 所发生的相位变化，相当于光在真空中通过 nL 的路程所发生的相位变化，所以可以理解为，光程是根据相位差的贡献将光在介质中通过的路程折合到真空中去的值。

光程差 光程之差，用 Δ 表示。光程差与相位差的关系：

$$\Delta\varphi = 2\pi\,\frac{\Delta}{\lambda}.$$

> **注意：**
> 式中 λ 一定是光在真空中的波长，与光是在什么介质中通过的无关。因为在计算光程差 Δ 时已经进行了折算。

半波损失 当光由光疏（折射率较小）介质射向光密（折射率较大）介质时，反射光的相位会突变 π，相当于光程突变了半个波长，称为半波损失。在有半波损失发生时，计算光程需加上（或减去）$\lambda/2$。

3. 杨氏双缝干涉

如图 7-1 所示，让单缝 S 发出的光通过两条与 S 平行且等距离的狭缝 S_1、S_2，双缝 S_1、S_2

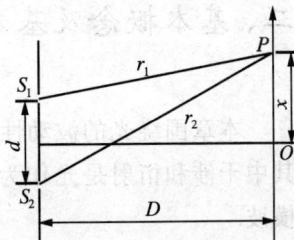

图 7-1

形成相干波源,其发出的光在空间相遇发生干涉,在接收屏上可以看到明暗相间的干涉条纹.若双缝间距为 d,接收屏到双缝的垂直距离为 D,入射光波长为 λ,则干涉条纹的位置:

$$x = \begin{cases} \pm k \dfrac{D\lambda}{d}, \text{明纹中心;} \\ \pm(2k-1)\dfrac{D\lambda}{2d}, \text{暗纹中心.} \end{cases} \quad (k=0,1,2,\cdots)$$

式中 k 即为条纹级数,零级明纹又称中央明纹.

> **注意:**
>
> 若将暗纹公式表示为 $x = \pm(2k+1)\dfrac{D\lambda}{d}(k=0,1,2,\cdots)$,则暗纹级数不再是 k,而应该是 $k+1$,即 $k=0$ 对应一级暗纹坐标,$k=1$ 对应二级暗纹坐标,以此类推.(不推荐此表示方法)

相邻两级条纹间距(即条纹宽度)为 $\Delta x = \dfrac{D\lambda}{d}$,双缝干涉的条纹是等间距明暗相间的条纹.

4. 劳埃德镜实验

劳埃德镜实验的原理本质上与杨氏双缝实验是非常类似的.如图 7 - 2 所示,只是该实验的相干光源由狭缝 S_1 和由 S_1 经平面镜 M 成的像 S_2 构成.S_1 发出的光(直接射在接收屏上的光)和 S_2 发出的光(经由平面镜反射后射在接收屏上的光)在相遇区域将发生干涉,接收屏上将

图 7 - 2

观察到明暗相间的条纹.若 S_1 和像 S_2 的距离为 d,接收屏到 S_1 的垂直距离为 D,入射光波长为 λ,则可用杨氏双缝干涉实验的公式 $\Delta x = \dfrac{D\lambda}{d}$ 计算条纹宽度.但是,若将接收屏移至和平面镜 M 接触的 P' 位置,屏与镜的交点 L 处却出现了暗纹.S_1 到 L 和 S_2 到 L 的几何光程是相等的,而 L 点出现暗纹说明 S_1 和 S_2 发出的光线的相位差应为 π.因此,只能是经由镜面反射的光线相位突变了 π,相当于反射光与入射光之间附加了 $\lambda/2$ 的波程差,称为半波损失.

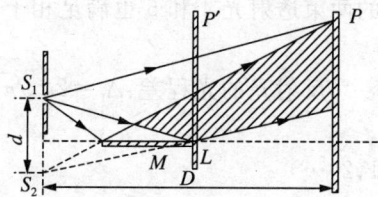

劳埃德镜实验的意义在于揭示了半波损失现象的存在,在讨论波动光学问题时,只要是计算光程差,都需人为判断有无半波损失.在有半波损失发生时,计算光程需加上(或减去)$\lambda/2$.

5. 薄膜干涉

经薄膜上、下表面反射后相遇的光发生的干涉现象称为薄膜干涉,薄膜可以是透明固体、液体或由两块玻璃所夹的气体薄层.薄膜干涉属于用振幅分割法获得相干光的干涉实验,等倾干涉和等厚干涉是薄膜干涉的两种典型形式.

(1) 等倾干涉:光入射到厚度均匀的薄膜上形成的干涉条纹.典型应用有增透膜、增反膜等.

如图 7-3,厚度为 d、折射率为 n_2 的透明薄膜放在折射率为 n_1 的介质中($n_2 > n_1$),光束 1 以 i 角入射,经薄膜上表面 M_1 和下表面 M_2 反射后,形成的两束反射光 2 和 3 满足相干条件,若用透镜使其会聚,将观察到干涉现象.同样道理,由下表面出射的两束透射光 4 和 5 也满足相干条件,也会产生干涉现象.

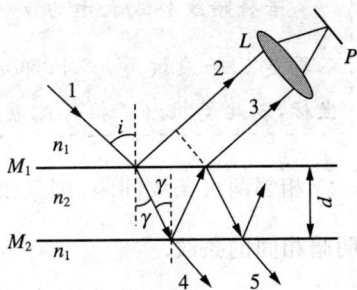

图 7-3

反射光的光程差:$\Delta_r = 2d\sqrt{n_2^2 - n_1^2 \sin^2 i} + \dfrac{\lambda}{2} = \begin{cases} k\lambda,\text{加强}; \\ (2k-1)\dfrac{\lambda}{2},\text{减弱}. \end{cases}$ $(k = 1,2,\cdots)$

透射光的光程差:$\Delta_t = 2d\sqrt{n_2^2 - n_1^2 \sin^2 i} = \begin{cases} k\lambda,\text{加强}; \\ (2k-1)\dfrac{\lambda}{2},\text{减弱}. \end{cases}$ $(k = 1,2,\cdots)$

> **注意:**
> 反射光与透射光的光程差总是相差 $\lambda/2$. 因此,若反射光干涉加强,透射光干涉必然减弱,即反射光和透射光的干涉有互补性,这是由能量守恒定律决定的.

当光线垂直入射,即入射角 $i=0$ 时,且若薄膜两边的介质折射率不相等,则:

当 $n_1 < n_2 > n_3$ 或 $n_1 > n_2 < n_3$ 时,$\Delta_r = 2n_2 d + \dfrac{\lambda}{2}$,

$\Delta_t = 2n_2 d$;当 $n_1 < n_2 < n_3$ 或 $n_1 > n_2 > n_3$ 时,$\Delta_r = 2n_2 d$,

$\Delta_t = 2n_2 d + \dfrac{\lambda}{2}$.

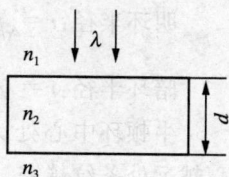

图 7-4

同样,可根据光程差讨论干涉情况:$\Delta =$
$$\begin{cases} k\lambda,\text{加强}; \\ (2k-1)\dfrac{\lambda}{2},\text{减弱}. \end{cases} (k=1,2,\cdots)$$

薄膜干涉的典型应用是增透膜和增反膜.

增透膜　使薄膜上、下表面反射光干涉相消来减少反射,从而使透射增强.

增反膜　使薄膜上、下表面反射光干涉加强来减少透射,从而使反射增强.

(2) 等厚干涉:平面光入射到厚度不均匀的介质薄膜上形成的干涉条纹.薄膜厚度相同的地方形成同一条干涉条纹,故称等厚干涉.典型的等厚干涉有劈尖和牛顿环.

① 劈尖

两块平板玻璃叠放在一起,一端的棱边相接触,另一端垫一直径为 D 的细丝,两块平板玻璃之间形成一空气薄层,称为空气劈尖.用光线垂直入射,可以在玻璃板上表面观察到明暗相间的等间距干涉条纹.

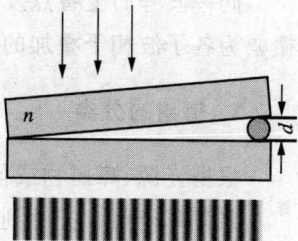

图 7-5

$$\Delta = 2nd + \dfrac{\lambda}{2} = \begin{cases} k\lambda,\text{明纹}; \\ (2k+1)\dfrac{\lambda}{2},\text{暗纹}. \end{cases} (k=0,1,2,\cdots)$$

劈尖是重要的光学仪器,可用来检测玻璃表面是否平整,也可以测定细丝直径:

$$D = \dfrac{\lambda L}{2nb}.$$

其中:L 为劈尖长度;b 为条纹间距.

② 牛顿环

在一块平板玻璃上放一只平凹透镜,使两块玻璃之间形成一个上表面为球面、下表面为平面的空气薄层.单色光由正上上垂直入射,反射光形成同心圆环形状的干涉条纹,称为牛顿环.

设透镜曲率半径为 R.则

明环半径：$r=\sqrt{\left(k-\dfrac{1}{2}\right)R\lambda}$，$k=1,2,\cdots$；

暗环半径：$r=\sqrt{kR\lambda}$，$k=0,1,2,\cdots$.

牛顿环中心处为暗纹，环纹间距不相等，离中心越远处条纹越密.

牛顿环可用来测量透镜的曲率半径，用待测透镜和平板玻璃构成牛顿环，只要测出第 k 级和第 $k+m$ 级条纹半径，可得透镜曲率半径：

$$R=\frac{r_{k+m}^2-r_k^2}{m\lambda}.$$

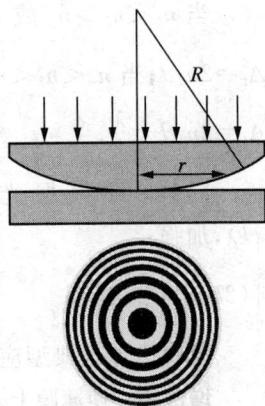

图 7 - 6

（二）光的衍射

1. 惠更斯-菲涅耳原理

同一波阵面上各点发出的子波是相干波，传播到空间某点时，该处的波振幅为各子波相干叠加的结果.

2. 衍射的分类

根据光源、障碍物或衍射孔、接收屏三者之间的距离，可分为两类：

菲涅耳衍射　光源到衍射孔的距离或接收屏到衍射孔的距离为有限远时的衍射.

夫琅禾费衍射　光源到衍射孔的距离和接收屏到衍射孔的距离均为无限远时的衍射，即平行光入射、平行光出射的情况.

3. 单缝夫琅禾费衍射

平行光入射在宽度为 b 的单缝上，衍射光经焦距为 f 的透镜 L 会聚于焦平面 P 上，形成单缝夫琅禾费衍射条纹.

条纹是平行于狭缝的明暗相间的直条纹，中央明纹最亮且最宽.

衍射角为 0° 的光线（即通过单缝后光路不发生改变的光线）会聚

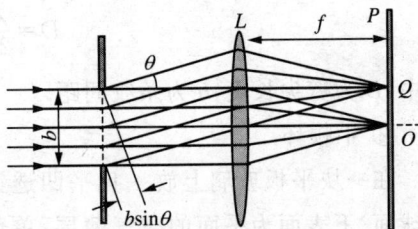

图 7 - 7

在屏幕中心形成中央明纹.对于所有衍射角为 θ 的光线将会聚于焦平面上某一点 Q,Q 点的干涉结果可由菲涅耳半波带法巧妙地分析得出.令最大光程差 $b\sin\theta=\pm k\dfrac{\lambda}{2}(k=1,2,\cdots)$,即将单缝处分成 k 个半波带.相邻两个半波带上对应位置发出的光会聚在 Q 点时的光程差均为 $\lambda/2$,相位差为 π,所以相邻两半波带上发出的光刚好干涉相消.因此,若单缝处刚好能分成偶数个半波带,那么所有半波带干涉两两相消,Q 点为暗纹中心;若单缝处刚好能分成奇数个半波带,则刚好剩下一个完整的半波带,Q 点为明纹中心;而不能分成整数个半波带时的衍射角,对应着那些方向的衍射光的会聚点是介于明纹中心和暗纹中心之间的位置.

明纹和暗纹公式:

$$\begin{cases} b\sin\theta=0,\text{中央明纹}; \\ b\sin\theta=\pm 2k\dfrac{\lambda}{2}=\pm k\lambda,\text{暗纹},2k\text{ 个半波带}; \\ b\sin\theta=\pm(2k+1)\dfrac{\lambda}{2},\text{明纹},2k+1\text{ 个半波带}; \\ b\sin\theta\neq k\dfrac{\lambda}{2},\text{介于明暗之间}. \end{cases} \quad (\text{条纹级数 } k=1,2,\cdots)$$

条纹宽度:

中央明纹宽度定义为两条一级暗纹之间的距离,即 $l_0=2\dfrac{\lambda f}{b}$;

其他条纹宽度为中央明纹宽度的一半,即 $l=\dfrac{\lambda f}{b}$.

(三) 光的偏振

光的偏振反映了光具有横波的性质.光按光矢量振动状态的不同可分为自然光、完全偏振光和部分偏振光.

自然光　在与光的传播方向垂直的平面内,光矢量的振幅在各个方向上均相等的光.

完全偏振光　光矢量的振动方向不变,或具有某种变化规律的光波.线偏振光是完全偏振光的一种,是指光矢量始终沿某一方向的光.

部分偏振光　某一方向的光振动比与之垂直方向上的光振动占优势的光,由自然光和完全偏振光混合而成.

由自然光获得偏振光的过程称为起偏,起偏的方法通常有如下三种:

1. 使用偏振片

某些物质(如硫酸金鸡钠碱)能吸收某一方向的光振动,而只让与这个方向垂直的光振动通过,这种性质称为二向色性.将具有二向色性的材料涂在透明薄片上做成偏振片.偏振片允许通过的光振动的方向称为偏振化方向.偏振片既可以用来起偏,也可以用来检偏.

马吕斯定律 如图 7 – 8,光强为 I_0 的偏振光,通过检偏器后光强变为

$$I = I_0 \cos^2 \alpha.$$

其中 α 为入射的线偏振光偏振化方向与检偏器偏振化方向之间的夹角.

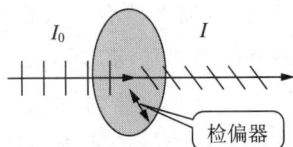

图 7 – 8

> **注意:**
> (1)马吕斯定律中的 I_0 必须是入射的线偏振光的强度,其讨论的是线偏振光通过偏振片后光强变化的情况.
> (2)若是自然光通过偏振片后变成线偏振光,则光强变为原来的一半.

2. 通过反射和折射

布儒斯特定律 自然光入射在界面上时,反射光和折射光都是部分偏振光,反射光中垂直于入射面的振动占优势,折射光中平行于入射面的振动占优势.当入射角 i_B 满足:

$$\tan i_B = \frac{n_2}{n_1} \text{或} \ i_B + \gamma_B = \frac{\pi}{2}$$

时,反射光为振动方向垂直于入射面的线偏振光.i_B 称为布儒斯特角或起偏角.

3. 利用各向异性晶体的双折射现象

自然光射入各向异性的晶体后分解为两束折射光的现象,叫做双折射现象.其中一束折射光遵从折射定律,称为 o 光;另一束折射光不遵从折射定律,称为 e 光. o 光和 e 光都是偏振光,两者振动方向相互垂直.若设法除去其中之一,出射的即为偏振光.

方解石是最常见的双折射晶体,将其经过特殊加工制成的偏振棱镜称为尼科耳棱镜,它用全反射的方法除去 o 光,只让 e 光通过,从而得到偏振光.

三、典型例题精析

例 7-1 杨氏双缝干涉实验装置如图 7-9 所示,双缝与屏之间的距离 $D=120\ \text{cm}$,双缝间距 $d=0.50\ \text{mm}$,用波长 $\lambda=500\ \text{nm}$ 的单色光垂直照射双缝.

(1) 求原点 O(零级明条纹所在处)上方的第三级明条纹的坐标 x;

(2) 若用一块云母片覆盖缝 S_1,屏上干涉条纹向哪个方向移动?

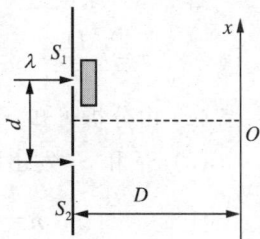

图 7-9

(3) 若云母片的厚度为 $e=6.6\times10^{-6}\text{m}$,且已知 O 点现在变为第七级明纹,则云母片的折射率为多少?

逻辑推理

第一问,干涉条纹坐标可由杨氏双缝干涉条纹坐标公式求得.

第二问,若用云母片覆盖缝 S_1,求干涉条纹的移动方向. 我们首先关注中央明纹所在的位置,中央明纹应该是 S_1 和 S_2 发出的光程差为 0 的两束光线干涉形成的. 未覆盖云母片时,中央明纹应出现在到 S_1 和 S_2 距离相等的 O 处;而在 S_1 上覆盖云母片后,设新的中央明纹出现在 O' 处,则 S_1 到 O' 的光程等于 S_2 到 O' 的光程. 由于从云母片通过的光比从空气中通过相同路程的光的光程大,所以 O' 到 S_1 的几何路程应小于 O' 到 S_2 的几何路程,才能保证光程相等. 由此分析可知,中央明纹应向 x 轴正方向移动. 由条纹间距公式知,条纹间距不发生改变,因此整个条纹应向上方移动.

第三问,杨氏双缝干涉的明纹条件为光程差满足 $\delta=\pm k\lambda$,$k=0,1,2\cdots$ 即为条纹级数. 第七级明纹应该是光程差为 $\delta=\pm7\lambda$ 的光干涉形成的,由此可知,S_1 和 S_2 发出的光线到 O 点的光程差即为 7λ,算出光程差即可求出云母片的折射率.

提纲挈领

杨氏双缝干涉明纹坐标为 $x=\pm k\cdot\dfrac{D\lambda}{d}$,$k=0,1,2\cdots$;

明纹条件 $\delta = \pm k\lambda$, $k = 0$, 1, $2 \cdots$ 为条纹级数;

光程等于折射率与几何路程之积 nr.

> **详解过程**

解 （1）原点上方第三级条纹的坐标为

$$x = k\frac{D}{d}\lambda = 3 \times \frac{120 \times 10^{-2}}{0.5 \times 10^{-3}} \times 500 \times 10^{-9} = 3.6 \times 10^{-3} (\text{m}).$$

（2）由分析可知,干涉条纹向 x 轴正方向(上方)移动.

（3）S_1 和 S_2 发出的光线到 O 点的光程差 $\Delta = (n-1)e = 7\lambda$.

$$n = \frac{7\lambda}{e} + 1 = \frac{7 \times 500 \times 10^{-9}}{6.6 \times 10^{-6}} + 1 \approx 1.53.$$

例 7-2 一油轮漏出的油污染了某海域,在海水表面形成一层薄薄的油污,已知油的折射率 $n_1 = 1.20$,海水的折射率 $n_2 = 1.30$,如图 7-10 所示.

空气 $n = 1$
油膜 $n_1 = 1.20$ $d = 460$ nm
海水 $n_2 = 1.30$

图 7-10

（1）如果太阳正位于海域上空,一直升机的驾驶员从飞机上向正下方观察,他所正对的油层厚度为 460 nm,则他观察到的油层呈什么颜色?

（2）如果一潜水员潜入该区域水面下方,并向正上方观察,则他又将观察到油层呈什么颜色?

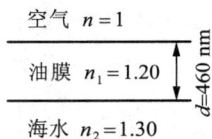

> **逻辑推理**

油膜覆盖在海水表面,太阳光由正上方入射,此为三种介质表面的薄膜干涉的情况.直升机驾驶员由正上方向下观察,他看到的是油膜上下表面的反射光进行薄膜干涉的结果;而潜水员由正下方向上观察,他看到的是油膜上下表面的透射光干涉的结果.若干涉使得某几种波长的可见光加强,他们看到的油层即为该几种颜色的叠加.

> **提纲挈领**

光垂直入射,介质由上到下折射率依次递增的情况,反射光光程差 $\Delta_r = 2dn$,透射光光程差 $\Delta_t = 2dn + \frac{\lambda}{2}$,其中 n 为薄膜(即中间介质)的折射率,d 为薄膜厚度.

干涉结果 $\Delta = \begin{cases} k\lambda, \text{加强}; \\ (2k-1)\dfrac{\lambda}{2}, \text{减弱} \end{cases} \quad (k=1,2,\cdots)$

可见光波长范围 $400 \sim 760$ nm.

详解过程

解 (1)令反射光光程差 $\Delta_r = 2dn_1 = k\lambda$,可得 $\lambda = \dfrac{2n_1 d}{k} (k=1,2,\cdots)$.

$k=1, \lambda = 2n_1 d = 1\,104$ nm,为红外线;

$k=2, \lambda = n_1 d = 552$ nm,为绿光;

$k=3, \lambda = \dfrac{2}{3}n_1 d = 368$ nm,为紫外线.

由此可知,可见光范围内只有绿光是干涉加强的,所以飞行员看到的油层是绿色的.

(2)令透射光光程差 $\Delta_t = 2dn_1 + \lambda/2 = k\lambda$,可得 $\lambda = \dfrac{2n_1 d}{k-1/2} (k=1,2,\cdots)$.

$k=1, \lambda = \dfrac{2n_1 d}{1-1/2} = 2\,208$ nm,为红外线;

$k=2, \lambda = \dfrac{2n_1 d}{2-1/2} = 736$ nm,为红光;

$k=3, \lambda = \dfrac{2n_1 d}{3-1/2} = 441.6$ nm,为紫光;

$k=4, \lambda = \dfrac{2n_1 d}{4-1/2} \approx 315.4$ nm,为紫外线.

由此可知,可见光范围内红光与紫光都是干涉加强的,所以潜水员看到的油层是紫红色.

例 7-3 在折射率为 1.52 的玻璃透镜上镀上折射率为 1.38 的 MgF_2 胶膜.

(1)若要使波长为 550 nm 的黄绿光最大限度地透射,膜的最小厚度应为多少?

(2)若要使波长为 736 nm 的红光不能通过该透镜,膜的最小厚度又应为多少?

逻辑推理

要使黄绿光最大限度地透射,应使透射光满足干涉加强的条件.

要使红光不能通过,应使透射光满足干涉相消的条件,或令反射光满足干涉加强条件即可.

提纲挈领

介质折射率满足 $n_1 < n_2 < n_3$, $\Delta_r = 2n_2 d$, $\Delta_t = 2n_2 d + \dfrac{\lambda}{2}$.

$$\Delta = \begin{cases} k\lambda, \text{加强}; \\ (2k-1)\dfrac{\lambda}{2}, \text{减弱}. \end{cases} \quad (k=1,2,\cdots)$$

详解过程

解 (1) 令 $\Delta_t = 2n_2 d + \dfrac{\lambda}{2} = k\lambda$. 取 $k=1$,可解得膜的最小厚度为

$$d = \frac{\lambda}{4n_2} \approx 99.64 \text{ nm}.$$

(2) 令 $\Delta_r = 2n_2 d = k\lambda$. 取 $k=1$,可解得膜的最小厚度为

$$d = \frac{\lambda}{2n_2} \approx 199.28 \text{ nm}.$$

例 7-4 用平行单色光垂直照射宽度为 0.5 mm 的单缝,在缝的前方放置一个焦距为 100 cm 的透镜,在透镜的焦平面处放置的屏上可观察到衍射条纹.若在屏上离中央明纹中心距离为 1.5 mm 处的 P 点为明纹.求:

(1) 入射光的波长;

(2) P 点条纹的级数和该处条纹对应的衍射角以及该衍射角对应的狭缝波面可分成的波带数;

(3) 中央明纹的宽度.

逻辑推理

该题较全面地考核了单缝夫琅禾费衍射的各物理概念及公式.

单缝衍射明纹位置坐标满足 $x = (2k+1)\dfrac{\lambda f}{2b}$,由此可求出波长公式.因为屏上能看到条纹,该入射光一定是可见光,故波长应在 $400 \sim 760$ nm 的范围内,由此条件可以确定波长.

明纹公式中的 k 即为条纹级数;明纹对应的衍射角满足 $b\sin\theta = \pm(2k+1)\dfrac{\lambda}{2}$;狭缝波面可分成的半波带数为 $2k+1$.

中央明纹宽度为$\dfrac{2\lambda f}{b}$,由第一问求出的波长及相应的已知参数代入即可求得.

提纲挈领

单缝衍射明纹坐标公式:$x=(2k+1)\dfrac{\lambda f}{2b}$,$k=1,2,3,\cdots$为条纹级数;

明纹衍射角公式:$b\sin\theta=\pm(2k+1)\dfrac{\lambda}{2}$,$k=1,2,3,\cdots$;

相应的狭缝处半波带数目为$2k+1$;

中央明纹宽度:$l_0=\dfrac{2\lambda f}{b}$.

详解过程

解　(1) 由单缝衍射明纹坐标公式:$x=(2k+1)\dfrac{\lambda f}{2b}$,可得

$$\lambda=\frac{2bx}{(2k+1)f}(k=1,2,3,\cdots).$$

因为可见光波长取值范围为 400~760 nm:

当$k=1$时,$\lambda=\dfrac{2\times0.5\times10^{-3}\times1.5\times10^{-3}}{3\times1.0}m=500$ nm,满足可见光条件;

当$k=2$时,$\lambda=\dfrac{2\times0.5\times10^{-3}\times1.5\times10^{-3}}{5\times1.0}m=300$ nm,已超出可见光范围;

当$k>2$时,$\lambda<300$ nm,更加不满足可见光波长范围.

综上,入射光波长只能为 500 nm.

(2) 由第一问可知,P 点对应的明纹级数为$k=1$,故为一级明纹.

将$k=1$代入$b\sin\theta=\pm(2k+1)\dfrac{\lambda}{2}$,解得$\theta=\arcsin\dfrac{3\lambda}{2b}\approx0.086°$.

狭缝处半波面可分成的半波带数目为$2k+1=3$.

(3) 中央明纹宽度为

$$l_0=\frac{2\lambda f}{b}=\frac{2\times1.0\times500\times10^{-9}}{0.5\times10^{-3}}\text{m}=2.0\times10^{-3}\text{m}.$$

例 7-5　一束光由自然光与线偏振光混合而成,让它通过一偏振片并将偏振片旋转,发现透射光强发生变化,且最大透射光强为最小透射光强的

5 倍.求入射光中两种光的强度各自所占的比例.

　逻辑推理

　　自然光与线偏振光混合构成部分偏振光.自然光通过偏振片时,无论偏振片的取向如何,出射光强始终为原来的一半;而线偏振光通过偏振片时,出射光强取决于它的偏振化方向与偏振片偏振化方向之间的夹角 α,可由马吕斯定律 $I = I_0 \cos^2 \alpha$ 求得.部分偏振光通过偏振片后的光强,应是其中的自然光和线偏振光分别通过之后的光强之和.当偏振片转动时,自然光的透射光强始终为原来的一半;而线偏振光的透射情况为当 $\alpha = 0°$ 时全部通过;$\alpha = 90°$ 时全部不能通过.由透射光强的比值即可求得原入射光中自然光和线偏振光的比例.

　提纲挈领

　　自然光通过偏振片,出射光强 $I = \dfrac{I_0}{2}$;

　　线偏振光通过偏振片,马吕斯定律 $I = I_0 \cos^2 \alpha$.

　详解过程

　　解　令入射光中自然光光强为 I_1,线偏振光光强为 I_2.

　　$\alpha = 0°$ 时,透射光强最大,$I_{\max} = \dfrac{I_1}{2} + I_2$;

　　$\alpha = 90°$ 时,透射光强最小,$I_{\min} = \dfrac{I_1}{2}$.

　　由题意,知 $\dfrac{I_1}{2} + I_2 = 5 \dfrac{I_1}{2}$,所以有 $\dfrac{I_1}{I_2} = \dfrac{1}{2}$,即自然光占入射光强的 $\dfrac{1}{3}$,线偏振光占 $\dfrac{2}{3}$.

　　例 7 - 6　一束自然光从空气入射到玻璃表面上,当折射角为30°时,反射光是完全偏振光.已知空气折射率为1,求此玻璃板的折射率.

　逻辑推理

　　自然光以布儒斯特角（或称起偏角）入射在界面上时,反射光是完全偏振光,此时 $\tan i_B = \dfrac{n_2}{n_1}$,且 $i_B + \gamma_B = 90°$.由已知条件可求出入射角,从而求玻璃板的折射率.

提纲挈领

布儒斯特定律 $\tan i_B = \dfrac{n_2}{n_1}$,或 $i_B + \gamma_B = 90°$.

详解过程

解　由 $i_B + \gamma_B = 90°$,知 $i_B = 60°$.

令玻璃板的折射率为 n,则有 $\tan i_B = \dfrac{n}{1}$,所以 $n \approx 1.73$.

四、动手动脑

1. 如图 7 - 11 所示,在双缝干涉实验中,若单色光源 S 到两缝 S_1、S_2 的距离相等,则观察屏上中央明条纹位于图中 O 处. 现将光源 S 向下移动到示意图中的 S' 位置,则　　　　　　　　　　　[　　]

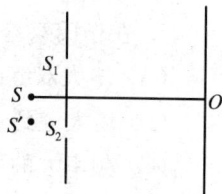

（A）中央明条纹也向下移动,且条纹间距不变

（B）中央明条纹向上移动,且条纹间距不变

（C）中央明条纹向下移动,且条纹间距增大

图 7 - 11

（D）中央明条纹向上移动,且条纹间距增大

2. 在双缝干涉实验中,为使屏上的干涉条纹间距变大,可以采取的办法是　　　　　　　　　　　[　　]

（A）使屏靠近双缝　　　　　　（B）使两缝的间距变小

（C）把两个缝的宽度稍微调窄　（D）改用波长较小的单色光源

3. 如图 7 - 12 所示,折射率为 n_2、厚度为 e 的透明介质薄膜的上方和下方的透明介质的折射率分别为 n_1 和 n_3,已知 $n_1 < n_2 < n_3$. 若用波长为 λ 的单色平行光垂直入射到该薄膜上,则从薄膜上、下两表面反射的光束①与②的光程差是　　　　　[　　]

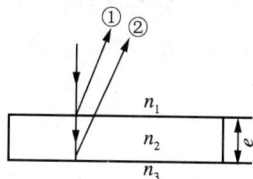

（A）$2n_2 e$

（B）$2n_2 e - \lambda/2$

图 7 - 12

（C）$2n_2 e - \lambda$

（D）$2n_2 e - \lambda/(2n_2)$

4. 在单缝夫琅禾费衍射实验中,波长为 λ 的单色光垂直入射在宽度为 a $=4\lambda$ 的单缝上,对应于衍射角为 30°的方向,单缝处波阵面可分成的半波带数目为　　　　　　　　　　　　　　　　　　　　　　　　　　　　　　[　　]

(A) 2 个　　　　　(B) 4 个　　　　　(C) 6 个　　　　　(D) 8 个

5. 如果两个偏振片堆叠在一起,且偏振化方向之间夹角为 60°,光强为 I_0 的自然光垂直入射在偏振片上,则出射光强为　　　　　　　　　　　　　　　　[　　]

(A) $I_0/8$　　　　　　　　　　　　　(B) $I_0/4$

(C) $3I_0/8$　　　　　　　　　　　　(D) $3I_0/4$

6. 自然光以 60°的入射角照射到不知其折射率的某一透明介质表面时,反射光为线偏振光,则知　　　　　　　　　　　　　　　　　　　　　　　[　　]

(A) 折射光为线偏振光,折射角为 30°

(B) 折射光为部分偏振光,折射角为 30°

(C) 折射光为线偏振光,折射角不能确定

(D) 折射光为部分偏振光,折射角不能确定

7. 在杨氏双缝干涉实验中,正确的叙述是　　　　　　　　　　　　　　[　　]

(A) 增大双缝间距,干涉条纹间距也随之增大

(B) 增大缝到观察屏之间的距离,干涉条纹间距增大

(C) 频率大的可见光产生的干涉条纹间距较大

(D) 将整个实验装置放入水中,干涉条纹间距变大

8. 在双缝干涉实验中,两缝间距离为 d,双缝与屏幕之间的距离为 D $(D\gg d)$. 波长为 λ 的平行单色光垂直照射到双缝上,屏幕上干涉条纹中相邻暗纹之间的距离是　　　　　　　　　　　　　　　　　　　　　　　　　[　　]

(A) $2\lambda D/d$　　　　　　　　　　　(B) $\lambda d/D$

(C) dD/λ　　　　　　　　　　　　(D) $D\lambda/d$

9. 真空中波长为 λ 的单色光,在折射率为 n 的均匀透明介质中,从 A 点沿某一路径传播到 B 点,路径的长度为 l,A、B 两点光振动位相差记为 $\Delta\varphi$. 则与 l 相应的 $\Delta\varphi$ 为　　　　　　　　　　　　　　　　　　　　　　　　　　[　　]

(A) $l=\dfrac{3\lambda}{2},\Delta\varphi=3\pi$　　　　　　　　(B) $l=\dfrac{3\lambda}{2n},\Delta\varphi=3n\pi$

(C) $l=\dfrac{3\lambda}{2n},\Delta\varphi=3\pi$　　　　　　　　(D) $l=\dfrac{3\lambda n}{2},\Delta\varphi=3n\pi$

10. 在如图 7-13 所示的夫琅禾费衍射装置中,将单缝宽度 b 稍稍变窄,同时使会聚透镜 L 沿 y 轴正方向做微小平移(单缝与屏幕位置不动). 则

屏幕 C 上的中央衍射条纹将 [ ]

(A) 变宽,同时向上移动

(B) 变宽,同时向下移动

(C) 变宽,不移动

(D) 变窄,同时向上移动

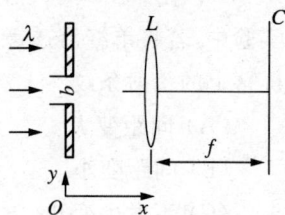

图 7-13

11. 如图 7-14 所示,平行单色光垂直照射到薄膜上,经上下两表面反射的两束光发生干涉,若薄膜的厚度为 e,并且 $n_1 < n_2 > n_3$,λ_1 为入射光在折射率为 n_1 的介质中的波长.则两束反射光在相遇点的相位差为 [ ]

(A) $[2\pi n_2 e/(n_1\lambda_1) + \pi]$

(B) $2\pi n_2 e/(n_1\lambda_1)$

(C) $[4\pi n_2 e/(n_1\lambda_1) + \pi]$

(D) $4\pi n_2 e/(n_1\lambda_1)$

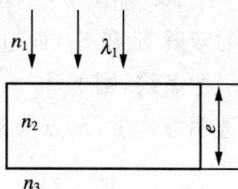

图 7-14

12. 一束自然光自空气射向一块平板玻璃(图 7-15),设入射角等于布儒斯特角 i_0,则在界面 2 的反射光 [ ]

(A) 是自然光

(B) 是线偏振光且光矢量的振动方向垂直于入射面

(C) 是线偏振光且光矢量的振动方向平行于入射面

(D) 是部分偏振光

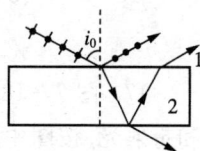

图 7-15

13. 两偏振片堆叠在一起,一束自然光垂直入射其上时没有光线通过.当其中一偏振片慢慢转动 180° 时透射光强度发生的变化为 [ ]

(A) 光强单调增加

(B) 光强先增加,后又减小至零

(C) 光强先增加,后减小,再增加

(D) 光强先增加,然后减小,再增加,再减小至零

14. 两块平板玻璃构成空气劈形膜,左边为棱边,用单色平行光垂直入射.若上面的平板玻璃慢慢地向上平移,则干涉条纹 [ ]

(A) 向棱边方向平移,条纹间隔变小

(B) 向棱边方向平移,条纹间隔变大

(C) 向棱边方向平移,条纹间隔不变

(D) 向远离棱边的方向平移,条纹间隔不变

15. 在如图 7 - 16 所示的单缝夫琅禾费衍射实验中,若将单缝沿透镜光轴方向向透镜平移,则屏幕上的衍射条纹   [   ]

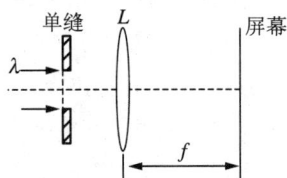

图 7 - 16

（A）间距变大

（B）间距变小

（C）不发生变化

（D）间距不变,但明暗条纹的位置交替变化

16. 如图 7 - 17 所示,在双缝干涉实验中,$SS_1 = SS_2$,用波长为 λ 的光照射双缝 S_1 和 S_2,通过空气后在屏幕 E 上形成干涉条纹.已知 P 点处为第三级明条纹,则 S_1 和 S_2 到 P 点的光程差为 _____.若将整个装置放于某种透明液体中,P 点为第四级明条纹,则该液体的折射率 $n=$ _____.

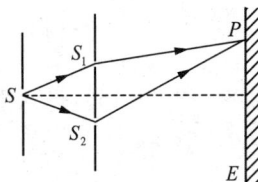

图 7 - 17

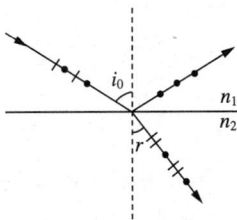

图 7 - 18

17. 图 7 - 18 表示一束自然光入射到两种介质交界平面上产生反射光和折射光.按图中所示的各光的偏振状态,反射光是 _____光;折射光是 _____光;这时的入射角 i_0 称为 _____角.

18. 在双缝干涉实验中,所用光波波长 $\lambda = 546.1$ nm,双缝与屏间的距离 $D = 300$ mm,双缝间距 $d = 0.134$ mm.则中央明条纹两侧的两个第三级明条纹之间的距离为 _____.

19. 一束波长为 $\lambda = 600$ nm 的平行单色光垂直入射到折射率为 $n = 1.33$ 的透明薄膜上,该薄膜是放在空气中的.要使反射光得到最大限度的加强,薄膜最小厚度应为 _____.

20. 惠更斯引入 _____ 的概念提出了惠更斯原理,菲涅耳再用 _____ 的思想补充了惠更斯原理,发展成了惠更斯-菲涅耳原理.

21. 光的偏振现象从实验上证实了光波是 _____波.

22. 用半波带法讨论单缝衍射暗条纹中心的条件时,与中央明条纹旁第二个暗条纹中心相对应的半波带的数目是 _____.

23. 一束自然光从空气投射到玻璃表面上(空气折射率为 1),当折射角为30°时,反射光是完全偏振光,则此玻璃板的折射率等于_____.

24. 薄钢片上有两条紧靠的平行细缝,用波长为 $\lambda = 546.1\ \text{nm}$ 的平面光波正入射到钢片上.屏幕距双缝的距离 $D = 2.00\ \text{m}$,测得中央明条纹两侧的第五级明条纹间的距离为 $\Delta x = 12.0\ \text{mm}$.求:(1) 两缝间的距离;(2) 从任一明条纹(计作 0)向一边数到第 20 条明条纹,共经过多少距离?

25. 波长为 600 nm (1 nm $= 10^{-9}$ m)的单色光垂直入射到宽度为 $a = 0.10\ \text{mm}$ 的单缝上,观察夫琅禾费衍射图样,透镜焦距 $f = 1.0\ \text{m}$,屏在透镜的焦平面处.求:

(1) 中央衍射明条纹的宽度 Δx_0;

(2) 第二级暗纹离透镜焦点的距离 x_2.

26. 有一平面玻璃板放在水中,板面与水面夹角为 θ(图 7 - 19).设水和玻璃的折射率分别为 1.333 和 1.517.欲使图中水面和玻璃板面的反射光都是完全偏振光,θ 角应是多大?

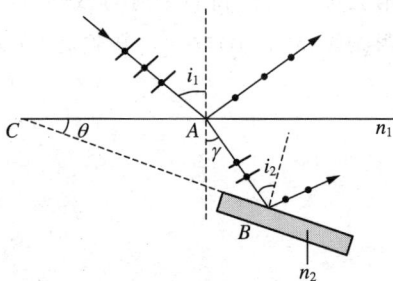

图 7 - 19

五、讨论交流

1. 劈尖干涉实验中,若增加劈尖的角度,干涉条纹间距是增大还是减小?

2. 在牛顿环实验中,从反射光方面去观察时,中心斑是暗的还是明的?为什么?

3. 为什么无线电波可以绕过建筑物衍射,但光波一般不能绕过建筑物衍射?

4. 为什么用偏振材料做成的太阳镜,比用只和吸收效应有关的材料做成的太阳镜更为优越?

5. 怎样使用偏振片分辨自然光、线偏振光和部分偏振光?

第八章　狭义相对论

一、学习基本要求

1. 了解迈克耳逊-莫雷实验.
2. 理解狭义相对论的两条基本原理,掌握洛伦兹变换关系式.
3. 理解伽利略变换关系式及经典力学的绝对时空观.
4. 理解狭义相对论的相对时空观.理解同时的相对性以及长度收缩和时间膨胀的概念.
5. 掌握狭义相对论中质量、动量与速度的关系以及质能关系式.

二、基本概念及基本规律

本章主要介绍了狭义相对论创立的历史背景,在伽利略变换下经典力学遇到的困难.重点介绍了狭义相对论的两个基本原理及高速状态下坐标间的变换关系式——洛仑兹变换式以及在此基础上导出的狭义相对论的时空观,包括同时的相对性以及时间间隔和空间间隔测量的相对性.讨论了狭义相对论中质量、动量与速度的关系,力学的基本方程,质能关系式以及动量和能量的关系.

1. 经典力学的相对性原理

宏观低速物体的力学规律在任何惯性系中形式相同,这就是经典力学的相对性原理.

2. 狭义相对论的两个基本原理

爱因斯坦相对性原理 物理学定律在任何惯性系中都是相同的,也即所有的惯性参考系中对运动的描述都是等效的.

光速不变原理 在所有惯性系中,测得光在真空中的速率都是相同的.

> **说明:**
> (1)爱因斯坦相对性原理是对伽利略相对性原理的推广,从力学规律推广到一切物理规律,否定了绝对静止参考系和绝对速度的存在.
> (2)光速不变原理是对伽利略速度变换式的否定,实际上也就否定了伽利略坐标变换关系式和经典力学的绝对时空观.

3. 伽利略变换式和经典力学的时空观

伽利略坐标变换式和速度变换式如下:

$$
\text{坐标变换式:}
\begin{cases}
x' = x - vt; \\
y' = y; \\
z' = z; \\
t' = t.
\end{cases}
\qquad
\text{速度变换式:}
\begin{cases}
u'_x = u_x - v; \\
u'_y = u_y; \\
u'_z = u_z.
\end{cases}
$$

经典力学的时空观 经典力学的时空观包括绝对时间和绝对空间两个方面.绝对时间是指时间是与物质的运动无关而永恒地、均匀地流逝着,是绝对不变的;绝对空间是指空间与运动无关,空间绝对静止,空间的度量与惯性系无关,绝对不变.

4. 洛伦兹变换式和狭义相对论的时空观

洛伦兹变换式是符合相对论理论的时空变换关系.如图 8-1 所示,S 和 S' 是两个惯性参考系,且 S' 系沿着 Ox 坐标轴以速度 v 相对于 S 系运动,$t = t' = 0$时,两个坐标系的坐标原点重合,t 时刻点 P 在 S 中的坐标为 (x, y, z, t),在 S' 中的坐标为 $(x',$

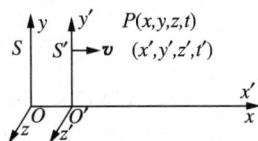

图 8-1

y',z',t'),这两个坐标之间的变换满足如下关系:

正变换(由 S 系变到 S' 系):
$$\begin{cases} x'=\dfrac{x-vt}{\sqrt{1-\beta^2}}=\gamma(x-vt); \\[2mm] y'=y; \\[2mm] z'=z; \\[2mm] t'=\dfrac{t-\dfrac{vx}{c^2}}{\sqrt{1-\beta^2}}=\gamma\left(t-\dfrac{vx}{c^2}\right). \end{cases}$$

逆变换(由 S' 系变到 S 系):
$$\begin{cases} x=\dfrac{x'+vt'}{\sqrt{1-\beta^2}}=\gamma(x'+vt'); \\[2mm] y=y'; \\[2mm] z=z'; \\[2mm] t=\dfrac{t'+\dfrac{vx'}{c^2}}{\sqrt{1-\beta^2}}=\gamma\left(t'+\dfrac{vx'}{c^2}\right). \end{cases}$$

式中 $\beta=\dfrac{v}{c},\gamma=1\Big/\sqrt{1-\dfrac{v^2}{c^2}}$.

说明:

(1) 在洛伦兹变换下,一切物理定律的数学表达式保持不变.

(2) 洛伦兹变换将时间和空间、时空与物质运动联系在一起.

(3) 在低速领域,$v\ll c$,$\gamma\to 1$,洛伦兹变换过渡到伽利略变换.

狭义相对论的时空观包括同时的相对性、时间和空间间隔测量的相对性.

同时的相对性　在一个惯性系中,不同地点同时发生两个事件,在另一个惯性系看来这两个事件未必是同时发生的.

若在 S 系中不同地点 x_1 和 x_2 处同时($t_1=t_2$)发生了两个事件 1 和 2,那么在 S' 系中观测到这两个事件的时间间隔可根据洛伦兹变换关系式得到,即

$$\Delta t'=t'_2-t'_1=\gamma\left[(t_2-t_1)-\frac{v}{c^2}(x_2-x_1)\right].$$

由此可见:(1) 在一个惯性系中同时不同地发生的两事件,在别的惯性系中就不同时发生;(2) 在一个惯性系中同时、同地发生的两件事,在别的惯性系中一定是同时的;(3) 在一个惯性系中既不同时、又不同地发生的两件

事,在另一惯性系中有可能是同时发生的.总之,同时具有相对意义,和惯性系的选取有关.

时间膨胀效应 在相对于事件发生点运动的参照系中,观测过程经历的时间膨胀了,为固有时间的 $\gamma = \dfrac{1}{\sqrt{1-(v/c)^2}}$ 倍,称为时间膨胀效应或钟慢效应.其数学表达式为

$$\tau = \gamma\tau_0.$$

式中:τ 为相对于事件发生点运动的惯性系中测得的时间,称为运动时间;τ_0 为相对于事件发生点静止的惯性系测得的时间,称为固有时间.

注意:必须是在相对于事发点静止的惯性系中同一地点先后发生了两个事件时,以上的时间膨胀公式 $\tau = \gamma\tau_0$ 才适用.

说明:

(1)在相对于事件发生点静止的惯性系中,观测两个事件的时间间隔最短.

(2)钟慢效应是相对论的时空效应,并非机械故障,不能说明哪个时钟是正确的或错误的.

尺缩效应 若一物体的固有长度为 L_0,则相对物体做匀速直线运动的惯性系中测得的长度为固有长度的 $\dfrac{1}{\gamma} = \sqrt{1-\left(\dfrac{v}{c}\right)^2}$ 倍.其数学表达式为

$$L = \gamma^{-1}L_0.$$

式中:L 为相对于被测物运动的惯性系中测得的物长,叫运动长度;L_0 为相对于被测物静止的惯性系中测得的物长,称为固有长度.

说明:

(1)在相对于事件发生点静止的惯性系中,观测物体的长度最长.

(2)物体对观察者向何处运动,观察者观测到在该方向上其长度收缩,垂直于运动方向上物体的长度不变.

5. 相对论性动量和能量

质量与速度的关系:

$$m = \frac{m_0}{\sqrt{1-\left(\dfrac{v}{c}\right)^2}} = \gamma m_0.$$

式中：m 为相对论性质量；m_0 物体相对于惯性系静止时的质量称为静质量；v 为质点相对于某惯性系运动时的速度.

动量与速度的关系：

$$\boldsymbol{P} = \frac{m_0 \boldsymbol{v}}{\sqrt{1 - \left(\dfrac{v}{c}\right)^2}} = \gamma m_0 \boldsymbol{v} = m \boldsymbol{v} \ .$$

相对论动能表达式：

$$E_k = E - E_0 = mc^2 - m_0 c^2 = m_0 c^2 \left[\frac{1}{\sqrt{1 - \left(\dfrac{v}{c}\right)^2}} - 1\right].$$

式中 $E_0 = m_0 c^2$，为物体静止时所具有的能量.

质量与能量的关系：

$$E = mc^2 \ \text{或者} \ \Delta E = (\Delta m)c^2.$$

此式表明物质的质量和能量之间有密切的联系，能量的改变必然导致质量的相应变化.

动量与能量的关系：

$$E^2 = E_0^2 + P^2 c^2.$$

6. 狭义相对论力学的基本方程

$$\boldsymbol{F} = \frac{d\boldsymbol{P}}{dt} = \frac{d}{dt} \left[\frac{m_0 \boldsymbol{v}}{\sqrt{1 - \left(\dfrac{v}{c}\right)}}\right].$$

当 $v \ll c$ 时，$m \rightarrow m_0$，$\boldsymbol{F} = m_0 \boldsymbol{a}$，该式为牛顿第二定律表达式.

三、典型例题精析

例 8-1 1966—1967 年欧洲原子核研究中心（CERN）对 μ 粒子进行了研究. μ 粒子是一种基本粒子，在相对于 μ 粒子静止的参考系中测得其寿命为 $\tau_0 = 2.2 \times 10^{-6}$ s，当其加速到 $v = 0.996\,6c$ 时，测得它漂移了 8 km. 该实验很好地验证了相对论的时间膨胀效应，请解释.

逻辑推理

当 μ 粒子加速到 $v = 0.996\,6c$ 时，须考虑相对论效应. 倘若该实验中没有相对论效应,漂移时间就是粒子的固有寿命 τ_0,可根据公式 $l=v\tau_0$ 算得粒子的漂移距离,并和实验结果进行比较;若考虑相对论效应,则漂移时间可以根据时间膨胀公式进行计算,即 $\tau=\tau_0/\sqrt{1-(v/c)^2}$,进而算出粒子的漂移距离 $l=v\tau$,并和实验结果进行比较.

提纲挈领

时间膨胀公式:$\tau=\tau_0/\sqrt{1-(v/c)^2}$;

位移速度关系式:$l=vt$.

详解过程

解 根据经典时空观,寿命不变,即 μ 粒子的漂移时间为 $t=\tau_0=2.2\times10^{-6}\text{s}$.

故漂移距离为 $l=v\tau_0=0.996\ 6\times3\times10^8\times2.2\times10^{-6}\approx658(\text{m})$.

显然,这个计算结果和实验中测得的漂移距离 8 km 相差甚远.

当 μ 粒子加速到 $v=0.996\ 6c$ 时,若考虑相对论效应,则 μ 粒子的漂移时间为 $\tau=\tau_0/\sqrt{1-(v/c)^2}=(2.2\times10^{-6})/\sqrt{1-0.996\ 6^2}\approx2.67\times10^{-5}(\text{s})$.

故漂移的距离为 $l=v\tau=0.996\ 6\times3\times10^8\times2.67\times10^{-5}\approx8\times10^3(\text{m})$.

考虑相对论效应的情况下,计算结果与实验情况吻合得很好,从而很好地验证了相对论的时间膨胀效应.

例 8-2 一根米尺沿着它的长度方向相对观察者以 $0.6c$ 的速度运动. 米尺通过观察者面前所需时间是多少?

逻辑推理

这是个尺缩效应的问题. 当米尺相对观察者以 $0.6c$ 的速度运动时,须考虑相对论效应,在其运动方向上会发生尺缩效应. 该题中米尺的固有长度 $L_0=1\ \text{m}$,可以根据尺缩效应公式算得其运动长度 L,米尺通过观察者面前所需时间 $\Delta t=\dfrac{L}{v}$.

提纲挈领

尺缩效应:$L=\gamma^{-1}L_0=L_0\sqrt{1-\left(\dfrac{v}{c}\right)^2}$;

时间速度关系式：$\Delta t = \dfrac{L}{v}$.

详解过程

解　依题意，米尺的固有长度 $L_0 = 1$ m. 当其相对于观察者以 $0.6c$ 的速度运动时，运动长度为 $L = L_0\sqrt{1-\left(\dfrac{v}{c}\right)^2} = \sqrt{1-\left(\dfrac{0.6c}{c}\right)^2} = 0.8$（m）.

米尺通过观察者面前所需的时间为 $\Delta t = \dfrac{L}{v} = \dfrac{0.8}{0.6\times3\times10^8} \approx 4.4\times10^{-9}$（s）.

例 8 - 3　氢弹爆炸中核聚变反应的聚变方程是 ${}_1^2\mathrm{H} + {}_1^3\mathrm{H} \rightarrow {}_2^4\mathrm{He} + {}_0^1\mathrm{n}$，各种粒子的静止质量已知，氘核 $m_1 = 3.343\,7\times10^{-27}$ kg，氚核 $m_2 = 5.004\,9\times10^{-27}$ kg，氦核 $m_3 = 6.642\,5\times10^{-27}$ kg，中子 $m_4 = 1.675\,0\times10^{-27}$ kg. 试计算：1 kg 这种核燃料在聚变反应中所释放的能量为多少？

逻辑推理

该题是关于质能关系的问题. 先算出核聚变反应过程中的质量亏损 Δm，根据质能关系式得到反应过程中释放的能量 $\Delta E = \Delta m c^2$，进而算出 1 kg 核燃料在聚变反应中所释放的总能量.

提纲挈领

质能关系式：$\Delta E = \Delta m c^2$.

详解过程

解　核聚变反应过程中的质量亏损为 $\Delta m = (m_1 + m_2) - (m_3 + m_4) = 0.031\,1\times10^{-27}$ kg.

由质能关系式，可知 $\Delta E = \Delta m c^2 = 2.799\times10^{-12}$ J.

故 1 kg 这种核燃料所释放的能量为 $\dfrac{\Delta E}{m_1 + m_2} = \dfrac{2.799\times10^{-12}}{8.348\,6\times10^{-27}} \approx 3.35\times10^{14}$（J/kg）.

例 8 - 4　电子的静止质量 $m_0 = 9.11\times10^{-31}$ kg，光速 $c = 3\times10^8$ m/s. 当电子的运动速率达到 $v = 0.98c$ 时，求：(1) 电子的质量 m 等于多少？(2) 此时电子的动能等于多少？(3) 此时电子的动量等于多少？

逻辑推理

该题是关于相对论性质量、相对论性动能以及相对论性动量的问题，可以直接代入公式计算.

> **提纲挈领**

相对论性质量：$m = \dfrac{m_0}{\sqrt{1-v^2/c^2}}$；

相对论性动能：$E_k = mc^2 - m_0 c^2$；

动量与能量的关系式：$E^2 = E_0^2 + P^2 c^2$.

> **详解过程**

解 （1）由相对论性质量公式，可知

$$m = \frac{m_0}{\sqrt{1-\left(\dfrac{v}{c}\right)^2}} = \frac{9.11 \times 10^{-31}}{\sqrt{1-\left(\dfrac{0.98c}{c}\right)^2}} \approx 4.578 \times 10^{-30} (\text{kg}).$$

（2）由相对论性动能公式，可知

$E_k = mc^2 - m_0 c^2 = (4.578 \times 10^{-30} - 9.11 \times 10^{-31}) \times (3 \times 10^8)^2 \approx 3.30 \times 10^{-13}(\text{J}).$

（3）动量与能量的关系式，可知

$$(mc^2)^2 = (m_0 c^2)^2 + P^2 c^2.$$

因此，$P = \sqrt{m^2 - m_0^2}\, c = \sqrt{(4.578 \times 10^{-30})^2 - (9.11 \times 10^{-31})^2} \times 3 \times 10^8$
$\approx 1.35 \times 10^{-21}(\text{kg} \cdot \text{m} \cdot \text{s}^{-1}).$

四、动手动脑

1. 下列几种说法：

（1）所有惯性系对物理基本规律都是等价的；

（2）在真空中，光的速率与光的频率、光源的运动状态无关；

（3）在任何惯性系中，光在真空中沿任何方向的传播速度都相同.

其中，说法正确的是 [ ]

(A) (1)(2)   (B) (1)(3)

(C) (2)(3)   (D) (1)(2)(3)

2. （1）对某观察者来说，发生在某惯性系中同一地点、同一时刻的两个事件，对于相对该惯性系做匀速直线运动的其他惯性系中的观察者来说，它

们是否同时发生?

(2) 在某惯性系中同一时刻、不同地点的两个事件,它们在其他惯性系中是否同时发生?

关于上述两个问题的正确答案是   [   ]

(A) (1)同时,(2)不同时   (B) (1)不同时,(2)同时

(C) (1)同时,(2)同时   (D) (1)不同时,(2)不同时

3. 边长为 a 的正方形薄板静止于惯性系 S 的 Oxy 平面内,且两边分别与 x、y 轴平行. 今有惯性系 S' 以 $0.6c$(c 为真空中的光速)的速度相对于 S 系沿 x 轴做匀速直线运动,则从 S' 系测得薄板的面积为   [   ]

(A) $0.6a^2$ (B) $0.8a^2$

(C) a^2 (D) $a^2/0.6$

4. 宇宙飞船相对于地面以速度 v 做匀速直线飞行,某一时刻飞船头部的宇航员向飞船尾部发出一个光讯号,经过 Δt(飞船上的钟)时间后,被尾部的接收器收到. 则由此可知,飞船的固有长度为(c 表示真空中的光速) [   ]

(A) $c \cdot \Delta t$ (B) $v \cdot \Delta t$

(C) $\dfrac{c \cdot \Delta t}{\sqrt{1-(v/c)^2}}$ (D) $c \cdot \Delta t \cdot \sqrt{1-(v/c)^2}$

5. 两个惯性系 S 和 S',沿 x 轴方向以 $0.6c$ 的速率做匀速相对运动. 设在 S' 系中某点先后发生两个事件,用静止于该系的钟测出两事件的时间间隔为 τ_0,而用固定在 S 系的钟观测这两个事件的时间间隔为 τ,又在 S' 系 x' 轴上放置一静止于该系、长度为 L_0 的细杆,从 S 系测得此杆的长度为 L. 则

[   ]

(A) $\tau < \tau_0 ; L < L_0$ (B) $\tau < \tau_0 ; L > L_0$

(C) $\tau > \tau_0 ; L > L_0$ (D) $\tau > \tau_0 ; L < L_0$

6. α 粒子在加速器中被加速,当其质量为静止质量的 3 倍时,其动能为静止能量的   [   ]

(A) 2 倍   (B) 3 倍   (C) 4 倍   (D) 5 倍

7. 设某微观粒子的总能量是它的静止能量的 K 倍,则其运动速度的大小为(以 c 表示真空中的光速)   [   ]

(A) $\dfrac{c}{K-1}$ (B) $\dfrac{c}{K}\sqrt{1-K^2}$

(C) $\dfrac{c}{K}\sqrt{K^2-1}$ (D) $\dfrac{c}{K+1}\sqrt{K(K+2)}$

8. 一个电子运动速度 $v = 0.99c$,它的动能是(电子的静止能量为

0.51 MeV)　　　　　　　　　　　　　　　　　　　　　　　　　[　　]

(A) 4.0 MeV　　　　　　　　　　(B) 3.5 MeV

(C) 3.1 MeV　　　　　　　　　　(D) 2.5 MeV

9. 狭义相对论建立的两条基本原理分别是＿＿＿＿＿＿＿和＿＿＿＿

＿＿＿＿＿.

10. 在牛顿力学中,两个坐标系间的变换满足＿＿＿＿＿＿＿,时间、空间和物质运动都是彼此独立的;而在狭义相对论中,两个坐标系间的变换满足＿＿＿＿＿＿＿,将时间、空间和物质运动紧密联系在一起.

11. 真空中的＿＿＿＿＿＿＿是一切运动物体的极限速度.因为一切实物粒子的静止质量均＿＿＿＿＿＿＿(填"等于"或"不等于")零,所以其速度 $u < c$.

12. 狭义相对论确认,时间和空间的测量值都是＿＿＿＿＿＿＿,它们与观察者的＿＿＿＿＿＿＿密切相关.

13. 狭义相对论中,一质点的质量 m 与速度 v 的关系式为＿＿＿＿＿＿＿.

14. 一电子以 $0.99c$ 的速率运动(电子静止质量为 9.11×10^{-31} kg),则电子的总能量是＿＿＿＿＿＿＿J,电子的经典力学的动能与相对论动能之比是＿＿＿＿＿＿＿.

15. 已知电子的静能为 0.51 MeV,若电子的动能为 0.25 MeV,则它所增加的质量 Δm 与静止质量 m_0 的比值近似为＿＿＿＿＿＿＿.

16. 在某地发生两件事,静止位于该地的甲测得时间间隔为 4 s,若相对于甲做匀速直线运动的乙测得时间间隔为 5 s,则乙相对于甲的运动速度是(用真空中光速 c 表示)＿＿＿＿＿＿＿.

17. 一观察者测得一沿米尺长度方向匀速运动着的米尺的长度为 0.5 m.则此米尺以速度 $v =$ ＿＿＿＿＿＿＿m·s^{-1}接近观察者.

18. 一艘宇宙飞船的船身固有长度 $L_0 = 90$ m,相对于地面以 $v = 0.8c$(c 为真空中光速)的匀速度在地面观测站的上空飞过.

(1) 观测站测得飞船的船身通过观测站的时间间隔是多少?

(2) 宇航员测得船身通过观测站的时间间隔是多少?

19. 已知 μ 粒子的静止能量为 105.7 MeV,平均寿命为 2.2×10^{-8} s. 试求动能为 150 MeV 的 μ 粒子的速度 v 是多少? 平均寿命 τ 是多少?

20. 观测者甲、乙分别静止于两个惯性参考系 S 和 S' 中,甲测得在同一地点发生的两事件的时间间隔为 4 s,而乙测得这两个事件的时间间隔为 5 s. 求:

(1) S' 相对于 S 的运动速度.

(2) 乙测得这两个事件发生的地点间的距离.

21. 一宇航员要到离地球为 5 光年的星球去旅行. 如果宇航员希望把这路程缩短为 3 光年,则他所乘的火箭相对于地球的速度是多少?

22. 一物体的速度使其质量增加了 10%. 试问:此物体在运动方向上缩短了百分之几?

五、讨论交流

1. 在惯性系 S 中有两个事件同时发生在不同地点,那么在有相对运动的 S' 惯性系中,这两个事件是否同时发生?

2. 一宇宙飞船以 $0.99c$ 的速度背离地球飞行,飞船上有一立方形的盒子.试讨论:地球上的观察者观测到盒子是否仍然是立方形的? 若不是,观察者观测到的盒子是什么形状?

3. 著名的双生子佯谬实验内容是这样的:有一对双胞胎兄弟明明和亮亮,其中明明坐上以 $0.99c$ 的速率运动的宇宙飞船去太空旅行 1 年,而亮亮则留在地球.根据相对论的时间膨胀公式可以推断:当明明回到地球后,发现他比留在地球上的亮亮更老.同样,亮亮迎接旅行回来的明明时,发现他比旅行回来的明明更年青.请读者自行推断,双生子佯谬错在哪里.

下 篇

第九章 气体动理论

一、学习基本要求

1. 理解平衡态、平衡过程、理想气体等概念,了解气体分子热运动的图像,掌握理想气体物态方程和热力学第零定律.

2. 掌握理想气体的压强公式和温度公式,能从宏观和微观两方面理解压强和温度的统计意义.

3. 理解自由度的概念,掌握能量均分定理,会计算理想气体的内能.

4. 理解麦克斯韦速率分布律、速率分布函数和速率分布曲线的物理意义,掌握气体分子热运动的三种统计速度及其物理意义.

5. 理解气体分子平均碰撞次数和平均自由程的概念和公式.

二、基本概念及基本规律

热运动是构成宏观物体的大量微观粒子的永不休止的无规运动.热运动可以从两方面进行描述,即微观描述和宏观描述.气体动理论是热运动的微观描述方法,着重研究大量数目的热运动的粒子系统,应用模型假设和统计方法揭示宏观现象的本质;而热力学基础是热运动的宏观描述方法,其由实践经验总结出宏观物体热现象的规律,从能量观点出发,分析研究物态变化过程中热功转换的关系和条件.

1. 基本概念

气体的状态参量　气体的宏观状态参量可用气体的压强 p、体积 V 和温度 T 来描述,这三个物理量叫气体的状态参量,又称物态参量.

> **注意:**
>
> 所有可测量的宏观状态参量都是统计平均量,是大量气体分子的平均作用效果,对个别分子谈压强、体积或温度是没有意义的.

平衡态　在不受外界影响的情况下,经过一段时间,热力学系统会达到一种宏观性质不随时间变化的稳定状态,称为平衡态.气体的某个平衡态可以在其 p - V 曲线上用一个点来描述.

理想气体　遵守三个实验定律(玻意耳定律、盖吕萨克定律、查理定律)和阿伏伽德罗定律的气体.

2. 理想气体物态方程

理想气体物态方程给出了理想气体平衡态时各宏观参量间的函数关系,有如下几种常见的表述形式:

(1) $pV = NkT$,其中: $k = 1.38 \times 10^{-23}$ J·K^{-1},为玻耳兹曼常量; N 为气体分子个数.

(2) $pV = \nu RT = \dfrac{m'}{M}RT$,其中: ν 为气体的物质的量; $R = 8.31$ J·mol^{-1}·K^{-1},为摩尔气体常量; m' 为气体质量; M 为气体的摩尔质量;

(3) $p = nkT$,其中 n 为气体分子数密度.

3. 热力学第零定律

热力学第零定律又称热平衡定律.如图 9 - 1 所示,如果物体 A 和 B 分别与处于确定状态的物体 C 达到热平衡状态,那么 A 和 B 之间也处于热平衡.

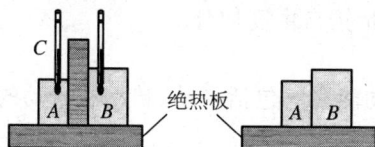

图 9 - 1

4. 理想气体的压强公式和温度公式

理想气体的压强公式 $p = \dfrac{2}{3} n \bar{\varepsilon}_k$，其中 $\bar{\varepsilon}_k = \dfrac{1}{2} m \bar{v}^2$ 为分子平均平动动能.

理想气体的压强公式建立了宏观量和微观量的统计平均值之间的关系，反映了压强作为宏观状态量的统计意义.

理想气体的温度公式 由理想气体压强公式和物态方程导出：

$$\bar{\varepsilon}_k = \frac{1}{2} m \bar{v}^2 = \frac{3}{2} kT,$$

其反映了温度也是宏观量，对个别分子讨论温度没有意义. 相同温度下，各种理想气体的平均平动动能相等.

5. 能量均分定理

自由度 分子能量表达式中独立的速度或坐标的二次方项的数目，用 i 表示. 自由度分为平动自由度 t、转动自由度 r 和振动自由度 v，总自由度 $i = t + r + v$. 表 9-1 为理想气体分子自由度理论值.

表 9-1 理想气体分子自由度理论值

理想气体分子自由度理论值	单原子分子	双原子分子		多原子分子	
		刚性	非刚性	刚性	非刚性
平动自由度 t	3	3	3	3	3
转动自由度 r	0	2	2	3	3
振动自由度 v	0	0	2	0	6
总自由度 i	3	5	7	6	12

能量均分定理 气体处于平衡态时，分子任何一个自由度的平均能量都相等，均为 $\dfrac{kT}{2}$，即能量按自由度均分.

理想气体分子平均能量 包括平动、转动和振动的总能量，$\bar{\varepsilon} = \dfrac{i}{2} kT$.

理想气体的内能 理想气体中所有分子能量之和，$E = \nu N_A \bar{\varepsilon} = \nu \dfrac{i}{2} RT$.

6. 麦克斯韦气体分子速率分布律

速率分布函数　反映理想气体在热平衡时,各速率区间分子数占总分子数的百分比的规律,定义为

$$f(v) = \frac{\mathrm{d}N}{N\mathrm{d}v}.$$

速率分布曲线　$f(v)$ 关于 v 的图线,如图 9-2.ΔN 表示速率在 $v \to v + \Delta v$ 区间内的分子数.$\dfrac{\Delta N}{N} = f(v)\Delta v$,等于图上小矩形面积,表示速率在 $v \to v + \Delta v$ 区间内的分子数占总分子数的百分比,即分子速率位于 $v \to v + \Delta v$ 区间内的概率.

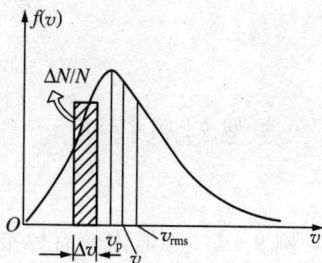

图 9-2

$f(v)$ 表示速率在 v 附近单位速率区间内的概率,即概率密度.

速率分布函数的归一化条件:$\displaystyle\int_0^\infty f(v)\mathrm{d}v = \int_0^N \frac{\mathrm{d}N}{N} = 1.$

麦克斯韦速率分布函数:$f(v) = 4\pi \left(\dfrac{m}{2\pi kT}\right)^{\frac{3}{2}} \mathrm{e}^{-\frac{mv^2}{2kT}} v^2.$

三种统计速率:

（1）**最概然速率 v_p**　概率分布曲线极大值对应的速率值,其物理意义表示速率位于 v_p 附近单位速率区间的分子数最多,常用于分析和比较速率分布曲线:

$$v_p = \sqrt{\frac{2kT}{m}} = \sqrt{\frac{2RT}{M}} \approx 1.41\sqrt{\frac{RT}{M}}.$$

（2）**平均速率 $\bar{v}$**　所有分子速率的算术平均值,常用于处理分子碰撞问题:

$$\bar{v} = \sqrt{\frac{8kT}{\pi m}} = \sqrt{\frac{8RT}{\pi M}} \approx 1.60\sqrt{\frac{RT}{M}}.$$

（3）**方均根速率 $\sqrt{v^2}$ 或 v_{rms}**　所有分子速率平方的平均值的方根,常用于计算分子平均平动动能:

$$v_{rms} = \sqrt{\frac{3kT}{m}} = \sqrt{\frac{3RT}{M}} \approx 1.73\sqrt{\frac{RT}{M}}.$$

三种速率之间的关系为 $v_p < \bar{v} < v_{rms}$.

7. 分子平均碰撞次数和平均自由程

平均碰撞次数 $\overline{Z}$ 单位时间内一个分子和其他分子碰撞的平均次数. $\overline{Z}=\sqrt{2}\pi d^2 \overline{v} n$,其中 d 为分子的有效直径.

平均自由程 $\overline{\lambda}$ 分子在连续两次碰撞之间平均通过的路程:

$$\overline{\lambda}=\frac{\overline{v}}{\overline{Z}}=\frac{1}{\sqrt{2}\pi d^2 n}=\frac{kT}{\sqrt{2}\pi d^2 p}.$$

三、典型例题精析

例 9 - 1 容器内储有标准状态下(1.013×10^5 Pa,273 K)的氮气,若氮气分子的有效直径为 3.28×10^{-10} m. 求:(1)氮气的分子数密度;(2)分子间的平均距离;(3)氮气的密度;(4)分子平均速率;(5)平均碰撞次数和平均自由程.

逻辑推理

本题涉及气体动理论中的若干物理量和公式. 题目已知气体压强和温度,由理想气体物态方程可求出数密度,进而求出分子平均间距和气体密度;分子平均速率由温度和摩尔质量决定,进而可求平均碰撞次数和自由程.

提纲挈领

理想气体物态方程:$p=nkT$,$pV=\dfrac{m'}{M}RT$;密度:$\rho=\dfrac{m'}{V}$;平均速率:$\overline{v}=\sqrt{\dfrac{8RT}{\pi M}}$;平均碰撞次数:$\overline{Z}=\sqrt{2}\pi d^2\overline{v}n$;平均自由程:$\overline{\lambda}=\dfrac{\overline{v}}{\overline{Z}}$.

详解过程

解 (1)由理想气体物态方程 $p=nkT$,可得

$$n=\frac{p}{kT}=\frac{1.013\times10^5}{1.38\times10^{-23}\times273}\approx2.69\times10^{25}(\mathrm{m}^{-3}).$$

(2)1 m³ 空间有 n 个分子,平均每个分子占据的体积为 $1/n$,将此体积

看做立方体.则分子平均间距为

$$a=\frac{1}{\sqrt[3]{n}}=\frac{1}{\sqrt[3]{2.69\times10^{25}}}\approx3.34\times10^{-9}(\mathrm{m}).$$

（3）氮气的摩尔质量 $M=28\times10^{-3}$ kg·mol^{-1}.由物态方程 $pV=\dfrac{m'}{M}RT$,得

$$\rho=\frac{m'}{V}=\frac{pM}{RT}=\frac{1.013\times10^5\times28\times10^{-3}}{8.31\times273}\approx1.25(\mathrm{kg\cdot m^{-3}}).$$

（4）$\bar{v}=\sqrt{\dfrac{8RT}{\pi M}}=\sqrt{\dfrac{8\times8.31\times273}{3.14\times28\times10^{-3}}}\approx454.34(\mathrm{m\cdot s^{-1}}).$

（5）平均碰撞次数为

$$\overline{Z}=\sqrt{2}\pi d^2\bar{v}n\approx1.41\times3.14\times(3.28\times10^{-10})^2\times454.34\times2.69\times10^{25}$$

$$\approx5.82\times10^9\ (\mathrm{s^{-1}});$$

平均自由程为

$$\bar{\lambda}=\frac{\bar{v}}{\overline{Z}}=\frac{454.34}{5.82\times10^9}\approx7.81\times10^{-8}(\mathrm{m}).$$

例 9-2　容积为 0.01 m³ 的容器里有 1×10^{23} 个氧气分子和 4×10^{23} 个氦原子,混合气体的压强是 2.07×10^5 Pa,若气体分子都可以看做刚性理想气体分子.求:(1)混合气体的温度;(2)两种气体分子的平均平动动能;(3)两种气体分子的平均动能;(4)容器内气体的内能.

逻辑推理

已知压强、体积和分子数,由理想气体物态方程可求出温度;分子平均平动动能仅由温度决定,而平均动能由温度和自由度共同决定;容器内气体内能应为所有气体分子动能之和.

提纲挈领

理想气体物态方程: $pV=NkT$;

理想气体温度与平均平动动能的关系: $\bar{\varepsilon}_k=\dfrac{3}{2}kT$;

分子平均动能: $\bar{\varepsilon}=\dfrac{i}{2}kT$;

气体的内能: $E=N\bar{\varepsilon}=N\dfrac{i}{2}kT.$

详解过程

解 (1) 由理想气体物态方程 $pV=NkT$,可得

$$T=\frac{pV}{Nk}=\frac{pV}{(N_1+N_2)k}=\frac{2.07\times10^5\times0.01}{(1\times10^{23}+4\times10^{23})\times1.38\times10^{-23}}=300(\text{K}).$$

(2) 两种气体分子平均平动动能均为

$$\bar{\varepsilon}_k=\frac{3}{2}kT=\frac{3}{2}\times1.38\times10^{-23}\times300=6.21\times10^{-21}(\text{J}).$$

(3) 气体分子平均动能为 $\bar{\varepsilon}=\frac{i}{2}kT.$

氧气是刚性双原子分子,自由度为 5,则

$$\bar{\varepsilon}_1=\frac{5}{2}kT=\frac{5}{2}\times1.38\times10^{-23}\times300=1.035\times10^{-20}(\text{J});$$

氦气是刚性单原子分子,自由度为 3,则

$$\bar{\varepsilon}_2=\frac{3}{2}kT=\frac{3}{2}\times1.38\times10^{-23}\times300=6.21\times10^{-21}(\text{J}).$$

(4) $E=N_1\bar{\varepsilon}_1+N_2\bar{\varepsilon}_2=1\times10^{23}\times1.035\times10^{-20}+4\times10^{23}\times6.21\times10^{-21}$
$=3\,519(\text{J}).$

例 9-3 有 N 个质量均为 m 的同种气体分子,分子的速率分布如图 9-3 所示.

(1) 试说明曲线下方所围面积的含义;(2) 试由 N 和 v_0 求 a 值;(3) 求速率介于 $\frac{v_0}{2}$ 和 $\frac{3v_0}{2}$ 之间的分子数;(4) 求分子的平均平动动能.

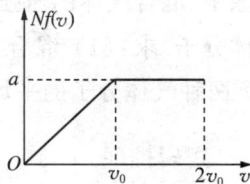

图 9-3

逻辑推理

该题考核了速率分布函数的物理意义和应用.

数学上函数曲线下方所围面积可由该函数对自变量的定积分表示,题中的 $f(v)$ 应为速率分布函数,它需满足归一化条件. 由此可算出该面积的值并分析其含义,进而可待定求得参数 a.

知道参数 a,即可将速率分布函数表示出来. 速率位于某个速率区间内的分子数占总分子数的百分比等于速率分布函数对该速率区间积分;根据速率分布函数可求得方均速率,从而求分子平均平动动能.

提纲挈领

速率分布函数的归一化条件：$\int_0^\infty f(v)\mathrm{d}v = 1$；

速率位于 v 附近宽度为 $\mathrm{d}v$ 的区间中的概率：$\dfrac{\mathrm{d}N}{N} = f(v)\mathrm{d}v$；

速率位于 $v_1 \rightarrow v_2$ 区间内的分子数：$\Delta N = \int_{v_1}^{v_2} Nf(v)\mathrm{d}v$；

方均速率的定义：$\overline{v^2} = \int_0^\infty v^2 f(v)\mathrm{d}v$；

平均平动动能：$\overline{\varepsilon}_k = \dfrac{1}{2}m\overline{v^2}$.

详解过程

解　（1）曲线下方所围面积：$S = \int_0^{2v_0} Nf(v)\mathrm{d}v = N\int_0^{2v_0} f(v)\mathrm{d}v$.

由速率分布函数的归一化条件，知 $\int_0^{2v_0} f(v)\mathrm{d}v = 1$.

故 $S = N$，表示气体中的分子总数.

（2）$S = \dfrac{(v_0 + 2v_0)a}{2} = N$，即 $a = \dfrac{2N}{3v_0}$.

（3）由速率分布函数的定义 $\dfrac{\mathrm{d}N}{N} = f(v)\mathrm{d}v$，可得 $\mathrm{d}N = Nf(v)\mathrm{d}v$.

由题意可知，$Nf(v) = \begin{cases} \dfrac{a}{v_0}v, & 0 \leqslant v < v_0; \\[2mm] a, & v_0 \leqslant v \leqslant 2v_0. \end{cases}$

$\Delta N = \int_{v_0/2}^{3v_0/2} Nf(v)\mathrm{d}v = \int_{v_0/2}^{v_0} \dfrac{a}{v_0}v\mathrm{d}v + \int_{v_0}^{3v_0/2} a\mathrm{d}v = \dfrac{7}{8}av_0 = \dfrac{7}{12}N$.

（4）根据定义，$\overline{v^2} = \int_0^\infty v^2 f(v)\mathrm{d}v = \int_0^{v_0} v^2 \dfrac{av}{Nv_0}\mathrm{d}v + \int_{v_0}^{2v_0} v^2 \dfrac{a}{N}\mathrm{d}v = \dfrac{31av_0^3}{12N}$

$= \dfrac{31v_0^2}{18}$. 故 $\overline{\varepsilon}_k = \dfrac{1}{2}m\overline{v^2} = \dfrac{31}{36}mv_0^2$.

例 9-4　已知两种不同气体（氢气和氧气）在同一温度下的麦克斯韦分子速率分布曲线，如图 9-4 所示.

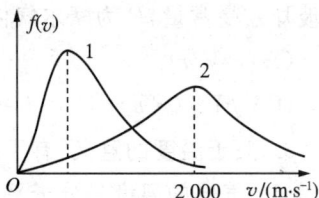

图 9-4

（1）试由图中数据求两种气体的最概然速率；

（2）求气体温度.

逻辑推理

如图所示,曲线 1 对应的最概然速率小于曲线 2,且曲线 2 对应的气体的最概然速率为 $2\,000\ \mathrm{m \cdot s^{-1}}$.由最概然速率的表达式比较,可判断哪根曲线表示氢气,哪根曲线表示氧气,进而求各自的最概然速率和气体温度.

提纲挈领

最概然速率为速率分布函数曲线极值对应的速率:$v_\mathrm{p} = \sqrt{\dfrac{2RT}{M}}$.

详解过程

解　（1）$v_\mathrm{p} = \sqrt{\dfrac{2RT}{M}}$,因为 $M_{\mathrm{H_2}} < M_{\mathrm{O_2}}$,所以 $v_\mathrm{p}^{\mathrm{H_2}} > v_\mathrm{p}^{\mathrm{O_2}}$.

图中 1 表示氧气,2 表示氢气,因此 $v_\mathrm{p}^{\mathrm{H_2}} = 2\,000\ \mathrm{m \cdot s^{-1}}$.

$$\frac{v_\mathrm{p}^{\mathrm{H_2}}}{v_\mathrm{p}^{\mathrm{O_2}}} = \sqrt{\frac{M_{\mathrm{O_2}}}{M_{\mathrm{H_2}}}} = 4, v_\mathrm{p}^{\mathrm{O_2}} = 500\ \mathrm{m \cdot s^{-1}}.$$

（2）$T = \dfrac{v_\mathrm{p}^2 M}{2R}$,代入数据,可得 $T = 481.35\ \mathrm{K}$.

四、动手动脑

1. 一个容器内储有 1 摩尔氢气和 1 摩尔氦气,若两种气体各自对器壁产生的压强分别为 p_1 和 p_2,则两者的大小关系是　　　［　　］

（A）$p_1 > p_2$　　　（B）$p_1 < p_2$　　　（C）$p_1 = p_2$　　　（D）不确定的

2. 若理想气体的体积为 V,压强为 p,温度为 T,一个分子的质量为 m,k 为玻耳兹曼常量,R 为摩尔气体常量.则该理想气体的分子数为　　　［　　］

（A）pV/m　　　　　　　　　　（B）$pV/(kT)$

（C）$pV/(RT)$　　　　　　　　　（D）$pV/(mT)$

3. 关于温度的意义,有下列几种说法:

（1）气体的温度是分子平动动能的量度;

（2）气体的温度是大量气体分子热运动的集体表现,具有统计意义;

(3) 温度的高低反映物质内部分子运动剧烈程度的不同;

(4) 从微观上看,气体的温度表示每个气体分子的冷热程度.

上述说法中,正确的是　　　　　　　　　　　　　　[　　]

(A) (1)(2)(4)　　　　　　　　(B) (1)(2)(3)

(C) (2)(3)(4)　　　　　　　　(D) (1)(3)(4)

4. 两容器内分别盛有氢气和氦气,若它们的温度和质量分别相等,则

　　　　　　　　　　　　　　　　　　　　　　[　　]

(A) 两种气体分子的平均平动动能相等

(B) 两种气体分子的平均动能相等

(C) 两种气体分子的平均速率相等

(D) 两种气体的内能相等

5. 一容器内装有 N_1 个单原子理想气体分子和 N_2 个刚性双原子理想气体分子,当该系统处在温度为 T 的平衡态时,其内能为　　　[　　]

(A) $(N_1+N_2)\left(\dfrac{3}{2}kT+\dfrac{5}{2}kT\right)$

(B) $\dfrac{1}{2}(N_1+N_2)\left(\dfrac{3}{2}kT+\dfrac{5}{2}kT\right)$

(C) $\dfrac{3}{2}N_1kT+\dfrac{5}{2}N_2kT$

(D) $\dfrac{5}{2}N_1kT+\dfrac{3}{2}N_2kT$

6. 温度、压强相同的氦气和氧气,它们分子的平均动能 $\bar{\varepsilon}$ 和平均平动动能 $\bar{\varepsilon}_k$ 的关系是　　　　　　　　　　　　　　　[　　]

(A) $\bar{\varepsilon}$ 和 $\bar{\varepsilon}_k$ 都相等　　　　　(B) $\bar{\varepsilon}$ 相等,而 $\bar{\varepsilon}_k$ 不等

(C) $\bar{\varepsilon}_k$ 相等,而 $\bar{\varepsilon}$ 不相等　　(D) $\bar{\varepsilon}$ 和 $\bar{\varepsilon}_k$ 都不相等

7. 麦克斯韦速率分布曲线如图 9-5 所示,图中 A、B 两部分面积相等,则该图表示　　　　　　　　　　　　　　[　　]

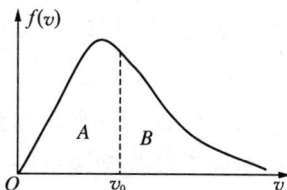

图 9-5

(A) v_0 为最概然速率

(B) v_0 为平均速率

(C) v_0 为方均根速率

(D) 速率大于和小于 v_0 的分子数各占一半

8. 设某种气体分子的速率分布函数为 $f(v)$,则速率在 $v_1 \sim v_2$ 区间内的分子的平均速率为　　　　　　　　　　　　　　　[　　]

(A) $\displaystyle\int_{v_1}^{v_2} v f(v)\,\mathrm{d}v$ 　　　　　　　(B) $\displaystyle\int_{v_1}^{v_2} f(v)\,\mathrm{d}v$

(C) $\displaystyle\int_{v_1}^{v_2} v f(v)\,\mathrm{d}v \Big/ \int_{v_1}^{v_2} f(v)\,\mathrm{d}v$ 　　(D) $\displaystyle\int_{v_1}^{v_2} f(v)\,\mathrm{d}v \Big/ \int_{0}^{\infty} f(v)\,\mathrm{d}v$

9. 下列各图所示的速率分布曲线,两条曲线为同一温度下氮气和氦气的分子速率分布曲线的是　　　　　　　　　　　[　　]

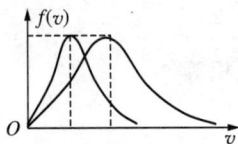 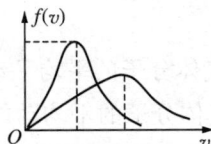

　　　　　　(A)　　　　　　　　　　　(B)

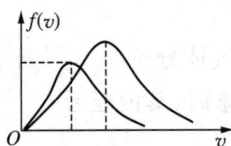 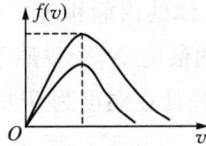

　　　　　　(C)　　　　　　　　　　　(D)

10. 若室内生起炉子后温度从 15 ℃升高到 27 ℃,而室内气压不变,则此时室内的分子数减少了　　　　　　　　　　　　　[　　]

　　(A) 0.5%　　　　(B) 4%　　　　(C) 9%　　　　(D) 21%

11. 一定量的理想气体储于某一容器中,温度为 T,气体分子的质量为 m. 根据理想气体的分子模型和统计假设,分子速度在 x 方向的分量平方的平均值为　　　　　　　　　　　　　　[　　]

(A) $\overline{v_x^2} = \sqrt{\dfrac{3kT}{m}}$ 　　　　　　(B) $\overline{v_x^2} = \dfrac{1}{3}\sqrt{\dfrac{3kT}{m}}$

(C) $\overline{v_x^2} = 3kT/m$ 　　　　　　(D) $\overline{v_x^2} = kT/m$

12. 在标准状态下,若氧气(视为刚性双原子分子的理想气体)和氦气的体积比 $V_1/V_2 = 1/2$,则其内能之比 E_1/E_2 为　　　　　[　　]

　　(A) 3/10　　　　(B) 1/2　　　　(C) 5/6　　　　(D) 5/3

13. 设图 9-6 所示的两条曲线分别表示在相同温度下氧气和氢气分子的速率分布曲线;令 $(v_{\mathrm{p}})_{\mathrm{O}_2}$ 和 $(v_{\mathrm{p}})_{\mathrm{H}_2}$ 分别表示氧气和氢气的最概然速率,则　　　　　[　　]

　　(A) 图中 a 表示氧气分子的速率分布曲线;$(v_{\mathrm{p}})_{\mathrm{O}_2}/(v_{\mathrm{p}})_{\mathrm{H}_2} = 4$

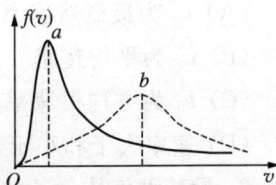

图 9-6

(B) 图中 a 表示氧气分子的速率分布曲线;$(v_p)_{O_2}/(v_p)_{H_2}=1/4$

(C) 图中 b 表示氧气分子的速率分布曲线;$(v_p)_{O_2}/(v_p)_{H_2}=1/4$

(D) 图中 b 表示氧气分子的速率分布曲线;$(v_p)_{O_2}/(v_p)_{H_2}=4$

14. 某理想气体在温度为 27 ℃和压强为 1.0×10^{-2} atm 的情况下,密度为 11.3 g/m^3,则这气体的摩尔质量 $M_{mol}=$ _____.

15. 若某种理想气体分子的方均根速率 $\sqrt{\overline{v^2}}=450$ m·s^{-1},气体压强为 $p=7\times10^4$ Pa,则该气体的密度 $\rho=$ _____.

16. 某容器内分子数密度为 10^{26} m^{-3},每个分子的质量为 3×10^{-27} kg,设其中 1/6 分子数以速率 $v=200$ m·s^{-1} 垂直地向容器的一壁运动,而其余 5/6 分子或者离开此壁、或者平行此壁方向运动,且分子与容器壁的碰撞为完全弹性.则

(1) 每个分子作用于器壁的冲量 $\Delta P=$ _____;

(2) 每秒碰在器壁单位面积上的分子数 $n_0=$ _____;

(3) 作用在器壁上的压强 $p=$ _____.

17. 容积为 10 L 的盒子以速率 $v=200$ m·s^{-1} 匀速运动,容器中充有质量为 50 g、温度为18 ℃的氢气,设盒子突然停止,全部定向运动的动能都变为气体分子热运动的动能,容器与外界没有热量交换.则达到热平衡后,氢气的温度增加了 _____;氢气的压强增加了 _____.(氢气分子可视为刚性分子)

18. 在容积为 10^{-2} m^3 的容器中,装有质量 100 g 的气体,若气体分子的方均根速率为 200 m/s.则气体的压强为 _____.

19. 对于处在平衡态下温度为 T 的理想气体,$\frac{1}{2}kT$(k 为玻耳兹曼常量)的物理意义是 _____.

20. 自由度为 i 的一定量刚性分子理想气体,当其体积为 V、压强为 p 时,其内能 $E=$ _____.

21. 1 mol 氧气(视为刚性双原子分子的理想气体)储于一氧气瓶中,温度为 27 ℃.这瓶氧气的内能为 _____ J;分子的平均平动动能为 _____ J;分子的平均总动能为 _____ J.

22. 图 9-7 所示曲线为处于同一温度 T 时氦(原子量 4)、氖(原子量 20)和氩(原子量 40)三种气体分子的速率分布曲线.其中:曲线(a)是 _____ 气分子的速率分布曲线;曲线(c)是 _____ 气分子的速率分布曲线.

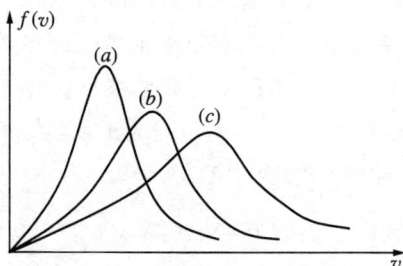

图 9-7

23. 2 g 氢气与 2 g 氦气分别装在两个容积相同的封闭容器内,温度也相同.(氢气分子视为刚性双原子分子)

(1) 氢气分子与氦气分子的平均平动动能之比 $(\bar{\varepsilon}_k)_{H_2} / (\bar{\varepsilon}_k)_{He} = $ _____.

(2) 氢气与氦气压强之比 $p_{H_2} / p_{He} = $ _____.

(3) 氢气与氦气内能之比 $E_{H_2} / E_{He} = $ _____.

24. 一瓶氢气和一瓶氧气温度相同,若氢气分子的平均平动动能为 $\bar{\varepsilon}_k = 6.21 \times 10^{-21}$ J.试求:

(1) 氧气分子的平均平动动能和方均根速率.

(2) 氧气的温度.

25. 当氢气和氦气的压强、体积和温度都相等时,求它们的质量比 $\dfrac{m(H_2)}{m(He)}$ 和内能比 $\dfrac{E(H_2)}{E(He)}$.(将氢气视为刚性双原子分子气体)

五、讨论交流

1. 为什么湖水从表面开始冻结？

2. 因为高山上水在较低的温度下就沸腾，所以要在高山上"煮熟"鸡蛋是困难的．试问：有何简单可行的方法来克服这一困难？

3. 可不可以说一个分子的温度或者压强是多少？为什么？

4. 若气体分子的自由度是 i，能否说每个分子的能量都为 $ikT/2$？

5. 气体分子的平均速率可达到几百米每秒，但为什么在房间内打开一瓶香水，需过一段时间才能闻到香水的气味？

第十章　热力学基础

一、学习基本要求

1. 理解准静态过程、内能、功和热量等概念.

2. 掌握热力学第一定律,理解理想气体的摩尔定体热容、摩尔定压热容的定义和意义,能分析和计算理想气体在等体、等压、等温和绝热等过程中的功、热量和内能的变化.

3. 理解循环过程及其功能转换关系,会计算卡诺循环和其他简单循环的效率.

4. 了解可逆过程和不可逆过程,理解热力学第二定律的表述和本质,了解卡诺定理和熵增加原理.

二、基本概念及基本规律

（一）基本概念

准静态过程　热力学系统从一个平衡态到另一个平衡态,之间所经过的每一个中间状态均可近似当作平衡态的过程.气体准静态过程可用 p-V 图线上的一条曲线表示.一般大学物理中讨论的热力学过程均为准静态过程.

气体的功 气体由于体积变化所做的功.对于准静态过程,$W = \int_{V_1}^{V_2} p\,dV$.

气体膨胀时对外界做功或称做正功,气体被压缩时外界对系统做功或称做负功.一段过程中气体做的功等于 p-V 曲线下方所围的面积(如图 10-1).功是过程量,与过程有关.

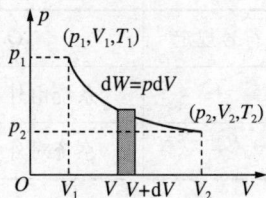

图 10-1

热量 系统与外界之间由于存在温度差而传递的能量.热量是热传递过程中传递能量的量度.热量的传递具有方向性,总是由高温物体传给低温物体.热量也是过程量,与过程有关.

内能 系统内部所有微观粒子的一切运动形式所具有的能量总和.内能是状态量,是系统状态的单值函数,理想气体的内能是温度的单值函数.内能的变化只由始末状态决定,与过程无关.

摩尔热容 1 mol 理想气体温度升高 1 K 所吸收的热量.

摩尔定体热容:$C_{V,\mathrm{m}} = \dfrac{dQ_V}{dT} = \dfrac{i}{2}R$.

对于所有过程均有 $dE = \nu C_{V,\mathrm{m}}\,dT$,$\Delta E = \nu C_{V,\mathrm{m}}(T_2 - T_1)$.

摩尔定压热容:$C_{p,\mathrm{m}} = \dfrac{dQ_p}{dT} = \dfrac{i+2}{2}R$.

摩尔定体热容与摩尔定压热容之间的关系为 $C_{p,\mathrm{m}} - C_{V,\mathrm{m}} = R$.

摩尔热容比:$\gamma = \dfrac{C_{p,\mathrm{m}}}{C_{V,\mathrm{m}}} = \dfrac{i+2}{i}$.

可逆过程和不可逆过程

可逆过程:在系统状态变化过程中,如果逆过程能重复正过程的每一个状态,而且不引起其他变化,这样的过程称可逆过程.

不可逆过程:在不引起其他变化的条件下,不可能使逆过程重复正过程的每一个状态,或者虽然重复但必然会引起其他变化的过程称不可逆过程.

(二)基本定律和定理

1. 基本定律

热力学第一定律 给出系统状态变化过程中功、热量和内能改变量之间的关系,系统从外界吸收的热量,一部分用于提升系统的内能,另一部分用于对外做功,即:$Q=\Delta E+W$. 式中各物理量正负号的规定如表 10-1.

表 10-1　Q、ΔE、W 三物量的符号规定

符号规定	Q	ΔE	W
＋	系统由外界吸热	系统内能增加	系统对外界做功
－	系统对外界放热	系统内能减少	外界对系统做功

　　热力学第一定律也可表述为:第一类永动机是不能制成的.

　　热力学第二定律　有两种表述.

　　开尔文表述　不可能制造出这样一种循环工作的热机,它只使单一热源冷却来做功,而不放出热量给其他物体,或者不使外界发生任何变化. 也可表述为,第二类永动机不可能制成.

　　克劳修斯表述　热量不可能从低温物体自动传到高温物体而不引起外界的变化. 克劳修斯表述揭示了热量传递的方向性.

　　两种表述是彼此等价的. 热力学第二定律的本质在于指明一切与热现象有关的实际宏观过程都是不可逆过程.

2. 定理

　　(1) 卡诺定理

　　① 工作在相同的高温热源和低温热源之间的任意工作物质的可逆机,都具有相同的效率.

　　② 工作在相同的高温热源和低温热源之间的一切不可逆机的效率都不可能大于可逆机的效率.

　　(2) 熵增加原理

　　熵是为了判断孤立系统中过程进行的方向而引入的系统状态的单值函数,用 S 表示.

　　系统由初状态 1 变为末状态 2,其熵的变化为 1、2 之间任一可逆过程热温比的积分,即:$\Delta S = S_2 - S_1 = \int_1^2 \dfrac{\mathrm{d}Q}{T}$.

　　熵增加原理　孤立系统内进行的可逆过程,其熵不变;而孤立系统内进行的不可逆过程,其熵要增加. 或者说孤立系统中的熵永远不会减少,即 $\Delta S \geqslant 0$.

（三）理想气体的过程

1. 各等值过程

常用的理想气体的等值过程有等体过程、等压过程、等温过程和绝热过程,各过程的基本特征和各物理量的表达式的总结如表 10 - 2.

表 10 - 2　常用理想气体各等值过程的基本特征和各物理量的表达式

过程	特征	过程方程	系统做功 W	内能增量 ΔE	系统吸热 Q	p - V 图
等体	$V=$ 恒量	$\dfrac{P}{T}=$ 恒量	0	$\nu C_{V,\mathrm{m}}(T_2-T_1)$	$\nu C_{V,\mathrm{m}}(T_2-T_1)$	
等压	$p=$ 恒量	$\dfrac{V}{T}=$ 恒量	$p(V_2-V_1)$ 或 $\nu R(T_2-T_1)$	$\nu C_{V,\mathrm{m}}(T_2-T_1)$	$\nu C_{p,\mathrm{m}}(T_2-T_1)$	
等温	$T=$ 恒量	$pV=$ 恒量	$\nu RT\ln\dfrac{V_2}{V_1}$ 或 $\nu RT\ln\dfrac{p_1}{p_2}$	0	$\nu RT\ln\dfrac{V_2}{V_1}$ 或 $\nu RT\ln\dfrac{p_1}{p_2}$	
绝热	$Q=0$	$pV^{\gamma}=$ 恒量 $V^{\gamma-1}T=$ 恒量 $p^{\gamma-1}T^{-\gamma}=$ 恒量	$\dfrac{p_1V_1-p_2V_2}{\gamma-1}$ 或 $\nu C_{V,\mathrm{m}}(T_2-T_1)$	$\nu C_{V,\mathrm{m}}(T_2-T_1)$	0	

2. 循环过程

系统经过一系列变化后,又回到原来状态的过程叫循环过程. 循环过程的重要特征是内能变化为零.

（1）循环过程的分类

根据过程进行的方向可把循环分为两类: p - V 图上按顺时针方向进行的循环叫正循环,相应的工作系统称为热机,它的作用是将热量持续转化为功; p - V 图上按逆时针方向进行的循环叫逆循环,相应的工作系统称为制冷机,它的作用是通过外界做功来使热量由低温物体处流向高温物体处.

（2）循环过程的效率

热机的效率：$\eta = \dfrac{W}{Q_1} = 1 - \dfrac{Q_2}{Q_1}$；制冷机的制冷系数：$e = \dfrac{Q_2}{|W|} = \dfrac{Q_2}{Q_1 - Q_2}$.

（3）卡诺循环

卡诺循环由两个等温过程和两个绝热过程组成，对工作物质没有要求．卡诺循环给出了工作在两个给定温度的热源下的循环系统效率的理论极限值．

卡诺热机的效率：$\eta = 1 - \dfrac{T_2}{T_1}$；卡诺制冷机的制冷系数：$e = \dfrac{T_2}{T_1 - T_2}$.

三、典型例题精析

例 10 - 1　如图 10 - 2 所示，一定量的理想气体经历 acb 过程时吸热 500 J．求其经历 acb-da 过程时吸收的热量．

逻辑推理

$acbda$ 过程为循环过程，经历该过程，系统内能变化为 0，根据热力学第一定律，整个过程吸收的热量等于对外做的功．$acbda$ 过程做的

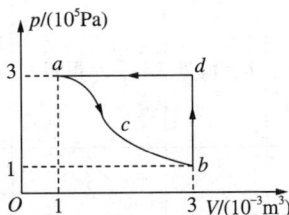

图 10 - 2

功应为 acb 过程、bd 过程和 da 过程做功之和，其中 bd 是等体过程不做功，da 是等压压缩过程，做功由图上面积容易求得．所以，只要求出 acb 过程做的功，本题即可得解．再对 acb 过程运用热力学第一定律，已知该过程吸热值，分析内能变化情况可求出做功值．

提纲挈领

热力学第一定律：$Q = \Delta E + W$；

理想气体物态方程：$pV = \nu RT$.

详解过程

解　考虑 acb 过程，根据热力学第一定律，得 $W_{acb} = Q_{acb} - \Delta E_{ba}$.

由图上可看出，$p_a = 3 \times 10^5$ Pa，$V_a = 1 \times 10^{-3}$ m³；$p_b = 1 \times 10^5$ Pa，$V_b = 3 \times 10^{-3}$ m³．

所以，有 $p_aV_a=p_bV_b$.

根据理想气体物态方程 $pV=\nu RT$，可得出 $T_a=T_b$.

因为理想气体的内能是温度的单值函数，所以 $\Delta E_{ab}=E_b-E_a=0$. 故 $W_{acb}=Q_{acb}=500$ J.

考虑 $acbda$ 过程，根据热力学第一定律，得

$$Q_{acbda}=W_{acbda}=W_{acb}+W_{bd}+W_{da}=500+0-3\times10^5\times2\times10^{-3}=-100(\text{J}).$$

例 10-2　压强为 1.013×10^5 Pa、体积为 1×10^{-3} m³ 的氧气从 0 ℃加热到 80 ℃. 若：(1) 保持压强不变；(2) 保持体积不变. 求两个过程各自吸收的热量和所做的功.

逻辑推理

该题讨论的是等体和等压过程中的热功能之间的关系. 氧气分子可看做刚性双原子分子，其自由度为 5. 根据定体摩尔热容和定压摩尔热容，可以求出两过程分别的吸热值，再结合热力学第一定律可求出做功值.

提纲挈领

热力学第一定律：$Q=\Delta E+W$；

理想气体物态方程：$pV=\nu RT$；

摩尔定体热容：$C_{V,\text{m}}=\dfrac{\text{d}Q_V}{\text{d}T}=\dfrac{i}{2}R$.

摩尔定压热容 $C_{p,\text{m}}=\dfrac{\text{d}Q_p}{\text{d}T}=\dfrac{i+2}{2}R$.

详解过程

解　根据理想气体物态方程 $pV=\nu RT$，可得

$$\nu=\frac{pV}{RT}=\frac{1.013\times10^5\times1\times10^{-3}}{8.31\times273}\approx4.47\times10^{-2}(\text{mol}).$$

(1) 等压过程：$Q_p=\nu C_{p,\text{m}}\Delta T=\nu\dfrac{7}{2}R\Delta T=4.47\times10^{-2}\times\dfrac{7}{2}\times8.31\times80\approx104.01(\text{J})$；

$$W_p=p\Delta V=\nu R\Delta T=4.47\times10^{-2}\times8.31\times80\approx29.72(\text{J}).$$

(2) 等体过程：$Q_V=\nu C_{V,\text{m}}\Delta T=\nu\dfrac{5}{2}R\Delta T=4.47\times10^{-2}\times\dfrac{5}{2}\times8.31\times80\approx74.29(\text{J})$；

$W_p=0$.

例 10-3 一定量的理想气体,在 p-T 图上经历如图 10-3(a)所示的循环过程 $abcda$,其中 ab、cd 为两个绝热过程.求该循环过程的效率.

逻辑推理

需注意该题给的过程曲线为 p-T 图线,可将其转化为 p-V 图线讨论.由图线可以看出,bc 和 da 分别是温度为 400 K 和 300 K 的等温过程,所以该理想气体的循环过程由两个绝热过程和两个等温过程构成,其 p-V 图线如图 10-3(b)所示,该循环实际上是一个卡诺正循环,可直接由卡诺热机的效率公式求出该循环的效率.

提纲挈领

卡诺热机效率:$\eta=1-\dfrac{T_2}{T_1}$.

详解过程

解 将该循环过程的 p-T 图线转化为 p-V 图线,如图 10-3(b)所示.

该循环为卡诺正循环,效率为

$$\eta=1-\frac{T_2}{T_1}=1-\frac{300}{400}=25\%.$$

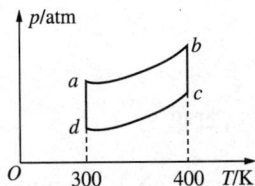

图 10-3(a)

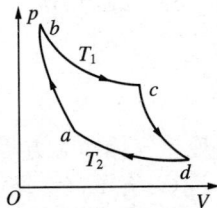

图 10-3(b)

例 10-4 0.32 kg 的氧气做如图 10-4 所示的 $ABCDA$ 循环,已知 $V_2=2V_1$,$T_1=300$ K,$T_2=200$ K.求该循环的效率.

逻辑推理

该循环为正循环,循环效率可根据热机效率定义 $\eta=\dfrac{W}{Q}$ 来求,只需求出循环过程中系统做的净功以及系统吸收的总热量,即可求出效率.需注意的是,系统做的总功为四个过程做功之和;而吸热量只针对吸热过程进行计算,该题中只有 AB 和 DA 两过程是吸热的,所以 $Q=Q_{AB}+Q_{DA}$.

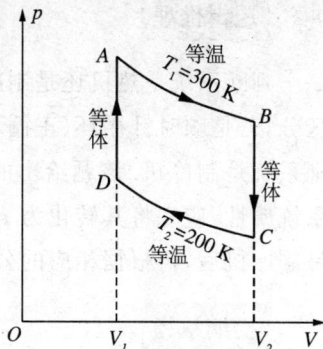

图 10-4

提纲挈领

热机效率:$\eta=\dfrac{W}{Q}$;

等温过程:$W=Q=\nu RT\ln\dfrac{V_2}{V_1}$;

等体过程:$W=0,Q=\Delta E=\nu C_{V,m}\Delta T$.

详解过程

解　氧气物质的量为 $\nu=\dfrac{m'}{M}=\dfrac{0.32}{32\times10^{-3}}=10(\mathrm{mol})$.

因为 BC 和 DA 是等体过程,系统不做功,所以循环过程中系统的总功为

$$W=W_{AB}+W_{CD}=\nu RT_1\ln\frac{V_2}{V_1}+\nu RT_2\ln\frac{V_1}{V_2}=5.76\times10^3(\mathrm{J}).$$

由于只有 AB 和 DA 过程是吸热的,所以

$$Q=Q_{AB}+Q_{DA}=\nu RT_1\ln\frac{V_2}{V_1}+\nu\frac{5}{2}R(T_1-T_2)=38.10\times10^3(\mathrm{J}).$$

循环效率为 $\eta=\dfrac{W}{Q}\approx15.1\%$.

例 10-5　图 10-5(a)为某单原子理想气体循环过程的 V-T 曲线,图中 $V_C=2V_A$.

(1)该循环对应的工作系统是热机还是制冷机?

(2)求该循环的效率.

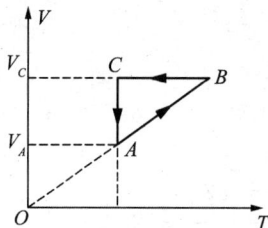

图 10-5(a)

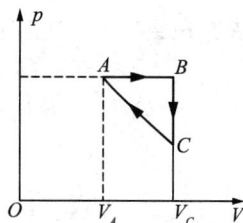

图 10-5(b)

逻辑推理

判断系统是热机还是制冷机,应以循环过程的 p-V 图线的进行方向来区分,若是顺时针循环(正循环),则系统是热机;若是逆时针循环(逆循环),则系统是制冷机.该题给出的是 V-T 图线,不能直接根据其循环方向判断系统属性,应先将其转化为 p-V 图线,如图 10-5(b)所示.判断出是热机还是制冷机后,再根据相应的公式计算循环效率.

提纲挈领

热机的效率:$\eta = \dfrac{W}{Q_1} = 1 - \dfrac{Q_2}{Q_1}$;

制冷机的制冷系数:$e = \dfrac{Q_2}{|W|} = \dfrac{Q_2}{Q_1 - Q_2}$.

详解过程

解 (1) 由 V-T 图线可知,AB 过程 V、T 成正比,应为等压膨胀过程,BC 为等体降温过程,CA 为等温压缩过程,该过程的 p-V 图线如图 10-5(b)所示.由于图中曲线进行方向是顺时针方向,所以该循环为正循环,对应的系统应为热机.

(2) 分析可知,AB 为吸热过程,BC、CA 为放热过程.

令 $T_B = T_1$,$T_A = T_C = T_2$.由 AB 过程 $\dfrac{V}{T}$ = 常量,知 $\dfrac{V_A}{V_C} = \dfrac{T_2}{T_1}$,所以有 $T_1 = 2T_2$.

$$Q_1 = Q_{AB} = \nu C_{p,m}(T_1 - T_2) = \frac{5}{2}\nu R T_2;$$

$$Q_{BC} = \nu C_{V,m}(T_2 - T_1) = -\frac{3}{2}\nu R T_2;$$

$$Q_{CA} = \nu R T_2 \ln \frac{V_A}{V_C} = -\nu R T_2 \ln 2;$$

$$Q_2 = |Q_{BC}| + |Q_{CA}| = \nu R T_2 \left(\frac{3}{2} + \ln 2 \right).$$

循环效率为 $\eta = 1 - \dfrac{Q_2}{Q_1} = 1 - \dfrac{\nu R T_2 \left(\dfrac{3}{2} + \ln 2 \right)}{\dfrac{5}{2}\nu R T_2} \approx 12.3\%.$

四、动手动脑

1. 图 10－6(a～c)各表示连接在一起的两个循环过程,其中图(c)是两个半径相等的圆构成的两个循环过程,图(a,b)则为半径不等的两个圆. 那么　　　　　　　　　　　　　　　　　　　　　　　　　[　　]

(A) 图(a)总净功为负,图(b)总净功为正,图(c)总净功为零

(B) 图(a)总净功为负,图(b)总净功为负,图(c)总净功为正

(C) 图(a)总净功为负,图(b)总净功为负,图(c)总净功为零

(D) 图(a)总净功为正,图(b)总净功为正,图(c)总净功为负

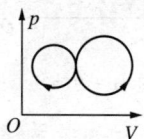
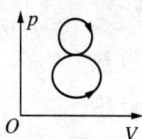
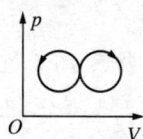

图 10－6(a)　　　图 10－6(b)　　　图 10－6(c)

2. 如图 10－7 所示,一定量理想气体从体积 V_1 膨胀到体积 V_2 分别经历的过程是:$A{\to}B$ 等压过程,$A{\to}C$ 等温过程;$A{\to}D$ 绝热过程. 其中,吸热量最多的过程　　　　　　　　　　　　　　　　　　　　　[　　]

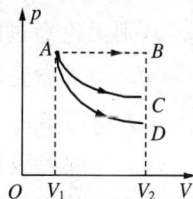

(A) 是 $A{\to}B$

(B) 是 $A{\to}C$

(C) 是 $A{\to}D$

图 10－7

(D) 既是 $A{\to}B$ 也是 $A{\to}C$,两过程吸热一样多

3. 关于可逆过程和不可逆过程的判断:

(1) 可逆热力学过程一定是准静态过程;

(2) 准静态过程一定是可逆过程;

(3) 不可逆过程就是不能向相反方向进行的过程;

(4) 凡有摩擦的过程,一定是不可逆过程.

以上四种判断,其中正确的是　　　　　　　　　　　　[　　]

(A) (1)(2)(3)　　　　　　　　(B) (1)(2)(4)

(C) (2)(4)　　　　　　　　　　(D) (1)(4)

4. 如图 10-8 所示,一定量的理想气体,从 p-V 图上初态 a 经历(1)或(2)过程到达末态 b,已知 a、b 两态处于同一条绝热线上(图中虚线是绝热线).则气体在　　　　[　　]

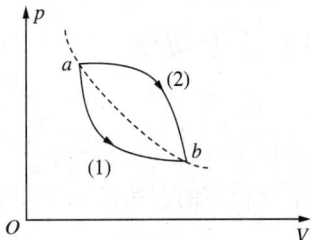

(A) (1)过程中吸热,(2)过程中放热

(B) (1)过程中放热,(2)过程中吸热

(C) 两种过程中都吸热

(D) 两种过程中都放热

图 10-8

5. 一定量的理想气体,分别经历如图 10-9(a)所示的 abc 过程(图中虚线 ac 为等温线)和图 10-9(b)所示的 def 过程(图中虚线 df 为绝热线). 判断这两过程是吸热还是放热　　　　[　　]

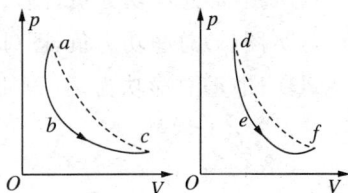

(A) abc 过程吸热,def 过程放热

图 10-9(a)　　　图 10-9(b)

(B) abc 过程放热,def 过程吸热

(C) abc 过程和 def 过程都吸热

(D) abc 过程和 def 过程都放热

6. 如图 10-10,一定量的理想气体由平衡状态 A 变到平衡状态 B($p_A = p_B$),则无论经过的是什么过程,系统必然　　　　[　　]

(A) 对外做正功

(B) 内能增加

(C) 从外界吸热

(D) 向外界放热

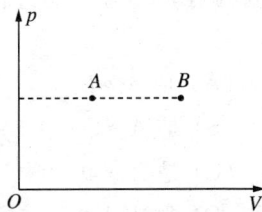

7. 用下列两种方法:(1) 使高温热源的温度 T_1 升高 ΔT,(2) 使低温热源的温度 T_2 降低同样的 ΔT 值,分别可使卡诺循环的效率升高 $\Delta \eta_1$ 和 $\Delta \eta_2$,两者相比　　　　[　　]

图 10-10

(A) $\Delta \eta_1 > \Delta \eta_2$

(B) $\Delta \eta_2 > \Delta \eta_1$

(C) $\Delta \eta_1 = \Delta \eta_2$

(D) 无法确定哪个大

8. 一定量某理想气体所经历的循环过程是:从初态(V_0, T_0)开始,先经绝热膨胀使其体积增大 1 倍,再经等容升温回复到初态温度 T_0,最后经等温过程使其体积回复为 V_0.则气体在此循环过程中　　　　[　　]

(A) 对外做的净功为正值

(B) 对外做的净功为负值

(C) 内能增加了　　　　　　　(D) 从外界净吸收的热量为正值

9. 理想气体卡诺循环过程的两条绝热线下的面积大小(如图 10-11)分别为 S_1 和 S_2,则两者的大小关系是　　　　[　　]

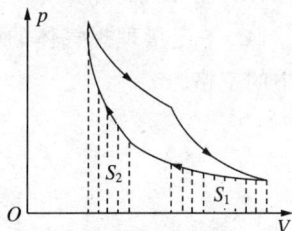

图 10-11

(A) $S_1 > S_2$

(B) $S_1 = S_2$

(C) $S_1 < S_2$

(D) 无法确定

10. 根据热力学第二定律可知　　[　　]

(A) 功可以全部转换为热,但热不能全部转换为功

(B) 热可以从高温物体传到低温物体,但不能从低温物体传到高温物体

(C) 不可逆过程就是不能向相反方向进行的过程

(D) 一切自发过程都是不可逆的

11. 如图 10-12 所示的两过程 $a \rightarrow b, a' \rightarrow c \rightarrow b$,则两过程 Q_1 和 Q_2 的关系为　　[　　]

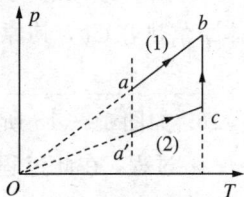

图 10-12

(A) $Q_1 < 0, Q_1 > Q_2$

(B) $Q_1 > 0, Q_1 > Q_2$

(C) $Q_1 < 0, Q_1 < Q_2$

(D) $Q_1 > 0, Q_1 < Q_2$

12. 如图所示的四个假想的循环过程,可行的是　　　　[　　]

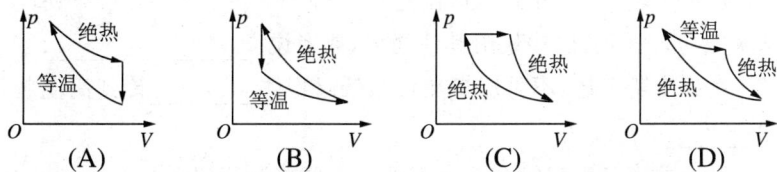

(A)　　　　(B)　　　　(C)　　　　(D)

13. 图 10-13 中两卡诺循环的效率 η_1 和 η_2 可能的关系是　　[　　]

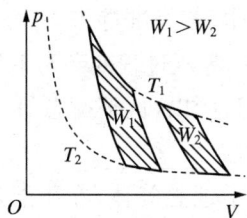 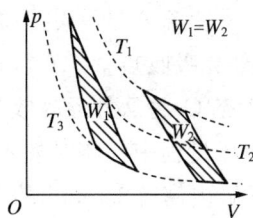

图 10-13(a)　　　　图 10-13(b)

(A) 图(a)$\eta_1=\eta_2$,图(b)$\eta_1<\eta_2$　　　(B) 图(a)$\eta_1>\eta_2$,图(b)$\eta_1<\eta_2$

(C) 图(a)$\eta_1<\eta_2$,图(b)$\eta_1=\eta_2$　　　(D) 图(a)$\eta_1=\eta_2$,图(b)$\eta_1>\eta_2$

14. 一定量理想气体的循环过程如 p-V 图如图 10-14 所示,请填写右表中的空格.

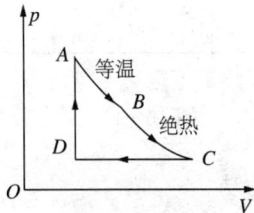

图 10-14

过程	内能增量 $\Delta E/J$	做功 W/J	吸热 Q/J
$A{\rightarrow}B$	0	50	
$B{\rightarrow}C$	-50		
$C{\rightarrow}D$		-50	-150
$D{\rightarrow}A$			
$ABCD$	循环效率 $\eta=$		

15. 同一种理想气体的定压摩尔热容 C_p 大于定体摩尔热容 C_V,其原因是 _____

_____.

16. 如图 10-15 所示,一定量的理想气体经历 $a{\rightarrow}b{\rightarrow}c$ 过程,在此过程中气体从外界吸收热 Q,系统内能变化 ΔE. 请在以下空格内填上">0"或"<0"或"$=0$". Q _____,ΔE _____.

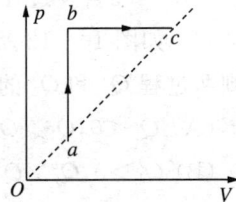

图 10-15

17. 热力学第二定律的两种表述:

(1) 开尔文表述:不可能制造出这样一种 _____,它只使单一热源冷却来做功,而不放出热量给其他物体,或者说 _____.

(2) 克劳修斯表述:不可能把热量从低温物体 _____ 传到高温物体而不引起 _____.

18. 热力学第二定律的开尔文表述与克劳修斯表述 _____.热力学第二定律可有多种说法,每一种表述都反映了自然界 _____.

19. 处于平衡态 A 的一定量的理想气体,若经准静态等体过程变到平衡态 B,将从外界吸收热量 416 J,若经准静态等压过程变到与平衡态 B 有相同温度的平衡态 C,将从外界吸收热量 582 J,所以,从平衡态 A 变到平衡态 C 的准静态等压过程中气体对外界所做的功为 _____.

20. 一气缸内储有 10 mol 的单原子分子理想气体,在压缩过程中外界做功 209 J,气体升温 1 K,此过程中气体内能增量为 _____,外界传给气体的热量为 _____.

21. 0.02 kg 的氦气(视为理想气体),温度由 17 ℃升为 27 ℃.若在升温过程中,(1) 体积保持不变;(2) 压强保持不变;(3) 不与外界交换热量.试分别求出气体内能的改变、吸收的热量所做的功.

22. 一定量的某种理想气体进行如图 10-16 所示的循环过程.已知气体在状态 A 的温度为 $T_A = 300$ K,求:

(1) 气体在状态 B、C 的温度;

(2) 各过程中气体对外所做的功;

(3) 经过整个循环过程,气体从外界吸收的总热量.

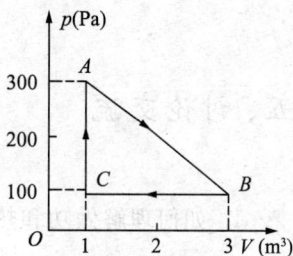

图 10-16

23. 温度为 25 ℃、压强为 1 atm 的 1 mol 刚性双原子分子理想气体,经等温过程体积膨胀至原来的 3 倍.(普适气体常量 $R = 8.31$ J·mol^{-1}·K^{-1},ln 3 = 1.098 6)

(1) 计算这个过程中气体对外所做的功.

(2) 假若气体经绝热过程体积膨胀为原来的 3 倍,那么气体对外做的功又是多少?

24. 1 mol 理想气体在 $T_1 = 400$ K 的高温热源与 $T_2 = 300$ K 的低温热源间做卡诺循环(可逆的),在 400 K 的等温线上起始体积为 $V_1 = 0.001$ m³,终止体积为 $V_2 = 0.005$ m³.试求:此气体在每一循环中,

(1) 从高温热源吸收的热量 Q_1;

(2) 气体所做的净功 W;

(3) 气体传给低温热源的热量 Q_2.

五、讨论交流

1. 如何理解做功和热传递的本质差异?

2. 在一个大容器内,装满温度与室温相同的水,容器底部有个小气泡缓慢上升,逐渐变大.这是什么过程? 气泡上升过程中,泡内气体是吸热还是放热?

3. 一卡诺机,将它作热机使用时,工作的两热源温差越大,热机效率越高;若是将它作制冷机使用,是不是两热源温差越大,制冷机的制冷系数也越高呢?

4.卡诺循环 1、2 如图 10-17 所示,若两循环包围的面积相同,其做功是否相同? 效率是否相同?

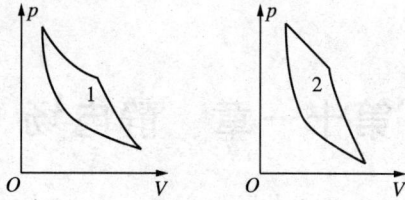

图 10-17

5. 一条等温线和一条绝热线有可能两次相交吗?

6. 等温膨胀时,系统吸收的热量全部用来做功,这与热力学第二定律是否矛盾?

第十一章　静电场

一、学习基本要求

1. 掌握描述静电场的两个基本物理量——电场强度和电势的概念以及电场强度叠加原理和电势叠加原理.

2. 掌握电势与电场强度的积分关系. 能计算一些简单问题中的电场强度和电势.

3. 理解静电场的两条基本定理——高斯定理和环路定理,明确认识静电场是有源场和保守场,理解用高斯定理计算电场强度的条件和方法.

4. 了解等势面以及场强和电势梯度之间的关系.

二、基本概念及基本规律

本章讨论了真空中的静电场,即相对于观察者静止的电荷激发的电场,主要介绍了描述静电场基本性质的两个物理量——电场强度和电势,能够利用摩仑定律定量计算真空中两个点电荷之间相互作用力,反应静电场基本特性的两个重要定理——真空中静电场的高斯定理和静电场的环路定理,重点探讨了电场强度和电势的计算.

1. 电荷、电荷的量子化、电荷守恒定律

电荷　带正负电的基本粒子,称为电荷.带正电的粒子叫正电荷,带负电的粒子叫负电荷.同性电荷互相排斥,异性电荷互相吸引.

电荷的量子化　电荷量只能取离散的、不连续的量值,这个性质叫做电荷的量子化.

任何带电体所带的电量只能是电子电量的整数倍,即 $Q=Ne$,其中 $e=1.60\times10^{-19}$ C.

电荷守恒定律　不管系统中的电荷如何转移,系统中电荷的代数和将保持不变,这是自然界的基本守恒定律之一.

2. 点电荷、库仑定律

点电荷　当带电体自身的线度远小于它与其他带电体之间的距离时,则称该带电体可近似地当成是"点电荷".点电荷是一个与质点类似的理想化的模型.

库仑定律　在真空中,两个静止点电荷之间的相互作用力的大小与它们所带电量的乘积成正比,与它们之间距离的平方成反比;作用力的方向沿着两个点电荷的连线,且同种电荷相互排斥,异种电荷相互吸

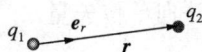

图 11 − 1

引.数学表达式为 $\boldsymbol{F}=\dfrac{1}{4\pi\varepsilon_0}\dfrac{q_1q_2}{r^2}\boldsymbol{e}_r$,式中:$\boldsymbol{e}_r$ 为由施力电荷指向受力电荷的单位矢量,如图 11 − 1 所示;ε_0 为真空中的介电常数,且 $\varepsilon_0=8.85\times10^{-12}$ C^2/(N・m^2).

3. 电场强度、电场强度的叠加原理

电场强度　电场中某点的电场强度等于单位正试验电荷在该点所受的电场力.其数学表达式为 $\boldsymbol{E}=\dfrac{\boldsymbol{F}}{q_0}$,单位:N・C^{-1},V・m^{-1}.

注意:

(1)电场强度采用的是比值定义法,它是反映静电场基本特性的物理量,和试验电荷无关.

(2)电场强度是矢量,有大小,有方向.

(3)点电荷在外场中受的电场力:$\boldsymbol{F}=q\boldsymbol{E}$.

电场强度的叠加原理   点电荷系电场中某点的电场强度等于各点电荷单独存在时在该点所激发的电场强度的矢量和.

4. 电场线、电通量

电场线   为了形象直观地反映出电场的特性而在电场中画出来的一系列假想的曲线,并规定曲线上各点的切线方向为电场强度方向,曲线的疏密表示电场强度的大小.

> **电场线的特点:**
> (1) 起始于正电荷,终止于负电荷,形成非闭合线.
> (2) 任何两条电场线不相交.

电通量   通过电场中任一曲面的电场线条数称为通过该曲面的电通量,用 Φ_e 表示,其数学表达式为

$$\Phi_e = \int_S \boldsymbol{E} \cdot \mathrm{d}\boldsymbol{S}.$$

式中 $\mathrm{d}\boldsymbol{S}$ 称为面元矢量,$\mathrm{d}\boldsymbol{S} = \mathrm{d}S \cdot \boldsymbol{e}_n$,如图 11-2 所示,$\boldsymbol{e}_n$ 为面元 $\mathrm{d}S$ 所在处的法向单位矢量.

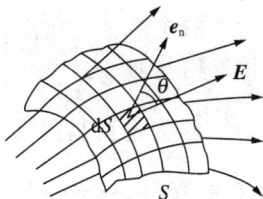
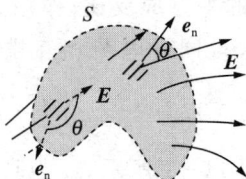

图 11-2   图 11-3

若曲面为闭合曲面,则穿过闭合曲面的电通量为 $\Phi = \oint_S \boldsymbol{E} \cdot \mathrm{d}\boldsymbol{S} = \oint_S E\cos\theta\mathrm{d}S.$

特别需要说明的是,对于闭合曲面,$\boldsymbol{e}_n$ 取外法向为正,如图 11-3 所示. 因此,对于穿进闭合曲面的电通量:$\theta > 90°$,$\Phi_e < 0$;对于穿出闭合曲面的电通量:$\theta < 90°$,$\Phi_e > 0$.

电通量的单位为 $\mathrm{N} \cdot \mathrm{m}^2 \cdot \mathrm{C}^{-1}$.

5. 高斯定理

在真空静电场中,穿过任一闭合曲面的电场强度通量,等于该闭合曲面

所包围的所有电荷的代数和除以真空中的介电常数 ε_0. 其数学表达式为 Φ_e

$$= \oint_S \boldsymbol{E} \cdot \mathrm{d}\boldsymbol{S} = \frac{1}{\varepsilon_0} \sum_{\mathrm{内}} q_i.$$

高斯定理中的闭合曲面通常称为高斯面.

若电荷是连续分布的,则高斯定理可表述为 $\Phi_e = \oint_S \boldsymbol{E} \cdot \mathrm{d}\boldsymbol{S} = \frac{1}{\varepsilon_0} \oint_S \mathrm{d}q$.

> **说明:**
>
> (1) 高斯定理表明静电场是有源场,源就是电荷,且正电荷是电场线的源头,负电荷是电场线的源尾.
>
> (2) 表达式中的 $\boldsymbol{E}$ 是闭合曲面各面元处的电场强度,是由整个空间的全部电荷(包括曲面内和曲面外的电荷)共同产生的矢量和,而过曲面的电通量仅由曲面内的电荷决定.
>
> (3) 高斯定理只适用于闭合曲面.
>
> (4) 对于具有高度对称性的电场,利用高斯定理可以很简便地求出场强的分布情况.

6. 静电场的环路定理

在静电场中,电场强度 $\boldsymbol{E}$ 沿任意闭合路径的线积分(环流)等于零. 其数学表达式为

$$\oint_l \boldsymbol{E} \cdot \mathrm{d}\boldsymbol{l} = 0.$$

静电场是保守场.

> **说明:**
>
> (1) 静电场的环路定理表明静电场是保守场.
>
> (2) 静电场力是保守力,做功只和起始点和终了点有关,和试验电荷经历的路径没有关系. 因此,在静电场中可以引入相应的势能.

7. 电势能

试验电荷 q_0 在电场中某点的电势能,在数值上等于把它从该点移到零势能处静电场力所做的功,如图 11-4 所示. 其数学表达式为 $E_{PA} = \int_A^B q_0 \boldsymbol{E} \cdot \mathrm{d}\boldsymbol{l}$(取 B 点为势能零点).

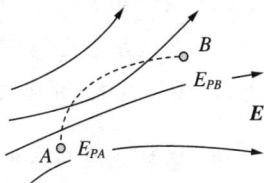

图 11-4

8. 电势、电势差

电势　静电场中某点的电势,在数值上等于单位正电荷在该点所具有的电势能;或者说,在数值上等于把单位正电荷从该点移到电势零点过程中电场力所做的功.其数学表达式为 $V_A = \dfrac{E_{PA}}{q_0} = \displaystyle\int_A^\infty \boldsymbol{E} \cdot \mathrm{d}\boldsymbol{l}$(若取无穷远处为电势零点).

电势差　电场中任意两点间的电势之差.其数学表达式为 $U_{AB} = V_A - V_B = \displaystyle\int_A^B \boldsymbol{E} \cdot \mathrm{d}\boldsymbol{l}$.

上式表明,A、B 两点间的电势差等于将单位正电荷从 A 点移到 B 点时,电场力所做的功.

> **说明:**
> (1) 电势是相对量,电势零点的选择是任意的.对于有限带电体而言,电势零点选择在无穷远处;对于无限大的带电体而言,可以选择在除"无限远"处以外的任何地方.
> (2) 两点间的电势差与电势零点选择无关.
> (3) 电势是电场的属性,与试验电荷无关.
> (4) 电势是标量,只有正负之分,并没有方向.
> (5) 电势能是属于电荷和电场系统所共有的.

9. 等势面

在静电场中,电势相等的点组成的曲面称为等势面.

等势面有如下几个特性:

(1) 等势面与电场线处处正交,电场线总是由电势高的等势面指向电势低的等势面.

(2) 在等势面上任意两点间移动电荷时电场力不做功.

(3) 两个等势面不相交.

(4) 若规定静电场中任意两相邻等势面间的电势差相等,则等势面密的地方,电场强度大;等势面疏的地方,电场强度小.

10. 电场强度与电势的关系

电场中某点的场强等于该点电势梯度的负值.其数学表达式为

$$E = -\text{grad}V = -\nabla V = -\left(\frac{\partial V}{\partial x}\boldsymbol{i} + \frac{\partial V}{\partial y}\boldsymbol{j} + \frac{\partial V}{\partial z}\boldsymbol{k}\right).$$

该关系式为计算电场强度提供了新的途径,在电势分布函数容易计算的情况下,常常可以先算出电势,再应用场强与电势梯度的关系计算出场强.

三、典型例题精析

本章主要涉及场强和电势的计算问题,现将两类问题的计算思路做个对比(表 11 - 1).

表 11 - 1 计算场强和电势的思路对比

	求 E	求 V
1	根据对称性应用高斯定理求	
2	应用矢量叠加原理 电荷不连续分布:$\boldsymbol{E} = \sum_i \frac{1}{4\pi\varepsilon_0}\frac{q_i}{r_i^2}\boldsymbol{r}_{i0}$ 电荷连续分布:$\boldsymbol{E} = \int_{带电体} \frac{\mathrm{d}q}{4\pi\varepsilon_0 r^2}\boldsymbol{r}_0$	应用标量叠加原理 $V_P = \sum_i \frac{q_i}{4\pi\varepsilon_0 r_i}$ $V_P = \int_{带电体} \frac{\mathrm{d}q}{4\pi\varepsilon_0 r}$
3	先求 V,再求 E $\boldsymbol{E} = \text{grad}\,V = \left(\frac{\partial V}{\partial x}\boldsymbol{i} + \frac{\partial V}{\partial y}\boldsymbol{j} + \frac{\partial V}{\partial z}\boldsymbol{k}\right)$	先求 E,再求 V $V_P = \int_P^\infty \boldsymbol{E} \cdot \mathrm{d}\boldsymbol{l}$

电场强度的计算方法

(1)利用电场强度的叠加原理计算

孤立点电荷:$E = \dfrac{Q}{4\pi\varepsilon_0 r^2}\boldsymbol{e}_r.$

点电荷系:$\boldsymbol{E} = \sum \boldsymbol{E}_i = \sum \dfrac{q_i}{4\pi\varepsilon_0 r_i^2}\boldsymbol{e}_{ri}.$

电荷连续分布的带电体:$\boldsymbol{E} = \int \mathrm{d}\boldsymbol{E} = \dfrac{1}{4\pi\varepsilon_0}\int \dfrac{\mathrm{d}q}{r^2}\boldsymbol{e}_{ri}.$

电荷元的表达式 $\mathrm{d}q \begin{cases} \lambda\mathrm{d}l,\lambda \text{ 为电荷线密度;} \\ \sigma\mathrm{d}S,\sigma \text{ 为电荷面密度;} \\ \rho\mathrm{d}V,\rho \text{ 为电荷体密度.} \end{cases}$

连续带电体的电场强度的计算常采用积分法,基本的步骤可归纳如下:

① 建立坐标系,选取合适的电荷元 dq;② 写出和 dq 对应的 $d\boldsymbol{E} = \dfrac{dq}{4\pi\varepsilon_0} \boldsymbol{r}_0$,并

将 $d\boldsymbol{E}$ 沿着坐标方向进行分解;③ 计算出 $E_x = \int dE_x$、$E_y = \int dE_y$、$E_z = \int dE_z$;

④ 写出总的电场强度表达式 $\boldsymbol{E} = E_x \boldsymbol{i} + E_y \boldsymbol{j} + E_z \boldsymbol{k}$.

(2) 利用高斯定理求解电场强度

在任何情况下都可以根据电场强度的叠加原理进行计算,但利用高斯定理求解时要求静电场必须具有一定的对称性.基本的解题步骤可归纳如下:① 分析带电体所产生的电场的对称性,并确定电场强度 $\boldsymbol{E}$ 的大小和方向的分布特征;② 根据电场的对称性选择合适的高斯面,使待求场强处于高斯面上,并且要求高斯面上 $\boldsymbol{E} \mathbin{/\mkern-5mu/} d\boldsymbol{S}$ 或者 $\boldsymbol{E} \perp d\boldsymbol{S}$,且高斯面上各点的电场强度的大小相等;③ 分别写出通过高斯面的电通量和高斯面内包围电荷的代数和

$\sum q_i$;④ 根据高斯定理 $\varPhi_e = \oint_S \boldsymbol{E} \cdot d\boldsymbol{S} = \dfrac{1}{\varepsilon_0} \sum q_i$ 列方程求解.

(3) 利用电场强度和电势梯度间的关系式求解

电场中某一点的场强沿任一方向的分量等于这一点的电势沿该方向的方向导数的负值,即:$E_x = -\dfrac{dV}{dx}$,$E_y = -\dfrac{dV}{dy}$,$E_z = -\dfrac{dV}{dz}$.

电场强度的表达式:$\boldsymbol{E} = E_x \boldsymbol{i} + E_y \boldsymbol{j} + E_z \boldsymbol{k} = -\left(\dfrac{\partial V}{\partial x} \boldsymbol{i} + \dfrac{\partial V}{\partial y} \boldsymbol{j} + \dfrac{\partial V}{\partial z} \boldsymbol{k} \right)$. 因此,当空间的电势分布已知的情况下,根据以上的表达式计算电场强度比较方便.

电势的计算方法

(1) 根据电势的定义求解

$V_P = \displaystyle\int_P^\infty \boldsymbol{E} \cdot d\boldsymbol{l}$(设无穷远处的电势为零).

注意:① 根据电势的定义求解时必须已知积分路径上电场强度 $\boldsymbol{E}$ 的函数表达式;② 若在积分路径上电场强度 $\boldsymbol{E}$ 的函数表达式是分段的,则必须分段积分.

(2) 利用电势叠加原理计算

若取无穷远处的电势为零,则

① 点电荷的电势分布:$V_P = \dfrac{q}{4\pi\varepsilon_0 r}$;

② 点电荷系的电势分布:$V_P = \sum V_i = \displaystyle\sum_i \dfrac{q_i}{4\pi\varepsilon_0 r_i}$;

③ 连续带电体的电势分布：$V_P = \int_V dV = \int_V \frac{1}{4\pi\varepsilon_0} \frac{dq}{r}$.

注意：① 以上的表达式是在选定无穷远处电势为零的前提下得到的，对于"无限大"带电体不适用；② 带电体的电荷分布已知而对称性不明显时宜用标量叠加的方法求解电势；带电体电荷分布具有某种对称性时，常根据高斯定理先解出场强度的分布函数，然后根据定义法求解电势.

例 11-1　如图 11-5 所示，真空中一长为 L 的均匀带电细棒，所带总电荷量为 Q.求在细棒延长线上距棒的右端距离为 a 的 P 点的电场强度.

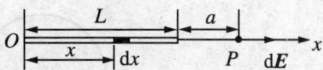

图 11-5

逻辑推理

该题属于电荷连续分布的带电体求解电场强度问题.如图 11-5 所示，首先建立 Ox 坐标系，在坐标 x 处取长为 dx 的线元上所带的电荷量为电荷元 dq，显然 $dq = \lambda dx = \frac{Q}{L}dx$；然后写出 dq 在 P 点激发的电场强度 $d\boldsymbol{E}$，由于 P 点在细棒延长线上，所以细棒上所有的电荷元在该点激发的电场强度的方向都沿着 x 轴正方向；最后将 $d\boldsymbol{E}$ 的大小对整个细棒积分，即可得 P 点电场强度的大小.此外，电场强度是矢量，必须指明其方向，P 点电场强度的方向沿着 x 轴正方向.

提纲挈领

点电荷电场强度：$\boldsymbol{E} = \frac{Q}{4\pi\varepsilon_0 r^2}\boldsymbol{e}_r$；

电荷连续分布的带电体：$\boldsymbol{E} = \int d\boldsymbol{E} = \frac{1}{4\pi\varepsilon_0}\int \frac{dq}{r^2}\boldsymbol{e}_{ri}$；

电荷线分布：$dq = \lambda dx$.

详解过程

解　如图 11-5 所示，建立 Ox 坐标系，在坐标 x 处取长为 dx 的线元上所带的电荷量为电荷元 dq，则 $dq = \lambda dx = \frac{Q}{L}dx$.

dq 在 P 点激发的电场强度的大小 $dE = \frac{dq}{4\pi\varepsilon_0 (L+a-x)^2}$，方向沿着 x 轴正方向.

整个带电细棒在 P 点激发的电场强度的大小：

$$E = \int_0^L \frac{Q\mathrm{d}x}{4\pi\varepsilon_0 L (L+a-x)^2} = \frac{Q}{4\pi\varepsilon_0 a(L+a)}.$$

P 点电场强度的方向沿着 x 轴正方向.

例 11 - 2 如图 11 - 6(a)所示,设有一半径为 R 的均匀带电球体,电荷的体密度为 ρ. 求球内外的电场强度分布函数,并画出函数分布曲线.

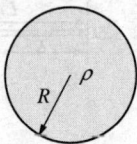 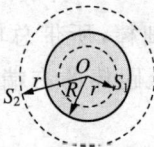

图 11 - 6(a)   图 11 - 6(b)

逻辑推理

该题中的电荷是球对称分布的,激发的电场必是球对称的,故可以选择和均匀带电球体同心的球面作为高斯面. 同心球面上各点的电场强度的大小相等,球面上各处的电场强度的方向和面元矢量的方向平行,即 $\boldsymbol{E} /\!/ \mathrm{d}\boldsymbol{S}$,从而可以写出穿过高斯面的电通量 $\varPhi_e = E \cdot 4\pi r^2$,再写出对应高斯面内的电荷代数和,最后根据高斯定理写出球内外的电场强度分布函数.

提纲挈领

高斯定理：$\varPhi_e = \oint_S \boldsymbol{E} \cdot \mathrm{d}\boldsymbol{S} = \frac{1}{\varepsilon_0} \sum q_i$;

电荷和体密度的关系：$\sum q_i = \rho V$.

详解过程

解 由于球对称分布的电荷激发的电场具有球对称,故选择和带电球体同心的球面作为高斯面. 如图 11 - 6(b)所示,求解球内电场强度时取半径为 r 的球面 S_1 作为高斯面,求解球外电场强度时取半径为 r 的球面 S_2 作为高斯面.

(1) $0 < r < R$(球内)

穿过球面 S_1 的电通量：$\varPhi_e = \oint_{S_1} \boldsymbol{E}_1 \cdot \mathrm{d}\boldsymbol{S} = E_1 \oint_{S_1} \mathrm{d}S = E_1 \cdot 4\pi r^2.$

球面 S_1 所包围的电荷的代数和：$\sum q_i = \dfrac{4}{3}\rho\pi r^3$.

根据高斯定理，可得 $E_1 4\pi r^2 = \dfrac{1}{\varepsilon_0}\rho\dfrac{4}{3}\pi r^3$.

解得 $E_1 = \dfrac{\rho r}{3\varepsilon_0}$.

（2）$r>R$（球外）

穿过球面 S_2 的电通量：$\Phi_e = \oint_{S_2} \boldsymbol{E}_2 \cdot \mathrm{d}\boldsymbol{S} = E_2 \oint_{S_2} \mathrm{d}S = E_2 \cdot 4\pi r^2$.

球面 S_2 所包围的电荷的代数和：$\sum q_i = \dfrac{4}{3}\rho\pi R^3$.

根据高斯定理，可得 $E_2 4\pi r^2 = \dfrac{1}{\varepsilon_0}\rho\dfrac{4}{3}\pi R^3$.

解得 $E_2 = \dfrac{\rho R^3}{3\varepsilon_0 r^2}$.

故球内外的电场强度分布函数为

$$\begin{cases} 球面内\ \boldsymbol{E}_1 = \dfrac{\rho r}{3\varepsilon_0}\boldsymbol{e}_r\ (0<r<R); \\[2mm] 球面外\ \boldsymbol{E}_2 = \dfrac{\rho R^3}{3\varepsilon_0 r^2}\boldsymbol{e}_r\ (r>R). \end{cases}$$

其电场强度的函数分布曲线如图 11 – 7(a)所示.

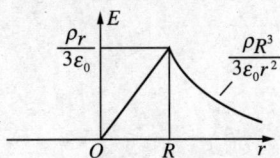
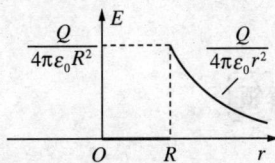

图 11 – 7(a)　　　　　　　　图 11 – 7(b)

采用同样的方法可以算出，半径为 R 带电总量为 Q 的均匀带电球面（电荷只分布在球面上）内外的电场强度分布函数为

$$\begin{cases} 球面内\ \boldsymbol{E}_1 = 0\ (0<r<R); \\[2mm] 球面外\ \boldsymbol{E}_2 = \dfrac{Q}{4\pi\varepsilon_0 r^2}\boldsymbol{e}_r\ (r>R). \end{cases}$$

其电场强度的函数分布曲线如图 11 – 7(b)所示.

小结：

（1）对于电荷分布具有球对称的带电体而言，带电体外部建立的电场强度与等量电荷全部集中在球心时建立的电场强度完全相同．

（2）对于电荷分布具有球对称的带电体在空间各区域建立的电场强度可归纳为一个表达式 $E = \dfrac{\sum q_i}{4\pi\varepsilon_0 r^2}e_r$，式中的 $\sum q_i$ 为过所求场点且和带电球同心的球面内所围电荷的代数和，r 为球心到所求场点的距离，e_r 为径向单位矢量．

例 11-3 如图 11-8 所示，两个同心球面的半径分别为 R_1 和 R_2，各自带有的电荷量为 Q_1 和 Q_2，且电荷在两个球面上均是均匀分布的．求：（1）各区域的电势分布函数；（2）两球面间的电势差为多少？

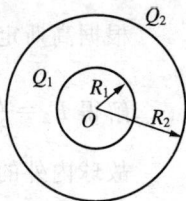

图 11-8

逻辑推理

该题中的电荷分布具有球对称，因此在各个区域建立的电场也具有球对称．根据高斯定理很容易写出电场强度在空间各个区域的分布函数，从而可以采用定义法计算电势．由于电场强度的分布函数不连续，因此应注意分段积分．两球面间的电势差同样根据电势差的定义进行计算．

提纲挈领

电势的定义：$V_P = \displaystyle\int_P^\infty \boldsymbol{E} \cdot \mathrm{d}\boldsymbol{l}$（设无穷远处的电势为零）；

电势差的定义：$U_{AB} = \displaystyle\int_A^B \boldsymbol{E} \cdot \mathrm{d}\boldsymbol{l}$．

详解过程

解　（1）根据高斯定理，可求出各区域的电场强度分布函数为

$$\begin{cases} E_1 = 0, & r < R_1; \\[2mm] E_2 = \dfrac{Q_1}{4\pi\varepsilon_0 r^2}, & R_1 < r < R_2; \\[2mm] E_3 = \dfrac{Q_1 + Q_2}{4\pi\varepsilon_0 r^2}, & r > R_2. \end{cases}$$

① 当 $r < R_1$ 时，

$$V = \int_r^\infty \boldsymbol{E} \cdot \mathrm{d}\boldsymbol{r} = \int_r^{R_1} E_1 \mathrm{d}r + \int_{R_1}^{R_2} E_2 \mathrm{d}r + \int_{R_2}^\infty E_3 \mathrm{d}r$$

$$= \int_r^{R_1} 0 \mathrm{d}r + \int_{R_1}^{R_2} \frac{Q_1}{4\pi\varepsilon_0 r^2} \mathrm{d}r + \int_{R_2}^\infty \frac{Q_1 + Q_2}{4\pi\varepsilon_0 r^2} \mathrm{d}r$$

$$= \frac{Q_1}{4\pi\varepsilon_0 R_1} + \frac{Q_2}{4\pi\varepsilon_0 R_2};$$

② 当 $R_1 < r < R_2$ 时，

$$V = \int_r^\infty \boldsymbol{E} \cdot \mathrm{d}\boldsymbol{r} = \int_r^{R_2} E_2 \mathrm{d}r + \int_{R_2}^\infty E_3 \mathrm{d}r$$

$$= \int_r^{R_2} \frac{Q_1}{4\pi\varepsilon_0 r^2} \mathrm{d}r + \int_{R_2}^\infty \frac{Q_1 + Q_2}{4\pi\varepsilon_0 r^2} \mathrm{d}r$$

$$= \frac{Q_1}{4\pi\varepsilon_0 r} + \frac{Q_2}{4\pi\varepsilon_0 R_2};$$

③ 当 $r > R_2$ 时，

$$V = \int_r^\infty \boldsymbol{E} \cdot \mathrm{d}\boldsymbol{r} = \int_r^\infty E_3 \mathrm{d}r = \int_r^\infty \frac{Q_1 + Q_2}{4\pi\varepsilon_0 r^2} \mathrm{d}r = \frac{Q_1 + Q_2}{4\pi\varepsilon_0 r}.$$

（2）两球面间的电势差为

$$U_{AB} = \int_A^B \boldsymbol{E} \cdot \mathrm{d}\boldsymbol{l} = \int_{R_1}^{R_2} E_2 \mathrm{d}r = \int_{R_1}^{R_2} \frac{Q_1}{4\pi\varepsilon_0 r^2} \mathrm{d}r = \frac{Q_1}{4\pi\varepsilon_0}\left(\frac{1}{R_1} - \frac{1}{R_2}\right).$$

例 11 - 4 如图 11 - 9 所示，点电荷 A 的带电量为 $Q_1 = 2 \times 10^{-5}$ C，位于 $(-1, 0)$ 处；点电荷 B 的带电量为 $Q_2 = -1 \times 10^{-5}$ C，位于 $(1, 0)$ 处. 求图中点 $P(2, 2)$ 处的电势.

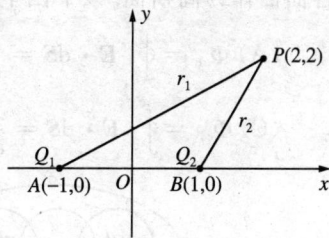

图 11 - 9

逻辑推理

该题是由两个点电荷组成的点电荷系，空间的电场强度分布比较复杂，此时采用电势的叠加原理计算比较简单. 若取无穷远处的电势为零，分别写出点电荷 Q_1 和 Q_2 在 P 点建立的电势 V_1 和 V_2，那么 P 点的电势等于 V_1 和 V_2 的代数和.

提纲挈领

点电荷的电势分布：$V_P = \dfrac{q}{4\pi\varepsilon_0 r}$（取无穷远处的电势为零）；

电势叠加原理：$V_P = \sum V_i = \sum_i \dfrac{q_i}{4\pi\varepsilon_0 r_i}$.

详解过程

解　若取无穷远处的电势为零，则

点电荷 Q_1 在 P 点建立的电势：$V_1 = \dfrac{Q_1}{4\pi\varepsilon_0 r_1}$；

点电荷 Q_2 在 P 点建立的电势：$V_2 = \dfrac{Q_2}{4\pi\varepsilon_0 r_2}$.

由图 11 - 9 可以看出，$r_1 = \sqrt{2^2 + 3^2} \approx 3.6(\mathrm{m})$，$r_2 = \sqrt{2^2 + 1^2} \approx 2.2(\mathrm{m})$.

P 点的总电势：$V = V_1 + V_2 = \dfrac{Q_1}{4\pi\varepsilon_0 r_1} + \dfrac{Q_2}{4\pi\varepsilon_0 r_2}$.

将 Q_1、Q_2、r_1、r_2 代入上式，得 $V \approx 9.0 \times 10^3$ V.

故 P 点的电势为 9.0×10^3 V.

四、动手动脑

1. 如图 11 - 10 所示，在点电荷 $+q$ 和 $-q$ 的静电场中，做如下的四个闭合曲面作为高斯面. 以下四个选项中，错误的是　　　　　　［　　　］

(A) $\Phi_{e1} = \oint_{S_1} \boldsymbol{E} \cdot \mathrm{d}\boldsymbol{S} = \dfrac{q}{\varepsilon_0}$　　　　(B) $\Phi_{e2} = \oint_{S_2} \boldsymbol{E} \cdot \mathrm{d}\boldsymbol{S} = 0$

(C) $\Phi_{e3} = \oint_{S_3} \boldsymbol{E} \cdot \mathrm{d}\boldsymbol{S} = \dfrac{q}{\varepsilon_0}$　　　　(D) $\Phi_{e4} = \oint_{S_4} \boldsymbol{E} \cdot \mathrm{d}\boldsymbol{S} = 0$

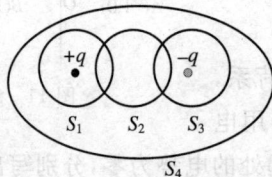
图 11 - 10

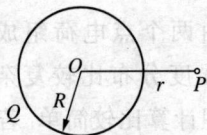
图 11 - 11

2. 如图 11 - 11 所示，半径为 R 的均匀带电球面，总电荷为 Q，设无穷远处的电势为零. 则球外距离球心为 r 的 P 点处的电场强度的大小和电势为

　　　　　　　　　　　　　　　　　　　　　　　［　　　］

(A) $E = 0, V = \dfrac{Q}{4\pi\varepsilon_0 r}$　　　　(B) $E = 0, V = \dfrac{Q}{4\pi\varepsilon_0 R}$

(C) $E=\dfrac{Q}{4\pi\varepsilon_0 r^2}, V=\dfrac{Q}{4\pi\varepsilon_0 r}$ (D) $E=\dfrac{Q}{4\pi\varepsilon_0 r^2}, V=\dfrac{Q}{4\pi\varepsilon_0 R}$

3. 在静电场中,下列说法中正确的是   [   ]

(A) 闭合曲面上各点的电场强度都为零时,曲面内一定没有电荷

(B) 闭合曲面的电通量不为零时,曲面上任意一点的电场强度不可能为零

(C) 场强为零处电势也一定为零

(D) 电势为常量的区域内电场强度必为零

4. 如图 11-12 所示,在点电荷 $+q$ 的电场中,若取图中 M 点处为电势零点,则 P 点的电势为   [   ]

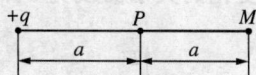

图 11-12

(A) $\dfrac{q}{4\pi\varepsilon_0 a}$ (B) $\dfrac{q}{8\pi\varepsilon_0 a}$

(C) $\dfrac{-q}{4\pi\varepsilon_0 a}$ (D) $\dfrac{-q}{8\pi\varepsilon_0 a}$

5. 下列几个说法中,正确的是   [   ]

(A) 电场中某点场强的方向,就是将点电荷放在该点所受电场力的方向

(B) 在以点电荷为中心的球面上,由该点电荷所产生的场强处处相同

(C) 场强可由 $\boldsymbol{E}=\boldsymbol{F}/q$ 定出,其中 q 为试验电荷,q 可正、可负,$\boldsymbol{F}$ 为该试验电荷所受的电场力

(D) 以上说法都不正确

6. 一封闭高斯面内有两个点电荷 Q_1 和 Q_2,所带电量为 $+q$ 和 $-q$,封闭面外也有一带电量为 q 的点电荷 Q_3,如图 11-13 所示.则下列选项中,错误的是   [   ]

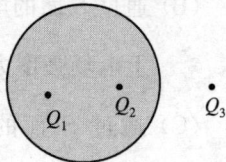

(A) 高斯面上场强处处为零

(B) 对封闭曲面,有 $\oint_S \boldsymbol{E}\cdot\mathrm{d}\boldsymbol{S}=\dfrac{2q}{\varepsilon_0}$

(C) 对封闭曲面,有 $\oint_S \boldsymbol{E}\cdot\mathrm{d}\boldsymbol{S}=0$

图 11-13

(D) Q_3 对高斯面的电通量贡献为零

7. 半径为 R 的均匀带电球面,其电荷面密度为 σ,若取无穷远处为电势零点.则在距离球面 $r(r<R)$ 处的电势为   [   ]

(A) 0   (B) $\dfrac{\sigma}{\varepsilon_0}R$ (C) $\dfrac{\sigma R^2}{\varepsilon_0 r}$ (D) $\dfrac{\sigma R^2}{4\varepsilon_0 r}$

8. 高斯定理 $\varPhi_e = \oint_S \boldsymbol{E} \cdot d\boldsymbol{S} = \dfrac{1}{\varepsilon_0} \sum q_i$ 适用于以下情形的是 　　　[　　]

(A) 适用于任何静电场

(B) 仅适用于真空中的静电场

(C) 仅适用于点电荷系建立的静电场

(D) 仅适用于可以找到合适高斯面的静电场

9. 假设有一无限大平面均匀带正电荷. 取 x 轴垂直带电平面, 坐标轴与带电平面的交点为坐标原点, 则平面周围空间各点的电场强度 $\boldsymbol{E}$ 随坐标 x 变化的关系曲线为(取电场强度方向沿 x 轴正向为正、反之为负) 　　[　　]

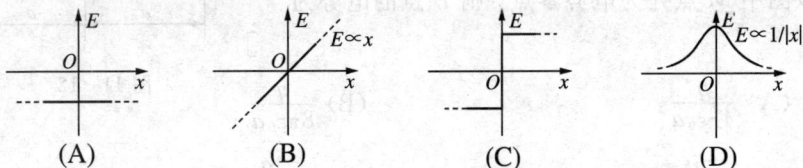

(A)　　　　　(B)　　　　　(C)　　　　　(D)

10. 在边长为 a 的正方体中心处放置一电荷量为 Q 的点电荷, 则正方体顶角处的电场强度的大小为 　　　　　　　　　　　　　[　　]

(A) $\dfrac{Q}{6\pi\varepsilon_0 a^2}$ 　　(B) $\dfrac{Q}{3\pi\varepsilon_0 a^2}$ 　　(C) $\dfrac{Q}{12\pi\varepsilon_0 a^2}$ 　　(D) $\dfrac{Q}{\pi\varepsilon_0 a^2}$

11. A、B 为两个均匀带电球体, 各自带等量异号的电荷 $\pm q$, 如图 11-14 所示. 现作一与 A 同心的球面 S 为高斯面, 则 　　[　　]

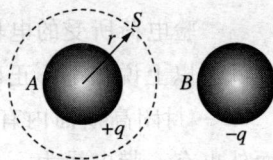

(A) 通过 S 面的电场强度通量为零, S 面上各点的电场强度为零

(B) 通过 S 面的电场强度通量为 q/ε_0, S 面上电场强度大小为 $E = \dfrac{q}{4\pi\varepsilon_0 r^2}$

图 11-14

(C) 通过 S 面的电场强度通量为 $-q/\varepsilon_0$, S 面上电场强度大小为 $E = \dfrac{q}{4\pi\varepsilon_0 r^2}$

(D) 通过 S 面的电场强度通量为 q/ε_0, 但 S 面上各点的电场强度不能直接由高斯定理求出

12. 半径为 R 的均匀带电球体的静电场中各点的电场强度的大小 E 与距球心的距离 r 之间的函数关系曲线为 　　　　　　　　　[　　]

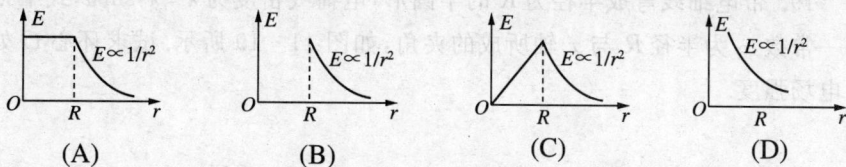

(A) (B) (C) (D)

13. 一半径为 R 的带电圆环,电荷在圆环上非均匀分布,但所带电荷的总量为 Q. 设无穷远处为电势零点,则圆环中心 O 点的电势 $V=$ _____.

14. 如图 $11-15$ 所示,三个点电荷 Q_1、Q_2、Q_3 等间距地分布在同一条直线上,且 $Q_1=Q_3=Q$,其中任一电荷所受的合力均为零. 则 Q_2 所带的电荷量为 _____;若取无穷远处的电势为零,则 Q_2 所在处的电势为 _____.

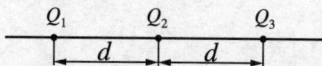

图 $11-15$

15. 电荷为 -5×10^{-9} C 的试验电荷放在电场中某点时,受到 30×10^{-9} N 的水平向左的电场力,则该点的电场强度大小为 _____,方向 _____.

16. 半径为 R 的半球面和底面组成一封闭曲面,将其置于场强为 E 的均匀电场中,其对称轴与场强方向一致,如图 $11-16$ 所示. 则通过该封闭曲面的电场强度通量为 _____.

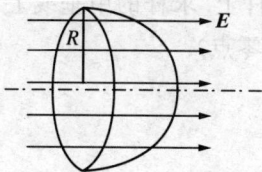

图 $11-16$

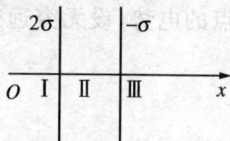

图 $11-17$

17. 两块"无限大"的均匀带电平行平板,其电荷面密度分别为 2σ ($\sigma>0$) 及 $-\sigma$,如图 $11-17$ 所示. 试写出各区域的电场强度 E:Ⅰ区 E 为 _____;Ⅱ区 E 为 _____,Ⅲ区 E 为 _____.

18. 两块"无限大"的均匀带电平行平板,其电荷面密度分别为 2σ ($\sigma>0$) 及 -2σ,如图 $11-18$ 所示. 若取坐标原点处为零电势点,试写出各区域的电势随坐标 x 变化的关系式:Ⅰ区域 ($x<-a$) V 为 _____;Ⅱ区域 ($-a<x<a$) V 为 _____;Ⅲ区域 ($x>a$) V 为 _____.

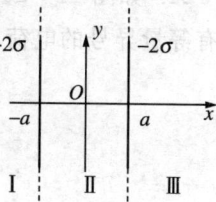

图 $11-18$

19. 带电细线弯成半径为 R 的半圆形,电荷线密度为 $\lambda=\lambda_0\sin\alpha$,式中 λ_0 为一常数,α 为半径 R 与 x 轴所成的夹角,如图 11 - 19 所示.试求环心 O 处的电场强度.

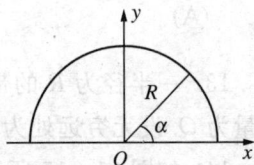

图 11 - 19

20. 一半径为 R 的带电球体,其电荷体密度分布为 $\rho=\begin{cases}Ar(r\leqslant R),\\0(r>R),\end{cases}$ 其中 A 为一常数.试求球体内、外的场强分布.

21. 电荷 q 均匀分布在长为 $2l$ 的细杆上.求杆的中垂线上与杆中心距离为 a 的 P 点的电势(设无穷远处为电势零点).

22. 如图 11 - 20 所示,两个半径分别为 R_A、R_B 的同心带电球面,分别带有等量异号的电荷 $+q$ 和 $-q$.求两个同心球面间的电势差.

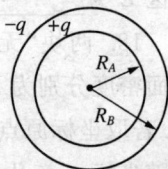

图 11 - 20

五、讨论交流

1. 如图 11-21 所示,点电荷 q_1 在闭合曲面 S 内,点电荷 q_2 在闭合曲面 S 外. 试讨论:(1) 若将 q_1 从图中的 C 点移至 D 点,穿过高斯面 S 的电通量 Φ_e 是否变化? 高斯面 S 上点 P 处的场强是否变化? (2)若将 q_2 从图中的 A 点移至 B 点,穿过高斯面 S 的电通量 Φ_e 是否变化? 高斯面 S 上点 P 处的场强是否变化?

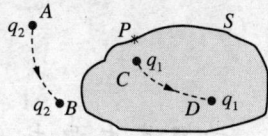

图 11-21

2. 根据点电荷场强公式 $E=\dfrac{q}{4\pi\varepsilon_0 r^2}$,当被考察的场点距源点电荷很近 $(r\rightarrow 0)$ 时,则场强 $\rightarrow\infty$,这是没有物理意义的. 对此应如何理解?

3. "均匀带电球面激发的电场与等电量电荷集中在球心时激发的电场等效". 这个说法是否正确?

第十二章　静电场中的导体和电介质

一、学习基本要求

1. 掌握静电平衡的条件,掌握导体处于静电平衡时的电荷、电势、电场分布.

2. 掌握静电平衡时导体上电荷的分布规律和静电屏蔽现象.

3. 了解电介质的极化机理,掌握电位移矢量和电场强度的关系.理解电介质中的高斯定理,并会用它来计算电介质中对称电场的电场强度.

4. 掌握电容器电容的概念,能计算常见电容器的电容.

5. 理解电场能量密度的概念,能计算一些简单电场储存的能量.

二、基本概念及基本规律

本章主要讨论静电场中的导体、静电场中的介质以及静电场的能量.在静电感应的基础上讨论了静电平衡的条件、导体上的电荷分布情况和静电屏蔽现象;讨论了电介质对静电场的影响,包括电介质对电场强度的影响,电介质的极化机理、电极化强度等概念,并讨论了有电介质存在时的高斯定理;讨论了电容的概念以及电容器的串联和并联;从电容器储能出发导出了静电场的能量密度以及静电场的能量.

1. 导体、绝缘体、半导体

导体　导体内存在大量的可自由移动的电荷.

绝缘体　理论上认为绝缘体内部一个自由移动的电荷都没有,绝缘体也称为电介质.

半导体　电荷分布介于导体和绝缘体之间的晶体称为半导体.

2. 静电感应、静电平衡

静电感应　中性导体中的自由电子在电场力作用下做定向运动,从而导致导体上的电荷分布发生变化,使导体处于带电状态,这就是静电感应现象.

静电平衡　导体内部和表面都没有电荷定向移动的状态叫做静电平衡状态.

> **静电平衡的条件:**
>
> (1)从电场强度角度来看,导体内部任何一点处的电场强度为零;导体表面处电场强度的方向都与导体表面垂直.
>
> (2)从电势角度来看,处于静电平衡状态的导体为等势体,导体内部的电势处处相等,导体表面为等势面.

3. 静电平衡时带电导体上的电荷分布规律

实心导体　导体内部无净电荷,电荷只分布在导体表面.

腔内无带电体的空腔导体　电荷只是分布在空腔导体的外表面上,内表面无电荷分布.

腔内有带电体的空腔导体　空腔导体内表面所带的电量和空腔内带电体所带的电量等量异号,空腔导体外表面所带的电量由电荷守恒定律决定.

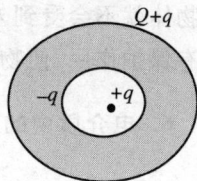

图 12-1

如图 12-1 所示,空腔导体带有电量 Q,空腔内带电体带有电量 $+q$,则空腔导体内表面带电量为 $-q$,外表面带电量为 $Q+q$.

4. 静电平衡时导体表面的场强、电荷面密度和导体形状的关系

静电平衡时导体表面的场强　导体表面处电场强度的方向都与导体表面垂直,且大小正比于表面处的电荷面密度,即 $E = \dfrac{\sigma}{\varepsilon_0}$.

电荷面密度和导体形状的关系　静电平衡时,孤立导体表面某处的电荷面密度 σ 与该处表面曲率有关,曲率越大(曲率半径越小)的地方电荷密度也越大.

> **说明:**
>
> 导体尖端的曲率大,尖端上电荷的面密度较大,尖端附近的电场最强.因此,尖端附近的空气发生电离而成为导体.电晕放电和火花放电是两种典型的尖端放电现象.

5. 静电屏蔽

在静电场中,因导体的存在使某些特定的区域不受电场影响的现象称为静电屏蔽.常分为屏蔽内电场和屏蔽外电场两种情形:

接地空腔导体屏蔽内电场
如图 12-2 所示,将一个接地的空心导体罩在带电体上,空心导体外部的电场强度为零.因此,一个接地的空心导体可以隔绝放在它的空腔内的带电体和外界的带电体之间的静电作用,达到屏蔽内电场的目的.

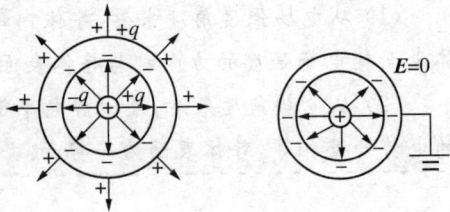

图 12-2

空腔导体屏蔽外电场　由于空腔导体中的场强处处为零,放在空腔中的物体就不会受到外电场的影响.所以,空腔导体对于放在它的空腔内的物体有保护作用,使物体不受外电场影响.

6. 电介质中的电场强度

在各向同性的均匀电介质中,电场强度 E 为真空时电场强度 E_0 的 $\dfrac{1}{\varepsilon_r}$ 倍,即 $E=\dfrac{E_0}{\varepsilon_r}$.其中,$\varepsilon_r$ 叫做电介质的相对电容率,总是大于等于 1.

7. 电介质的极化、电位移矢量

电介质的极化　在外电场中,电介质内部及表面要出现电荷,但这种电荷不能脱离电介质,也不能在电介质内部自由移动.因而称它为束缚电荷或极化电荷.它不像导体中的自由电荷能用传导方法将其引走.这种出现束缚电荷的现象就叫做电介质的极化.

> **说明：**
>
> （1）无极分子的电极化是由于分子的正负电荷的中心在外电场的作用下发生相对位移的结果，这种电极化称为位移电极化.
>
> （2）有极分子的电极化是由于分子偶极子在外电场的作用下发生转向的结果，故这种电极化称为转向电极化.
>
> （3）在静电场中，两种电介质电极化的微观机理显然不同，但是宏观结果即在电介质中出现束缚电荷的效果时却是一样的，故在宏观讨论中不必区分它们.

电位移矢量 为了方便讨论电介质对静电场的影响，通常引入一个辅助物理量——电位移矢量 D，其定义为：$D = \varepsilon E = \varepsilon_r \varepsilon_0 E$.

8. 有电介质时的高斯定理

在静电场中，通过任意闭合曲面的电位移通量等于该闭合曲面内所包围的自由电荷的代数和. 其数学表达式为 $\oint_S D \cdot dS = \sum_{S内} Q_{0i}$.

> **说明：**
>
> （1）有电介质时的高斯定理是普遍成立的，包括了真空的情形.
>
> （2）通过闭合曲面的电位移通量只和曲面内的自由电荷有关，和极化电荷没有关系.
>
> （3）电介质中的总电场强度 E 由自由电荷和极化电荷共同决定.

9. 电容、电容器、电容器的串联和并联

电容 使导体升高单位电势所需的电量称为导体的电容.

孤立导体的电容表达式：$C = \dfrac{Q}{V}$；常用的单位有：法拉（F）、微法拉（μF）、皮法拉（pF）；几个单位之间的关系是：$1\ F = 10^6\ \mu F = 10^{12}\ pF$.

> **说明：**
>
> （1）电容是导体的重要性质，它反映了导体储存电荷及电能的能力.
>
> （2）电容的大小仅与导体的形状、相对位置、其间的电介质有关，与所带电荷量无关.

电容器　两个能够带有等值异号电荷的导体以及他们之间的电介质组成的系统称为电容器.

当电容器的两极板分别带有等值异号电荷 Q 时,电容器的电容为电量 Q 与两极板间相应的电势差 $V_A - V_B$ 的比值,即 $C = \dfrac{Q}{V_A - V_B} = \dfrac{Q}{U}$.

电容器的串联和并联

并联:$C = C_1 + C_2$;串联:$\dfrac{1}{C} = \dfrac{1}{C_1} + \dfrac{1}{C_2}$.

10. 电容器的储能、静电场的能量密度、静电场的能量

电容器的储能　电容器充电的过程就是依靠外力(由电源提供)做功把正电荷由负极板搬运到正极板的过程,在这个过程中,外力不断做功使电容器储存的能量逐渐增加.

电容器存储的能量为 $W_e = \dfrac{Q^2}{2C} = \dfrac{1}{2}CU^2 = \dfrac{1}{2}QU$.

静电场的能量密度　静电场中单位体积中所具有的电场能量称为电场的能量密度,用符号 w_e 表示.其表达式为 $w_e = \dfrac{1}{2}\varepsilon E^2$.

静电场的能量　不仅电容器中储有电场能量,所有存在电场的空间都储有电场能量.整个电场空间的总电场能量为 $W_e = \displaystyle\int_V w_e \mathrm{d}V = \int_V \dfrac{1}{2}\varepsilon E^2 \mathrm{d}V$.式中的体积分遍整个电场空间.

三、典型例题精析

本章主要涉及有电介质时的高斯定理的应用、电容器电容的计算、电场空间储存能量的计算等,现将它们的解题思路归纳如下.

1. 有电介质时的高斯定理解题的一般思路

(1) 分析自由电荷 Q_0 分布的对称性;

(2) 选择适当的闭合曲面,并写出通过闭合曲面的电位移通量 $\displaystyle\oint_S \boldsymbol{D} \cdot \mathrm{d}\boldsymbol{S}$ 和闭合曲面内所包围的自由电荷的代数和 $\displaystyle\sum_{S_内} Q_{0i}$;

（3）应用高斯定理 $\oint_S \boldsymbol{D} \cdot \mathrm{d}\boldsymbol{S} = \sum_{S_内} Q_{0i}$ 求出电位移矢量 $\boldsymbol{D}$；

（4）根据电位移矢量 $\boldsymbol{D}$ 与场强 $\boldsymbol{E}$ 的关系，求出场强 $\boldsymbol{E}$.

2. 求解电容器电容的基本思路

（1）假设电容器的两极板分别带电 $Q, -Q$；

（2）根据两极板的带电量计算两极板间的电场强度；

（3）根据 $U = \int_A^B \boldsymbol{E} \cdot \mathrm{d}\boldsymbol{l}$，求两极板间的电势差；

（4）根据定义式：$C = Q/U$，求电容 C.

例 12 - 1　如图 12 - 3 所示，将一个电荷量为 q 的点电荷放在一个不带电的导体球附近，点电荷距球心的距离为 d.（1）若取无穷远处为电势零点，导体球球心处的电场强度和电势分别是多少？（2）若将导体球接地，球上的感应电荷量为多少？

图 12 - 3

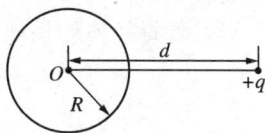

逻辑推理

将一个电荷量为 q 的点电荷放在一个不带电的导体球附近，则导体球上将会产生静电感应现象，最终达到静电平衡状态. 而导体达到静电平衡时内部的电场强度处处为零，故球心处的电场强度等于零；导体球上的感应电荷必是等量异号的，因此感应电荷在球心处建立的电势等于零，故球心处的电势等于点电荷 q 在此处建立的电势. 若将导体球接地，表示导体和大地等电势，也即导体球的电势为零，导体球表面的感应电荷和点电荷 q 在球心处建立的电势叠加的结果为零，由此可以求得感应电荷电量.

提纲挈领

静电平衡条件：导体内部的电场强度处处为零；

点电荷的电势：$V_P = \dfrac{q}{4\pi\varepsilon_0 r}$（取无穷远处为电势零点）；

连续带电体的电势：$V_P = \displaystyle\int_V \dfrac{\mathrm{d}q}{4\pi\varepsilon_0 r}$（取无穷远处为电势零点）；

电势叠加原理：$V = \displaystyle\sum_i V_i$（标量叠加）.

详解过程

解 (1) 由于导体球处于静电平衡状态,故球心处的电场强度 $E=0$.

球心处的电势:$V=V_感+V_q$.

取无穷远处为电势零点,则

$$V_感 = \int_V \frac{\mathrm{d}q}{4\pi\varepsilon_0 R} = \frac{1}{4\pi\varepsilon_0 R}\int_V \mathrm{d}q = \frac{1}{4\pi\varepsilon_0 R}(q_{感正} + q_{感负}) = 0.$$

又 $$V_q = \frac{q}{4\pi\varepsilon_0 d},$$

故 $V=V_感+V_q=\dfrac{q}{4\pi\varepsilon_0 d}$.

(2) 若将导体球接地,则

$$V=V_感+V_q=0.$$

$$V_感 = \int_V \frac{\mathrm{d}q}{4\pi\varepsilon_0 R} = \frac{1}{4\pi\varepsilon_0 R}\int_V \mathrm{d}q = \frac{q_感}{4\pi\varepsilon_0 R},$$

$$V_q = \frac{q}{4\pi\varepsilon_0 d},$$

$$\frac{q_感}{4\pi\varepsilon_0 R} + \frac{q}{4\pi\varepsilon_0 d} = 0.$$

故 $q_感 = -\dfrac{R}{d}q$.

例 12-2 一半径为 R 的金属球带有电荷量为 q_0 的自由电荷,该金属球周围是均匀无限大的相对电容率为 ε_r 的电介质.求球外任意一点处的电场强度.

逻辑推理

由于自由电荷具有球对称分布,故电场具有球对称性,可以选择和金属球同心的球面作为高斯面,并根据有电介质时的高斯定理先求出电位移矢量 D,然后再根据电位移矢量与电场强度的关系求出电场强度.

提纲挈领

有电介质时的高斯定理:$\oint_S D \cdot \mathrm{d}S = \sum_{S_内} Q_{0i}$.

详解过程

解 如图 12-4 所示,选择和金属球同心的球面 S 作为高斯面,则

$$\oint_S \boldsymbol{D} \cdot \mathrm{d}\boldsymbol{S} = 4D\pi r^2 \,;\, \sum_{内} q_0 = q_0.$$

根据 $\oint_S \boldsymbol{D} \cdot \mathrm{d}\boldsymbol{S} = \sum_{S_内} Q_{0i}$ ，可得 $4D\pi r^2 = q_0$.

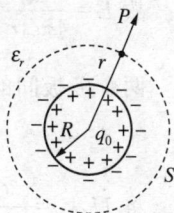

所以，$D = \dfrac{q_0}{4\pi r^2}$.

矢量表达式为 $\boldsymbol{D} = \dfrac{q_0}{4\pi r^2} \boldsymbol{e}_r$.

图 12-4

又因为 $\boldsymbol{D} = \varepsilon \boldsymbol{E} = \varepsilon_r \varepsilon_0 \boldsymbol{E}$ ，故球外任一点处的电场强度

为 $\boldsymbol{E} = \dfrac{q_0}{4\pi \varepsilon r^2} \boldsymbol{e}_r = \dfrac{q_0}{4\pi \varepsilon_r \varepsilon_0 r^2} \boldsymbol{e}_r$.

例 12-3　球形电容器由半径分别为 R_1 和 R_2 的两同心金属球壳 A 和 B 组成. 求该球形电容器的电容.

逻辑推理

先假设电容器的两极板分别带有电荷量 $+Q$ 和 $-Q$ ；再根据高斯定理计算出两极板间的场强，根据电势差的定义式计算两极板间的电势差 U_{AB} ；最后代入电容的定义式 $C = \dfrac{Q}{U_{AB}}$ ，算出电容 C.

提纲挈领

真空中的高斯定理：$\oint_S \boldsymbol{E} \cdot \mathrm{d}\boldsymbol{S} = \dfrac{1}{\varepsilon_0} \sum_{S_内} q_i$ ；

电势差公式：$U_{AB} = \displaystyle\int_A^B \boldsymbol{E} \cdot \mathrm{d}\boldsymbol{l}$ ；

电容器的电容定义：$C = \dfrac{Q}{U_{AB}}$.

详解过程

解　假设电容器的两极板分别带有电荷量 $+Q$ 和 $-Q$ ，由于电场具有球对称，可以选择与球形极板同心的半径为 r 的同心球面作为高斯面，如图 12-5 所示. 则：$\oint_S \boldsymbol{E} \cdot \mathrm{d}\boldsymbol{S} = 4E\pi r^2$ ，$\displaystyle\sum_{S_内} q_i = Q$.

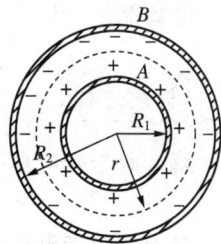

图 12-5

根据高斯定理，可得 $4E\pi r^2 = \dfrac{Q}{\varepsilon_0}$.

故 $E = \dfrac{Q}{4\pi\varepsilon_0 r^2}$.

两个极板间的电势差：$U_{AB} = \displaystyle\int_A^B \boldsymbol{E} \cdot \mathrm{d}\boldsymbol{l} = \dfrac{Q}{4\pi\varepsilon_0} \int_{R_1}^{R_2} \dfrac{\mathrm{d}r}{r^2} = \dfrac{Q}{4\pi\varepsilon_0}\left(\dfrac{1}{R_1} - \dfrac{1}{R_2}\right)$.

将 $U_{AB} = \dfrac{Q}{4\pi\varepsilon_0}\left(\dfrac{1}{R_1} - \dfrac{1}{R_2}\right)$ 代入电容器电容的定义式，有 $C = \dfrac{Q}{U_{AB}}$

$= \dfrac{4\pi\varepsilon_0 R_1 R_2}{R_2 - R_1}$.

由此可见，电容器的电容仅仅和导体的几何性质有关.

例 12 - 4 如图 12 - 6 所示，真空中有两个半径均为 R、带电量均为 q 的均匀带电球面和均匀带电球体. 试比较它们所储存的静电场能量.

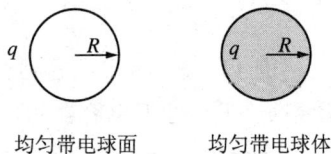

均匀带电球面　　均匀带电球体

图 12 - 6

逻辑推理

根据真空中的高斯定理分别计算出均匀带电球面和均匀带电球体内外的电场强度的分布，然后写出各区域的静电场的能量密度，最后根据静电场的能量公式进行积分计算.

提纲挈领

真空中的高斯定理：$\displaystyle\oint_S \boldsymbol{E} \cdot \mathrm{d}\boldsymbol{S} = \dfrac{1}{\varepsilon_0} \sum_{S_内} q_i$；

静电场的能量密度：$w_e = \dfrac{1}{2}\varepsilon E^2$；

电场能量：$W_e = \displaystyle\int_V w_e \mathrm{d}V = \int_V \dfrac{1}{2}\varepsilon E^2 \mathrm{d}V$.

详解过程

解 两个带电体空间的电场强度的分布可参阅例题 11 - 2，易得

对于均匀带电球面：$E = \begin{cases} 0, & r < R; \\[2mm] \dfrac{q}{4\pi\varepsilon_0 r^2}, & r > R. \end{cases}$

对于均匀带电球体：$E = \begin{cases} \dfrac{qr}{4\pi\varepsilon_0 R^3}, & r < R; \\[3mm] \dfrac{q}{4\pi\varepsilon_0 r^2}, & r > R. \end{cases}$

由于电场分布函数不连续，需采用分段积分，即

$$W = \int_0^R \frac{1}{2}\varepsilon_0 E^2 \cdot 4\pi r^2 \, \mathrm{d}r + \int_R^\infty \frac{1}{2}\varepsilon_0 E^2 \cdot 4\pi r^2 \, \mathrm{d}r.$$

均匀带电球面：$\displaystyle W = \int_0^R \frac{1}{2}\varepsilon_0 E^2 \cdot 4\pi r^2 \, \mathrm{d}r + \int_R^\infty \frac{1}{2}\varepsilon_0 E^2 \cdot 4\pi r^2 \, \mathrm{d}r$

$$= \int_R^\infty \frac{1}{2}\varepsilon_0 \left(\frac{q}{4\pi\varepsilon_0 r^2}\right)^2 \cdot 4\pi r^2 \, \mathrm{d}r = \frac{q^2}{8\pi\varepsilon_0 R};$$

均匀带电球体：

$$W = \int_0^R \frac{1}{2}\varepsilon_0 E^2 \cdot 4\pi r^2 \, \mathrm{d}r + \int_R^\infty \frac{1}{2}\varepsilon_0 E^2 \cdot 4\pi r^2 \, \mathrm{d}r$$

$$= \int_0^R \frac{1}{2}\varepsilon_0 \left(\frac{q\,fr}{4\pi\varepsilon_0 R^3}\right)^2 \cdot 4\pi r^2 \, \mathrm{d}r + \int_R^\infty \frac{1}{2}\varepsilon_0 \left(\frac{q}{4\pi\varepsilon_0 r^2}\right)^2 \cdot 4\pi r^2 \, \mathrm{d}r$$

$$= \frac{1}{5} \frac{q^2}{8\pi\varepsilon_0 R} + \frac{q^2}{8\pi\varepsilon_0 R} = \frac{3q^2}{20\pi\varepsilon_0 R}.$$

由此可见，比较两个半径相同、带电量也相同的均匀带电球面和均匀带电球体储存的静电场能量，均匀带电球体比均匀带电球面多储存 $\dfrac{q^2}{40\pi\varepsilon_0 R}$ 的静电场能量．

四、动手动脑

1. 如图 12-7 所示，一带负电荷的物体 M，靠近一原来不带电的金属导体 N，N 的左端感生出正电荷，右端感生出负电荷．若将 N 的中部接地，则下列选项中正确的是　　　　　　　　　　　　　　　　　　　[　]

（A）N 上有负电荷入地　　　　（B）N 上有正电荷入地

（C）N 上的电荷不动　　　　　（D）N 上所有电荷都入地

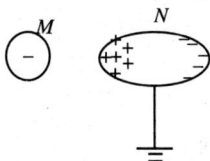

图 12-7

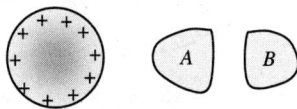

图 12-8

2. 把 A、B 两块不带电的导体放在一带正电导体的电场中,如图 12 - 8 所示,设无限远处为电势零点,A 的电势为 V_A,B 的电势为 V_B,则 　　〔　　〕

(A) $V_B > V_A \neq 0$ 　　　　　　　　(B) $V_B > V_A = 0$

(C) $V_B = V_A$ 　　　　　　　　　　(D) $V_B < V_A$

3. 真空中有一"孤立的"均匀带电球体和一均匀带电球面,如果它们的半径和所带的电荷量都相同. 则下列说法中,错误的是 　　〔　　〕

(A) 球体的静电能大于球面的静电能

(B) 球面内储存的静电能为零

(C) 球体内储存的静电能为零

(D) 球体外的静电能等于球面外的静电能

4. 一导体球半径为 R,带电荷量为 q,在离球心 O 距离为 $r(r > R)$ 处一点的电势为(设无限远处为电势零点) 　　〔　　〕

(A) 0 　　　　(B) $\dfrac{q}{4\pi\varepsilon_0 R}$ 　　　(C) $\dfrac{q}{4\pi\varepsilon_0 r}$ 　　　(D) $-\dfrac{q}{4\pi\varepsilon_0 r}$

5. 一导体球半径为 R,带电荷量为 q,在离球心 O 距离为 $r(r < R)$ 处一点的电场强度的大小为 　　〔　　〕

(A) 0 　　　　(B) $\dfrac{q}{4\pi\varepsilon_0 R^2}$ 　　　(C) $\dfrac{q}{4\pi\varepsilon_0 r^2}$ 　　　(D) $\dfrac{q}{4\pi\varepsilon_0 r}$

6. 两个半径相同的金属球,一个为空心,一个为实心. 则两者的电容值的大小关系是 　　〔　　〕

(A) 空心球电容值大 　　　　　　　(B) 实心球电容值大

(C) 两球电容值相等 　　　　　　　(D) 大小关系无法确定

7. 如图 12 - 9 所示,将一带电荷量为 q 球形导体置于一任意形状的导体空腔中,并用导线将两者连接. 若将连接线去除后,系统静电场能将 　　〔　　〕

(A) 增加 　　　(B) 减少 　　　(C) 不变 　　　(D) 无法确定

图 12 - 9

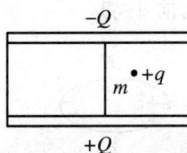

图 12 - 10

8. 如图 12 - 10 所示,一个大平行板电容器水平放置,两极板间的一半空间充有各向同性均匀电介质,另一半为空气.当两极板带上恒定的等量异号电荷时,有一个质量为 m、带电荷为 $+q$ 的质点,在极板间的空气区域中处于平衡.此后,若把电介质抽去,则该质点　　　　　〔　　〕

(A) 保持不动　　　　　　　　　　(B) 向上运动

(C) 向下运动　　　　　　　　　　(D) 是否运动不能确定

9. 如图 12-11 所示,一封闭的导体壳 A 内有两个导体 B 和 C,A、C 不带电,B 带正电.则 A、B、C 三导体的电势 V_A、V_B、V_C 的大小关系是　〔　　〕

(A) $V_B = V_A = V_C$　　　　　　(B) $V_B > V_A = V_C$

(C) $V_B > V_C > V_A$　　　　　　(D) $V_B > V_A > V_C$

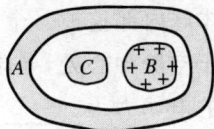
图 12-11

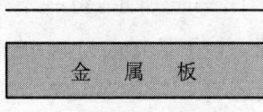
图 12-12

10. 如图 12-12 所示,将一空气平行板电容器接到电源上充电到一定电压后,断开电源.再将一块与极板面积相同的金属板平行地插入两极板之间,则由于金属板的插入及其所放位置的不同,对电容器储能的影响为　〔　　〕

(A) 储能减少,但与金属板位置无关

(B) 储能减少,且与金属板位置有关

(C) 储能增加,但与金属板位置无关

(D) 储能增加,且与金属板位置有关

11. 如图 12-13 所示,两同心导体球壳,内球壳带电荷 $+q$,外球壳带电荷 $-2q$.静电平衡时,外球壳的电荷分布为:内表面_____;外表面_____.内球壳的电荷分布为:内表面_____;外表面_____.

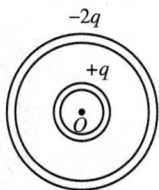
图 12-13

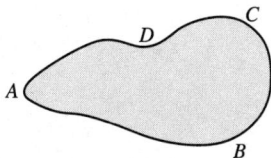
图 12-14

12. 如图 12-14 所示,一孤立导体处于静电平衡状态.则图中电荷面密度最大的区域是_____;电荷面密度最小的区域是_____.

13. 如图 12 - 15 所示,将一个带电量为 q 的点电荷放在一个半径为 R 的不带电的导体球附近,点电荷距导体球球心的距离为 d,设无穷远处为电势零点.则导体球内距离球心 r 处的电场强度为_____;球心处的电势为_____.

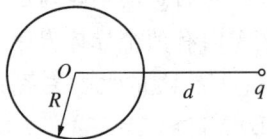 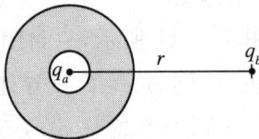

图 12 - 15　　　　　　　　　图 12 - 16

14. 如图 12 - 16 所示,将一不带电的导体球内部挖掉一个小球体,形成一个球形空腔,并将带电量为 q_a 的点电荷置于空腔中心处,导体球外距导体球较远的 r 处还有一带电量为 q_b 的点电荷.则 q_a 所受的电场力为_____,q_b 所受的电场力为_____.

15. 一任意形状的带电导体,其电荷面密度分布为 $\sigma(x,y,z)$.则在导体表面外附近任意点处的电场强度的大小 $E(x,y,z) =$ _____,其方向_____.

16. 两个电容器 1 和 2 串联以后接上电动势恒定的电源充电.在电源保持连接的情况下,若把电介质充入电容器 2 中,则电容器 1 上的电势差_____;电容器 1 极板上的电荷_____.(填"增大""减小""不变")

17. 如图 12 - 17 所示,一内半径为 a、外半径为 b 的金属球壳,带有电量 Q,在球壳空腔内距离球心 r 处有一点电荷 q,设无限远处为电势零点.试求:

(1) 球壳内外表面上的电荷;

(2) 球心 O 点处,由球壳内表面上电荷产生的电势;

(3) 球心 O 点处的总电势.

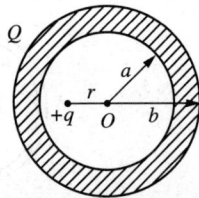

图 12 - 17

18. 如图 12-18 所示,两导体球 A、B,半径分别为 $R_1 = 0.5$ m, $R_2 = 1.0$ m,中间以导线连接,两球外分别包以内半径为 $R = 1.2$ m 的同心导体球壳(与导线绝缘)并接地,导体间的介质均为空气.已知空气的击穿场强为 3×10^6 V/m,今使 A、B 两球所带电荷逐渐增加,计算:

(1) 此系统何处首先被击穿?这里场强为何值?

(2) 击穿时两球所带的总电荷 Q 为多少?

(设导线本身不带电,且对电场无影响)

(真空介电常量 $\varepsilon_0 = 8.85 \times 10^{-12}$ C^2 · N^{-1} · m^{-2})

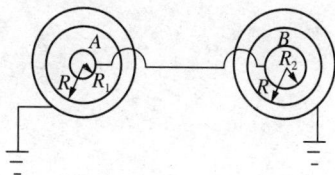

图 12-18

五、讨论交流

1. 在真空中平行板电容器两极板 A、B 间的相对距离为 d,板面积为 S,其带电量分别为 $+q$ 和 $-q$.则这两板之间有相互作用力 f,有人说 $f = \dfrac{q^2}{4\pi\varepsilon_0 d^2}$,又有人说,因为 $f = qE$,$E = \dfrac{q}{\varepsilon_0 S}$,所以 $f = \dfrac{q^2}{\varepsilon_0 S}$.试问:这两种说法对吗?为什么?$f$ 到底应等于多少?

2. 有一个带有电荷的导体球,在它的旁边有一块不带电的物体(可能是导体,也可能是电介质),在这样的情况下,能不能用高斯定理来求周围空间的场强分布?为什么?

第十三章 恒定磁场

一、学习基本要求

1. 理解电流密度和电动势的概念.

2. 掌握磁感应强度的概念,能用毕奥-萨伐尔定律计算一些简单问题中的磁感应强度.

3. 理解稳恒磁场的两条基本定理——高斯定理和安培环路定理,理解用安培环路定理计算磁感应强度的条件和方法,并能应用于具有对称性磁场的磁感应强度的计算.

4. 理解洛伦兹力和安培力的公式,能分析电荷在均匀电场和磁场中的受力和运动.

5. 了解磁矩的概念.

6. 了解磁介质的磁化现象及其微观解释.

7. 了解铁磁质的特性.

二、基本概念及基本规律

本章主要研究真空中的稳恒磁场及其性质. 稳恒磁场是指不随时间变化的磁场,它是由稳恒电流也就是直流电所激发的. 主要内容包括:描述磁场的物理量——磁感应强度、磁力线、磁通量等;电流激发磁场的规律——

毕奥-萨伐尔定律；反映磁场性质的两个基本定理——真空中磁场的高斯定理和安培环路定理；磁场对运动电荷的作用力——洛伦兹力和磁场对电流的作用力——安培力；磁介质对磁场的影响、铁磁质等.

1. 电流、恒定电流、电流密度

电流　带电粒子定向移动形成的电流叫做传导电流；带电物体做机械运动时形成的电流叫做运流电流.将通过导体横截面的电荷量随时间的变化率定义为电流强度 I，即

$$I = \frac{\mathrm{d}q}{\mathrm{d}t}.$$

单位为"安培"，用符号"A"表示.值得说明的是，电流是标量，但电流有方向，是指"正电荷定向移动的方向".

恒定电流　不随时间而变化的电流称为恒定电流.

电流密度　电流密度是矢量，常用 j 表示.导体中某点电流密度的大小定义为单位时间内过该点附近垂直于正电荷运动方向的单位面积的电荷；导体中某点电流密度的方向定义为该点正电荷的运动方向.

2. 电源、电动势

电源　提供非静电力的装置.非静电力是指能不断分离正负电荷，使正电荷逆静电场力方向运动的力.

电动势　电源电动势大小等于将单位正电荷从负极经电源内部移至正极时非静电力所做的功；电源电动势的方向是指从负极经电源内部到正极的方向.

注意：电动势是标量，不是矢量.

3. 磁场、磁感应强度

磁场　在运动电荷（或电流）周围的空间存在着一种特殊形态的物质.虽然看不见，摸不着，但磁场具有质量、能量和动量.

磁场有两个基本特性：

(1) 力学特性：磁场对进入场中的运动电荷或载流导体有磁力作用.

(2) 能量特性：磁力将对移动的载流导体做功，磁场具有能量.

磁感应强度　用于描述磁场基本性质的物理量，是个矢量，用 B 表示.

磁感应强度的方向：正电荷在磁场中沿着某一特定方向运动时所受的

磁力为零,规定此时正电荷的速度方向为磁感应强度 B 的方向.

磁感应强度的大小:运动电荷所受的最大磁场力的大小 F_{max} 与运动电荷所带的电量 q 和速率 v 的乘积的比值规定为磁感强度 B 的大小,即 $B=\dfrac{F_{max}}{qv}$.

在国际单位制中,磁感强度 B 的单位是特斯拉(简称特),用 T 表示,即 $1T=1\,N\cdot C^{-1}\cdot m^{-1}\cdot s=1\,N\cdot A^{-1}\cdot m^{-1}$.还有一个常用单位是高斯,用 G 表示,且 $1T=10^4G$.

4. 电流元、毕奥-萨伐尔定律

电流元　闭合导线中的电流强度 I 和导线上线元矢量 dl 的乘积定义为电流元,用 Idl 表示.

电流元是个矢量,大小为 Idl,方向与该点电流强度 I 的方向相同.

毕奥-萨伐尔定律　电流元 Idl 在真空中某点 P 所产生的磁感强度 dB 的大小,与电流元的大小 Idl 成正比,与电流元 Idl 和自电流元到点 P 的矢径 r 间的夹角的正弦成正比,而与电流元到点 P 的距离 r 的平方成反比;dB 的方向沿着 $Idl\times r$ 的方向,其数学表达式为

$$dB=\frac{\mu_0}{4\pi}\frac{Idl\times r}{r^3}.$$

如图 13-1 所示,P 点 dB 的大小 $dB=$ $\dfrac{\mu_0}{4\pi}\dfrac{Idl\sin\theta}{r^2}$,$P$ 点 dB 的方向可以根据右手螺旋定则判断,即伸开右手,让四指和大拇指相垂直,四指由 Idl 经小于 $180°$ 的角度转向矢径 r 时大拇指的指向即为 dB 的方向.

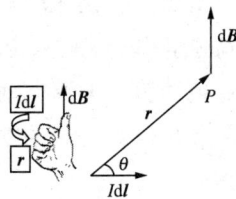

图 13-1

5. 磁感线、磁通量

磁感线　为了形象直观地描述磁场而在磁场中画出来的一系列的假想曲线称为磁感线.规定:(1)磁感线上任一点的切线方向与该点的磁感应强度方向一致;(2)通过磁场中某点处磁感线疏密程度等于该点处磁感应强度的大小.

如图 13-2 所示,在均匀磁场中,若通过垂直于磁感线的平面 ΔS 的磁感线总数为 ΔN,则磁感应强度 B

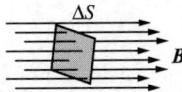

图 13-2

的大小可表示为 $B = \dfrac{\Delta N}{\Delta S}$.

> **磁感线的特点：**
> （1）磁感线是无头无尾的闭合曲线，没有起点，也没有终点.
> （2）任意两条磁感线不相交，因为磁场中每一点的磁感应强度都具有唯一确定的方向.
> （3）磁感线的环绕方向与电流的流向构成右手螺旋定则.

磁通量 通过磁场中某一给定曲面的磁感线总数，称为通过该曲面的磁通量，用符号 Φ_m 表示. 其数学表达式为

$$\Phi_m = \int_S \boldsymbol{B} \cdot \mathrm{d}\boldsymbol{S}.$$

式中 $\mathrm{d}\boldsymbol{S}$ 叫做面元矢量，对于闭合曲面，$\mathrm{d}\boldsymbol{S}$ 取外法线方向为正.

磁通量的单位是韦伯，用 Wb 表示. 1 Wb（韦伯）= 1 T · m².

6. 磁场的高斯定理

通过任意闭合曲面的磁通量必定等于零，这就是磁场的高斯定理. 其数学表达式为 $\oint_S \boldsymbol{B} \cdot \mathrm{d}\boldsymbol{S} = 0$.

> **说明：**
> （1）磁场的高斯定理表明磁场是无源场，磁场与静电场有着本质的区别.
> （2）磁场的高斯定理不仅对稳恒磁场适用，而且对非稳恒磁场也同样适用.

7. 真空中磁场的安培环路定理

在真空的恒定磁场中，磁感应强度 $\boldsymbol{B}$ 沿任一闭合路径的积分的值，等于真空磁导率 μ_0 乘以该闭合路径所包围的各电流的代数和. 即

$$\oint_L \boldsymbol{B} \cdot \mathrm{d}\boldsymbol{l} = \mu_0 \sum_{L内} I_i.$$

式中，I_i 的正负规定如下：当电流的流向与回路 L 的绕行方向成右手螺旋关系时电流 I 取正值；反之取负值. 即伸开右手，让大拇指和四指垂直，且四指的弯曲方向和回路的绕行方向一致，则和大拇指指向一致的电流取正值，不

一致的电流取负值.

> **说明:**
> (1) 稳恒磁场的安培环路定理反映稳恒磁场是有旋场,属于非保守场.
> (2) 该表达式仅适用于恒定电流的磁场.
> (3) 表达式中的 **B** 是指积分环路上各点的磁感应强度,由空间所有的电流共同决定,包括环路所包围的电流和不被环路包围的电流.
> (4) **B** 的环流仅取决于环路所包围的电流,不被环路包围的电流对 **B** 的环流没有贡献.
> (5) 表达式中的积分环路 L 必须规定其绕行方向.

8. 洛伦兹力、安培力、磁力矩

洛伦兹力　运动电荷在磁场中受到磁场的作用力称为洛伦兹力,是矢量.其数学表达式为 $f = qv \times B$.

洛伦兹力的大小: $f = qvB\sin\theta$, θ 为速度 v 和磁感应强度 **B** 之间的夹角.

洛伦兹力的方向:由右手螺旋定则判断,即:伸开右手,让大拇指和四指垂直,四指由速度 v 经小于 $180°$ 的角转向磁感应强度 **B** 时,大拇指的指向就是正电荷所受洛伦兹力的方向.需要说明的是,负电荷所受洛伦兹力的方向和 $v \times B$ 的方向相反.

带电粒子在均匀磁场中运动时,轨迹取决于初速度 v_0 和磁感应强度 **B** 之间的夹角,具体情况如表 13-1 所示.

表 13-1　v_0 和 **B** 之间的夹角不同,带电粒子在均匀磁场中的运动轨迹和运动规律

v_0 和 **B** 的关系	运动轨迹	运动规律
$v_0 /\!/ B$	匀速直线运动	
$v_0 \perp B$	匀速圆周运动	回旋半径: $R = \dfrac{mv_0}{qB}$ 回旋周期: $T = \dfrac{2\pi R}{v_0} = \dfrac{2\pi m}{qB}$ 回旋频率: $f = \dfrac{1}{T} = \dfrac{qB}{2\pi m}$
任意夹角 θ	螺旋运动	螺旋线半径: $R = \dfrac{mv_\perp}{qB} = \dfrac{mv_0\sin\theta}{qB}$ 螺距: $h = v_{/\!/} T = \dfrac{2\pi mv_0\cos\theta}{qB}$

安培力　载流导线在磁场中受到的磁场作用力称为安培力.其本质是运动电荷在磁场中受到的洛伦兹力的宏观表现,可根据安培定律计算得到.

安培定律　磁场对电流元 $I\mathrm{d}l$ 的作用力 $\mathrm{d}\boldsymbol{F}$ 在数值上等于电流元的大小、电流元所在处的磁感强度的大小以及电流元 $I\mathrm{d}l$ 和 $\boldsymbol{B}$ 之间的夹角的正弦的乘积.作用力的方向和 $I\mathrm{d}l\times\boldsymbol{B}$ 一致,即右手弯曲的四指从 $I\mathrm{d}l$ 经小于 $180°$ 的角转向 $\boldsymbol{B}$ 时,大拇指所指的方向就是 $\mathrm{d}\boldsymbol{F}$ 的方向.这个规律叫做安培定律,其数学表达式为 $\mathrm{d}\boldsymbol{F}=I\mathrm{d}l\times\boldsymbol{B}$.

对于有限长载流导线而言,其所受安培力等于所有电流元所受安培力的矢量和,可将 $\mathrm{d}\boldsymbol{F}$ 对整个载流导线积分求得,即 $\boldsymbol{F}=\displaystyle\int_L I\mathrm{d}l\times\boldsymbol{B}$.

磁力矩　磁场对平面载流线圈作用的力矩称为磁力矩.其数学表达式为

$$M=m\times B.$$

式中:m 称为线圈的磁矩,表达式为 $m=NISe_{\mathrm{n}}$,其中 N 为线圈的匝数,I 为线圈中的电流,S 为线圈的面积,e_{n} 为线圈所在平面的单位法向矢量.

> **说明:**
> (1) 磁矩是矢量,方向为线圈所在平面的正法线方向,可根据右手螺旋定则判断:伸开右手,四指和大拇指相垂直,四指弯曲的方向和电流环绕方向一致,则大拇指的指向即表示磁矩的方向.
> (2) 磁矩的大小取决于线圈的面积,和线圈的形状没有关系.

9. 磁介质、磁化强度

磁介质　一切能够磁化的物质称为磁介质.

$$B=B_0+B'.$$

式中:B 为磁介质中的总磁感应强度;B_0 为真空中的磁感应强度;B' 为介质磁化后的附加磁感应强度.

根据 B 和 B_0 的大小关系可将磁介质分为三大类:

顺磁质:$B>B_0$,如铝、氧、锰等;

抗磁质:$B<B_0$,如铜、铋、氢等;

强磁质:$B\gg B_0$,如铁、钴、镍等.

磁化强度　磁介质中单位体积内分子的合磁矩,描述介质磁化情况的物理量.其数学表达式为

$$M = \frac{\sum m}{\Delta V}.$$

式中：$\sum m$ 为分子磁矩的矢量和；ΔV 为均匀磁介质中的体积元.

10. 磁介质中的安培环路定理

磁介质中的安培环路定理　在稳恒磁场中，磁场强度 H 沿任意闭合路径的环流等于该闭合路径所包围的传导电流的代数和. 其数学表达式为

$$\oint_L H \cdot dl = \sum_{L_内} I_i.$$

11. 铁磁质

根据铁磁质的矫顽力的大小，将铁磁材料分成软磁、硬磁和矩磁材料.

（1）软磁材料：易磁化、易退磁. 饱和磁感应强度大，矫顽力（H_c）小，磁滞回线呈细长型，在交变磁场中剩磁易于被清除. 如磁纯铁、硅钢坡莫合金（Fe，Ni）、铁氧体等属于软磁材料.

（2）硬磁材料：磁滞回线宽肥，磁化后可长久保持很强磁性. 如钨钢、碳钢、铝镍钴合金等属于硬磁材料.

（3）矩磁材料：磁滞回线呈矩形，在两个方向上的剩磁可用于表示计算机二进制的"0"和"1"，故适合于制成"记忆"元件. 如锰镁铁氧体、锂锰铁氧体等属于矩磁材料.

三、典型例题精析

本章主要涉及毕奥-萨伐尔定律和安培环路定理的应用计算问题、磁场对带电粒子和载流导体的作用力的计算等. 现将它们的解题思路归纳总结如下：

1. 应用毕奥-萨伐尔定律的解题步骤

（1）建立坐标系，选取便于计算的电流元 Idl.

（2）根据毕奥-萨伐尔定律写出所取电流元 Idl 在所求点激发的 dB，并将 dB 沿着坐标方向进行分解.

（3）计算出 $B_x = \int dB_x$、$B_y = \int dB_y$、$B_z = \int dB_z$.

（4）写出总的磁感应强度的表达式：$\boldsymbol{B} = B_x\boldsymbol{i} + B_y\boldsymbol{j} + B_z\boldsymbol{k}$.

2. 应用安培环路定理解题的步骤

（1）分析磁场的对称性，确定 $\boldsymbol{B}$ 的大小和方向的分布特点.

（2）过场点选择适当的积分回路 L，并规定回路的绕行方向，使得 $\boldsymbol{B}$ 沿此环路的积分易于计算. 要求回路上各点的磁感应强度的大小相等，方向和对应的线元矢量 $\mathrm{d}\boldsymbol{l}$ 平行或垂直.

（3）写出环路积分 $\oint_L \boldsymbol{B} \cdot \mathrm{d}\boldsymbol{l}$ 和环路所包围电流的代数和 $\sum_{L\text{内}} I_i$.

（4）根据安培环路定理 $\oint_L \boldsymbol{B} \cdot \mathrm{d}\boldsymbol{l} = \mu_0 \sum_{L\text{内}} I_i$ 进行计算.

3. 应用安培定律计算安培力的解题步骤

（1）建立坐标系，选取便于计算的电流元 $I\mathrm{d}\boldsymbol{l}$.

（2）根据安培定律写出所取电流元 $I\mathrm{d}\boldsymbol{l}$ 所受的安培力 $\mathrm{d}\boldsymbol{F}$，并将 $\mathrm{d}\boldsymbol{F}$ 沿着坐标方向进行分解.

（3）计算出 $F_x = \int \mathrm{d}F_x$、$F_y = \int \mathrm{d}F_y$、$F_z = \int \mathrm{d}F_z$.

（4）写出总的安培力的表达式：$\boldsymbol{F} = F_x\boldsymbol{i} + F_y\boldsymbol{j} + F_z\boldsymbol{k}$.

例 13 - 1　如图 13 - 3 所示，真空中有一圆形载流导线，半径为 R，导线中的电流强度为 I. 求载流圆线圈轴线上一点距圆心距离为 x 的 P 点的磁感应强度.

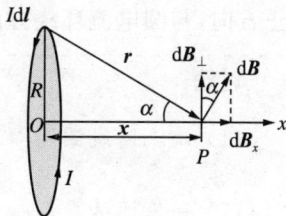

图 13 - 3

[逻辑推理]

本题可利用毕奥-萨伐尔定律进行求解，沿着载流圆线圈的轴线方向建立如图 13 - 3 所示的 Ox 坐标轴，在圆线圈上选取电流元 $I\mathrm{d}\boldsymbol{l}$. 根据毕奥-萨伐尔定律判断电流元 $I\mathrm{d}\boldsymbol{l}$ 在 P 点建立的磁感应强度 $\mathrm{d}\boldsymbol{B}$. 根据右手螺旋定则可知，$\mathrm{d}\boldsymbol{B}$ 垂直于矢径 $\boldsymbol{r}$. 不难发现，载流圆线圈上所有的电流元在 P 点建立的磁感应强度的大小相等，所有的 $\mathrm{d}\boldsymbol{B}$ 构成一个圆锥面，因此可将 $\mathrm{d}\boldsymbol{B}$ 沿着 Ox 坐标轴方向和垂直于 Ox 坐标轴方向分解为 $\mathrm{d}\boldsymbol{B}_x$ 和 $\mathrm{d}\boldsymbol{B}_\perp$. 由对称性易知，对垂直分量积分的结果等于零，$P$ 点的磁感应强度 $B_x = \int \mathrm{d}B_x$，且方向沿着 Ox 坐标轴的正方向.

电流元表达式:$I\mathrm{d}\boldsymbol{l}$;

毕奥-萨伐尔定律:$\mathrm{d}\boldsymbol{B}=\dfrac{\mu_0}{4\pi}\dfrac{I\mathrm{d}\boldsymbol{l}\times\boldsymbol{r}}{r^3}$.

解 建立如图 13-3 所示的 Ox 坐标轴,任取电流元 $I\mathrm{d}\boldsymbol{l}$. 由于电流元 $I\mathrm{d}\boldsymbol{l}$ 垂直于矢径 $\boldsymbol{r}$,故根据毕奥-萨伐尔定律可知,$\mathrm{d}B=\dfrac{\mu_0}{4\pi}\dfrac{I\mathrm{d}l}{r^2}$,且方向和 $I\mathrm{d}\boldsymbol{l}\times$ $\boldsymbol{r}$ 一致.

将 $\mathrm{d}\boldsymbol{B}$ 分解为 $\mathrm{d}\boldsymbol{B}_x$ 和 $\mathrm{d}\boldsymbol{B}_\perp$,则 $\mathrm{d}B_x=\mathrm{d}B\sin\alpha$,$\mathrm{d}B_\perp=\mathrm{d}B\cos\alpha$.

由对称性知,$\boldsymbol{B}_\perp=\displaystyle\int\mathrm{d}\boldsymbol{B}_\perp=0$,故

$$B=B_x=\int\mathrm{d}B_x=\int\mathrm{d}B\sin\alpha=\int\frac{\mu_0}{4\pi}\frac{I\mathrm{d}l\sin\alpha}{r^2}.$$

统一积分变量,$\sin\alpha=R/r$,则

$$B=\int\frac{\mu_0}{4\pi}\frac{I\mathrm{d}l\sin\alpha}{r^2}=\frac{\mu_0}{4\pi r^3}IR\int\mathrm{d}l=\frac{\mu_0}{4\pi r^3}IR\cdot 2\pi R=\frac{\mu_0 IR^2}{2\,(R^2+x^2)^{3/2}}.$$

故 P 点的磁感应强度的大小:$B=\dfrac{\mu_0 IR^2}{2\,(R^2+x^2)^{3/2}}$;方向沿着 Ox 坐标轴的正方向,与圆电流环绕方向构成右手螺旋法则.

(1) 载流圆线圈圆心处($x=0$):$B=\dfrac{\mu_0 I}{2R}$.

(2) 一段圆弧在圆心处的磁感应强度:$B=\dfrac{\mu_0 I}{2R}\cdot\dfrac{弧长}{圆周长}$.

例 13-2 如图 13-4 所示,真空中长直导线通有电流 I,旁边有一矩形线框,其宽为 a,长为 b,和直导线平行的两边距导线的距离分别为 l_1 和 l_2. 求通过矩形线框的磁通量.

题中矩形线框所在的区域为非均匀磁场,可以根据磁通量的表达式 $\varPhi_{\mathrm{m}}=\displaystyle\int_S\boldsymbol{B}\cdot\mathrm{d}\boldsymbol{S}$ 进行积分计算.

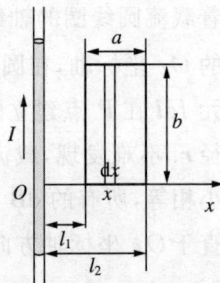

图 13-4

如图 13-4 所示,建立 Ox 坐标轴,在坐标 x 处取长为 b、宽为 $\mathrm{d}x$ 的矩形作为面积元,则 $\mathrm{d}S=b\mathrm{d}x$;又长直导线周围的磁场为非匀强磁场,距导线垂直距离 x 处的磁感应强度的大小为 $B=\dfrac{\mu_0 I}{2\pi x}$,而且矩形线框所在区域各处的 $\boldsymbol{B}\parallel\mathrm{d}\boldsymbol{S}$;进而可以写出通过面积元的磁通量 $\mathrm{d}\Phi_{\mathrm{m}}=\boldsymbol{B}\cdot\mathrm{d}\boldsymbol{S}$;通过矩形线框的磁通量 $\Phi_{\mathrm{m}}=\displaystyle\int_{S}\mathrm{d}\Phi_{\mathrm{m}}$.

提纲挈领

长直导线周围的磁感应强度的大小:$B=\dfrac{\mu_0 I}{2\pi x}$($x$ 为场点到直导线的垂直距离);

磁通量的表达式:$\Phi_{\mathrm{m}}=\displaystyle\int_{S}\boldsymbol{B}\cdot\mathrm{d}\boldsymbol{S}$.

详解过程

解　如图 13-4 所示,建立坐标系 Ox,在矩形线框内选取矩形面积元,则 $\mathrm{d}\boldsymbol{S}=b\mathrm{d}x$.

距导线垂直距离 x 处的磁感应强度的大小为 $B=\dfrac{\mu_0 I}{2\pi x}$.

通过所取面积元的磁通量为 $\mathrm{d}\Phi_{\mathrm{m}}=\boldsymbol{B}\cdot\mathrm{d}\boldsymbol{S}=\dfrac{\mu_0 Ib}{2\pi x}\mathrm{d}x$.

由此可得,通过整个矩形线框的磁通量

$$\Phi_{\mathrm{m}}=\int_{S}\mathrm{d}\Phi_{\mathrm{m}}=\frac{\mu_0 Ib}{2\pi}\int_{l_1}^{l_2}\frac{\mathrm{d}x}{x}=\frac{\mu_0 Ib}{2\pi}\ln\frac{l_2}{l_1}.$$

例 13-3　如图 13-5(a)所示,一无限长载流圆柱体,其半径为 R,电流强度为 I,且均匀分布在圆柱体的横截面上.求圆柱体内外的磁感应强度分布.

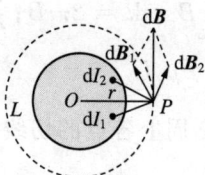
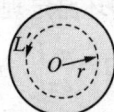

图 13-5(a)　　　　　图 13-5(b)　　　　　图 13-5(c)

该题属于安培环路定理的应用问题. 图 $13-5(b)$ 是载流圆柱体的俯视图, 过圆柱体外的一点 P 作一半径为 r 的圆, 对称地取两个直线电流 dI_1 和 dI_2, 它们在 P 点建立的磁感应强度分别为 $d\boldsymbol{B}_1$ 和 $d\boldsymbol{B}_2$, 两者的矢量和 $d\boldsymbol{B}$ 沿着 P 点处的切线方向, 由此可以推断整个载流圆柱体在 P 点建立的磁感应强度就是沿着该点的切线方向. 由对称性可知, 圆周 L 上各点的磁感应强度的大小相等, 方向沿着圆周的切线方向. 由此可见, 轴对称分布的电流产生的磁场也是轴对称分布的. 故可以选取圆周 L 作为积分回路, 写出环流 $\oint \boldsymbol{B} \cdot d\boldsymbol{l}$ 和回路所包围的电流 $\sum_i I_i$, 最后根据安培环路定理计算出圆柱体内外的磁感应强度分布.

安培环路定理: $\oint_L \boldsymbol{B} \cdot d\boldsymbol{l} = \mu_0 \sum_{L内} I_i$;

长直导线周围的磁感应强度的大小: $B = \dfrac{\mu_0 I}{2\pi x}$ (x 为场点到直导线的垂直距离).

解 轴对称分布的电流产生的磁场也是轴对称分布的, 因而选取与载流圆柱体同轴线的半径为 r 的圆作为积分回路.

(1) 若 $r > R$ (圆柱体外的磁感应强度分布)

如图 $13-5(b)$ 所示, 在载流圆柱体外选取 L 作为积分回路, 并规定逆时针方向为积分回路的绕行方向.

对于回路上的任意点, $\boldsymbol{B} /\!/ d\boldsymbol{l}$.

$$\oint_L \boldsymbol{B} \cdot d\boldsymbol{l} = \oint_L B \cdot d\boldsymbol{l} = 2\pi r B; \quad \sum I_内 = I.$$

由安培环路定理知, $2\pi r B = \mu_0 I$.

所以, $B = \dfrac{\mu_0 I}{2\pi r}$, 方向沿着圆周上各点的切线方向.

(2) 若 $r < R$ (圆柱体内的磁感应强度分布)

如图 $13-5(c)$ 所示, 在载流圆柱体内选取圆形 L' 作为积分回路, 并规定逆时针方向为积分回路的绕行方向.

对于回路上的任意点,$\boldsymbol{B}/\!/\mathrm{d}\boldsymbol{l}$.

$$\oint_{L'} \boldsymbol{B} \cdot \mathrm{d}\boldsymbol{l} = \oint_{L'} B \cdot \mathrm{d}l = 2\pi r B; \quad \sum I_{\text{内}} = \frac{I}{\pi R^2}\pi r^2 = \frac{Ir^2}{R^2}.$$

由安培环路定理知,$2\pi r B = \mu_0 \dfrac{Ir^2}{R^2}$.

所以,$B = \dfrac{\mu_0 Ir}{2\pi R^2}$,方向沿着圆周上各点的切线方向.

磁感应强度的函数分布曲线如图 13-6 所示.

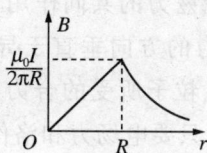 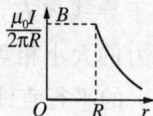

图 13-6   图 13-7

采用同样的方法可以算出,半径为 R、电流强度为 I 的载流圆柱面(电流只通过圆柱表面)内外的磁感应强度分布函数为

$$\begin{cases} \text{圆柱面内:} B_1 = 0 (r < R); \\ \text{圆柱面外:} B_2 = \dfrac{\mu_0 I}{2\pi r} (r > R). \end{cases}$$

载流圆柱面的磁感应强度的函数分布曲线如图 13-7 所示.

载流圆柱面和载流圆柱体内外的磁感应强度的方向和电流之间满足右手螺旋定则,即:伸开右手,让大拇指和四指相垂直,大拇指指向和电流方向一致,那么磁感应强度的方向是和由轴心指向场点的矢径相垂直的方向,并且和四指环绕的方向一致.

小结:

(1)对于电流呈轴对称分布的载流圆柱面和载流圆柱体而言,圆柱外部建立的磁感应强度与等值同向的无限长直线电流处于圆柱轴线上时建立的磁感应强度完全相同.

(2)对于轴对称分布的电流在空间各区域建立的磁感应强度可归纳为一个表达式 $B = \dfrac{\mu_0 \sum I_i}{2\pi r}$,式中的 $\sum I_i$ 为穿过过场点所做的同心圆内的电流代数和,r 为同心圆的半径;磁感应强度的方向沿着同心圆圆周上各点的切线方向,并和电流满足右手螺旋定则.

例 13 – 4 如图 13 – 8 所示,一个带电量为 q 的粒子以速率 v 平行于均匀带电的长直导线运动,该导线的电荷线密度为 λ,并载有传导电流 I. 试问:粒子要以多大的速度运动,才能使其保持在一条与导线距离为 r 的平行直线上?

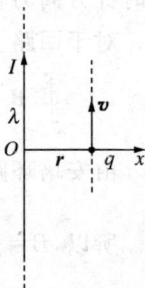

逻辑推理

该题中导线上有电荷,同时导线中又载有电流,因此空间既有电场又有磁场的存在. 当带电粒子平行于均匀带电的长直导线运动时,将受到电场力和洛伦兹力的共同作用,电场力的方向垂直于导线向右,洛伦兹力的方向垂直于导线向左. 显然,只有电场力和洛伦兹力的大小相等时,带电粒子所受的合力为零,可以保持在一条与导线距离为 r 的平行直线上运动. 只要电场力和洛伦兹力的合力不为零,合力的方向将和速度方向垂直,粒子必定做曲线运动.

图 13 – 8

提纲挈领

无限长带电直线的电场强度:$E = \dfrac{\lambda}{2\pi\varepsilon_0 r}$(方向垂直于无限长带电直线);

洛伦兹力:$f = q\boldsymbol{v} \times \boldsymbol{B}$.

详解过程

解 带电粒子所受的电场力为 $F_e = q\dfrac{\lambda}{2\pi\varepsilon_0 r}$;

带电粒子所受的洛伦兹力为 $f = qvB = qv\dfrac{\mu_0 I}{2\pi r}$.

依题意,有 $q\dfrac{\lambda}{2\pi\varepsilon_0 r} = qv\dfrac{\mu_0 I}{2\pi r}$.

所以,$v = \dfrac{\lambda}{\varepsilon_0 \mu_0 I}$.

也即粒子要以 $v = \dfrac{\lambda}{\varepsilon_0 \mu_0 I}$ 的速率运动时,才能使其保持在一条与导线距离为 r 的平行直线上.

例 13 – 5 如图 13 – 9 所示,一任意形状的载流导线置于均匀磁场中,磁感应强度的大小为 B,方向垂直于纸面向里,导线两端点的连线

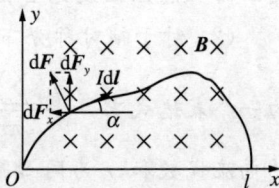

图 13 – 9

长为 l. 求该导线所受的安培力.

逻辑推理

该题属于安培力的计算问题. 由于导线是任意形状的, 可将导线进行微分, 根据安培定律进行计算. 如图 13-9 所示, 建立坐标系 Oxy, 在导线上任取电流元 Idl, 根据安培定律可知, $dF \perp Idl$. 显然, 导线上各处的电流元所受的安培力的方向不同, 需将 dF 沿着坐标轴分解为 dF_x 和 dF_y; 再分别算出 $F_x = \int dF_x$ 和 $F_y = \int dF_y$; 最后写出总的安培力 $F = F_x i + F_y j$.

提纲挈领

安培定律: $dF = Idl \times B$;

有限长载流导线所受安培力: $F = \int_L dF = \int_L Idl \times B$.

详解过程

解 如图 13-9 所示, 建立坐标系 Oxy, 在导线上任取电流元 Idl. 根据安培定律可知, $dF = BIdl$, 方向垂直于电流元方向斜向上.

将 dF 沿着坐标轴进行分解, 分量分别是

$$\begin{cases} dF_x = dF\sin\alpha = BIdl\sin\alpha = BIdy; \\ dF_y = dF\cos\alpha = BIdl\cos\alpha = BIdx. \end{cases}$$

将 dF_x 和 dF_y 分别对整个载流导线积分, 得

$$F_x = \int dF_x = BI\int_0^0 dy = 0;$$

$$F_y = \int dF_y = BI\int_0^l dx = BIl.$$

故整个载流导线所受安培力的大小为 BIl, 方向沿着 y 轴正方向.

小结:

由该题的计算结果可以看出, 均匀磁场中, 弯曲载流导线所受的安培力与从起点到终点间载有同样电流的直导线所受的安培力完全相同.

例 13-6 长方形线圈的长为 $0.2\ \text{m}$, 宽为 $0.15\ \text{m}$, 共有 50 匝, 通以电流 $2\ \text{A}$, 把线圈放在磁感应强度为 $0.05\ \text{T}$ 的均匀磁场中. 问: 线圈在磁场中

处于什么方位时所受的磁力矩最大？最大的磁力矩等于多少？

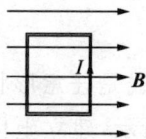 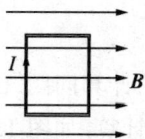

图 13-10(a)　　　图 13-10(b)

逻辑推理

线圈所受的磁力矩 $\boldsymbol{M}=\boldsymbol{m}\times\boldsymbol{B}$，当线圈的磁矩 $\boldsymbol{m}$ 和磁感应强度 $\boldsymbol{B}$ 之间的夹角为 $90°$ 时线圈所受的磁力矩最大。线圈的磁矩方向和电流之间满足右手螺旋关系，磁矩 $\boldsymbol{m}$ 的方向垂直于线圈平面，因此，当线圈在磁场中处于如图 13-10(a,b) 的方位时所受的磁力矩最大，且最大的磁力矩等于 $M_{\max}=NBIS$。将已知条件代入，即可求得。

提纲挈领

磁矩：$\boldsymbol{m}=NIS\boldsymbol{e}_n$（$\boldsymbol{e}_n$ 为和电流满足右手螺旋定则的垂直于线圈平面的单位法向矢量）；

磁力矩：$\boldsymbol{M}=\boldsymbol{m}\times\boldsymbol{B}$.

详解过程

解　根据磁力矩的表达式 $\boldsymbol{M}=\boldsymbol{m}\times\boldsymbol{B}$ 可知，磁力矩的大小 $M=mB\sin\theta$。显然，当 $\theta=\dfrac{\pi}{2}$ 时，$M=M_{\max}$。

又根据磁矩 $\boldsymbol{m}=NIS\boldsymbol{e}_n$ 可知，$\boldsymbol{m}$ 的方向垂直于线圈平面。故线圈平面和磁场平行时受到的磁力矩最大，也即线圈在磁场中处于如图 13-10(a,b) 的方位时所受的磁力矩最大。

$$M_{\max}=NBIS=50\times0.05\times2\times0.2\times0.15=0.15(\text{N·m}).$$

当线圈在磁场中处于如图 13-10(a) 所示的位置时，最大磁力矩的方向在面内垂直于磁感应强度 $\boldsymbol{B}$ 向上；当线圈在磁场中处于如图 13-10(b) 所示的位置时，最大磁力矩的方向在面内垂直于磁感应强度 $\boldsymbol{B}$ 向下。

四、动手动脑

1. 如图 13-11 所示,电流元 $I\mathrm{d}l$ 处于半径为 R 的圆心处,则关于图中各点磁感应强度的方向和大小的说法中,错误的是 [ ]

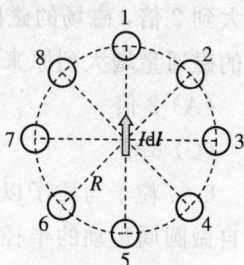

图 13-11

(A) 点 1 和点 5 处的磁感应强度的大小为零

(B) 点 3 和点 7 处的磁感应强度的大小最大

(C) 点 2 和点 4 处的磁感应强度的方向垂直于纸面向里

(D) 点 6 和点 8 处的磁感应强度的方向水平向左

2. 将一根无限长的载流直导线弯成如图 13-12 所示的形状,导线中的电流强度为 I,圆弧的半径为 R.则关于各部分导线在 O 点建立磁场的磁感应强度,下列选项中正确的是 [ ]

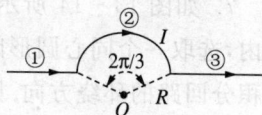

图 13-12

(A) 导线①③对 O 点的磁感应强度贡献为零

(B) 导线②对 O 点的磁感应强度贡献为零

(C) O 点磁感应强度的方向垂直于纸面向里

(D) O 点磁感应强度的大小为 $\dfrac{\mu_0 I}{6R}$

3. 在匀强磁场 $\boldsymbol{B}$ 中,取一半径为 R 的圆,圆面的法线 $\boldsymbol{n}$ 与 $\boldsymbol{B}$ 成 $60°$ 角,如图 13-13 所示.则通过以该圆周为边线的如图所示的任意曲面 S 的磁通量为 [ ]

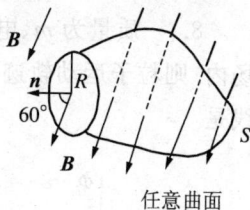

任意曲面

图 13-13

(A) $-\dfrac{1}{2}B\pi R^2$

(B) $-\dfrac{\sqrt{3}}{2}B\pi R^2$

(C) $\dfrac{\sqrt{3}}{2}B\pi R^2$

(D) 0

4. 关于磁场中高斯定理的叙述,下列选项中正确的是 [ ]

(A) 磁场中高斯定理表明磁场是有源场

(B) 磁场中高斯定理 $\varPhi_{\mathrm{m}} = \oint_S \boldsymbol{B} \cdot \mathrm{d}\boldsymbol{S} = 0$,表明闭合曲面上各点处的磁感

应强度一定等于零

(C) 在任意磁场中穿过闭合曲面的磁通量均为零

(D) 磁场中高斯定理只在均匀磁场中成立

5. 一带电粒子垂直射入均匀磁场,如果粒子质量增大到 2 倍,入射速度增大到 2 倍,磁场的磁感应强度增大到 2 倍.则通过粒子运动轨道包围范围内的磁通量增大到原来的 [   ]

(A) 2 倍　　　　　　　　　　(B) 4 倍

(C) 8 倍　　　　　　　　　　(D) 10 倍

6. α 粒子与质子以同一速率垂直于磁场方向入射到均匀磁场中,它们各自做圆周运动的半径之比为 [   ]

(A) 1 : 1　　　　　　　　　　(B) 2 : 1

(C) 4 : 1　　　　　　　　　　(D) 1 : 2

7. 如图 13 - 14 所示,在一圆形电流 I 所在的平面内,选取一个同心圆形闭合回路 L,并取顺时针方向为积分回路的环绕方向.则由安培环路定理可知 [   ]

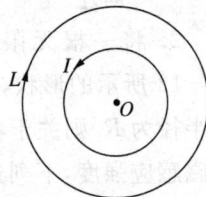

图 13 - 14

(A) $\oint_L \boldsymbol{B} \cdot \mathrm{d}\boldsymbol{l} = 0$,且环路上任意一点 $B = 0$

(B) $\oint_L \boldsymbol{B} \cdot \mathrm{d}\boldsymbol{l} = 0$,且环路上任意一点 $B \neq 0$

(C) $\oint_L \boldsymbol{B} \cdot \mathrm{d}\boldsymbol{l} \neq 0$,且环路上任意一点 $B \neq 0$

(D) $\oint_L \boldsymbol{B} \cdot \mathrm{d}\boldsymbol{l} \neq 0$,且环路上任意一点 $B = $ 常量

8. 一质量为 m、电量为 q 的粒子,以垂直于均匀磁场 B 的速度 v 射入磁场内.则粒子运动轨迹所包围的范围内的磁通量 Φ_m 与速度 v 的大小关系曲线是 [   ]

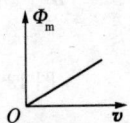 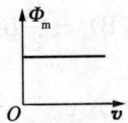 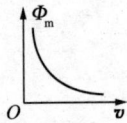 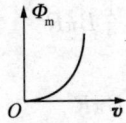

(A)　　　　　　(B)　　　　　　(C)　　　　　　(D)

9. 如图 13 - 15 所示,载流的圆形线圈(半径 a_1)与正方形线圈(边长 a_2)通有相同电流 I,若两个线圈的中心 O_1、O_2 处的磁感应强度大小相同.则半径 a_1 与边长 a_2 之比为 [   ]

(A) 1 : 1　　　　(B) $\sqrt{2}\pi$: 1　　　　(C) $\sqrt{2}\pi$: 4　　　　(D) $\sqrt{2}\pi$: 8

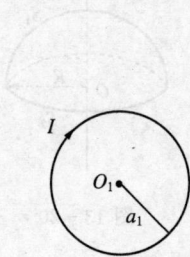 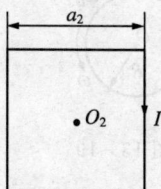

图 13 - 15

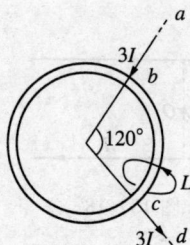

图 13 - 16

10. 如图 13 - 16 所示,两根直导线 ab 和 cd 沿半径方向被接到一个截面处处相等的铁环上,稳恒电流 $3I$ 从 a 端流入而从 d 端流出. 则磁感应强度 $\boldsymbol{B}$ 沿图中闭合路径 L 的积分 $\oint_L \boldsymbol{B} \cdot \mathrm{d}\boldsymbol{l}$ 等于　　　　　[　]

(A) $\mu_0 I$　　　　(B) $2\mu_0 I$　　　　(C) $3\mu_0 I$　　　　(D) 0

11. 若一平面载流线圈在磁场中既不受力,也不受力矩作用. 则表明

[　]

(A) 该磁场一定均匀,且线圈的磁矩方向一定与磁场方向平行

(B) 该磁场一定不均匀,且线圈的磁矩方向一定与磁场方向平行

(C) 该磁场一定均匀,且线圈的磁矩方向一定与磁场方向垂直

(D) 该磁场一定不均匀,且线圈的磁矩方向一定与磁场方向垂直

12. 如图 13 - 17 所示,流出纸面的电流为 $2I$,流进纸面的电流为 I. 则下述各式中,正确的是　　　　　[　]

(A) $\oint_{L_1} \boldsymbol{H} \cdot \mathrm{d}\boldsymbol{l} = 2I$

(B) $\oint_{L_2} \boldsymbol{H} \cdot \mathrm{d}\boldsymbol{l} = I$

(C) $\oint_{L_3} \boldsymbol{H} \cdot \mathrm{d}\boldsymbol{l} = I$

(D) $\oint_{L_4} \boldsymbol{H} \cdot \mathrm{d}\boldsymbol{l} = I$

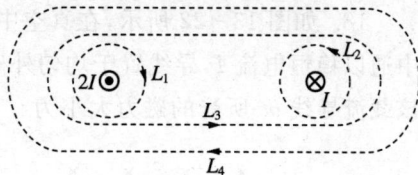

图 13 - 17

13. 将一根无限长的载流直导线弯成如图 13 - 18 所示的形状,导线中的电流强度为 I,半圆的半径为 R,则圆心 O 处的磁感应强度的大小为 _____,方向为 _____.

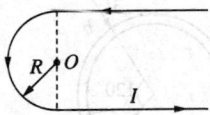
图 13-18

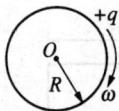
图 13-19

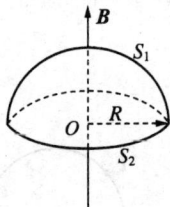
图 13-20

14. 如图 13-19 所示,一半径为 R 的均匀带电细圆环以角速度 ω 做匀速转动,细圆环带电 $+q$. 细圆环上形成的运流电流的大小为_____;圆心处磁感应强度的大小为_____,方向为_____.

15. 如图 13-20 所示,一半径为 R 的半球面和底面组成一个闭合曲面,且处于均匀磁场中,磁力线垂直于底面穿进该闭合曲面.则穿过半球面 S_1 的磁通量为_____,穿过底面 S_2 的磁通量为_____.

16. 如图 13-21 所示,一半径为 a 的无限长直载流圆柱体,沿轴向均匀地流有电流 I. 若作一个半径为 $R=5a$、高为 l 的圆柱形闭合曲面,已知此圆柱形闭合曲面的轴与载流导线的轴平行且相距 $3a$. 则穿过圆柱侧面的磁通量为_____;穿过整个圆柱形闭合曲面的磁通量为_____.

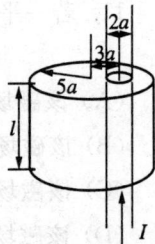
图 13-21

17. 总长均为 L(足够长)的两根细导线,分别均匀地平绕在半径为 R 和 $2R$ 的两个长直圆筒上,形成两个螺线管,其线圈的数密度相等,载有电流均为 I. 则两管轴线中部的磁感应强度大小应满足 B_1 _____ B_2(填"大于""等于"或"小于").

18. 如图 13-22 所示,在真空中有一半径为 a 的 3/4 圆弧形的导线,其中通以稳恒电流 I,导线置于均匀外磁场 $\boldsymbol{B}$ 中,且 $\boldsymbol{B}$ 与导线所在平面垂直.则该载流导线 bc 所受的磁力大小为_____,方向为_____.

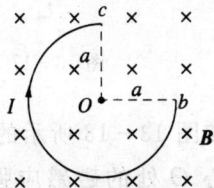
图 13-22

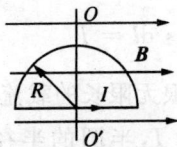
图 13-23

19. 如图 13-23 所示,半圆形线圈(半径为 R)通有电流 I,线圈处在与线圈平面平行向右的均匀磁场 **B** 中.线圈所受磁力矩的大小为_____,方向为_____.把线圈绕 OO' 轴转过角度_____时,磁力矩恰为零.

20. 一个密绕的细长螺线管,每厘米长度上绕有 20 匝细导线,螺线管的横截面积为 $10\ \text{cm}^2$.当在螺线管中通入 10 A 的电流时,它的横截面上的磁通量为_____.(真空磁导率 $\mu_0 = 4\pi \times 10^{-7}\ \text{T} \cdot \text{m} \cdot \text{A}^{-1}$)

21. 如图 13-24 所示,一无限长直导线通有电流 $I = 10$ A,在一处折成夹角 $\theta = 60°$ 的折线.求角平分线上与导线的垂直距离均为 $r = 0.1$ cm 的 P 点处的磁感强度.($\mu_0 = 4\pi \times 10^{-7}\ \text{T} \cdot \text{m} \cdot \text{A}^{-1}$)

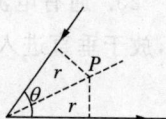

图 13-24

22. 如图 13-25 所示,在无限长直载流导线的右侧有面积为 S_1 和 S_2 的两个矩形回路,两个回路与长直载流导线在同一平面,且矩形回路的一边与长直载流导线平行.则通过面积为 S_1 的矩形回路的磁通量与通过面积为 S_2 的矩形回路的磁通量之比为多少?

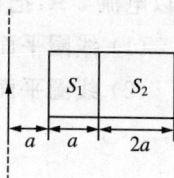

图 13-25

23. 如图 13-26 所示,一半径为 R 的均匀带电无限长直圆筒,面电荷密度为 σ,该筒以角速度 ω 绕其轴线匀速旋转.试求圆筒内部的磁感应强度.

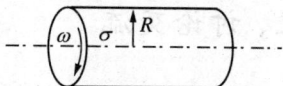

图 13-26

24. 一电子以 $v=10^5$ m·s^{-1} 的速率在垂直于均匀磁场的平面内做半径 $R=1.2$ cm 的圆周运动. 求此圆周所包围的磁通量.(忽略电子运动产生的磁场,已知基本电荷 $e=1.6\times10^{-19}$ C,电子质量 $m_e=9.11\times10^{-31}$ kg)

25. 通有电流 I 的长直导线在一平面内被弯成如图 13-27 所示的形状,放于垂直进入纸面的均匀磁场 $\boldsymbol{B}$ 中.求整个导线所受的安培力(R 为已知).

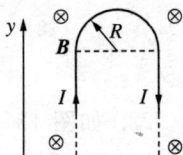

图 13-27

26. 一平面线圈由半径为 0.2 m 的 1/4 圆弧和相互垂直的两直线组成,通以电流 2 A,把它放在磁感应强度为 0.5 T 的均匀磁场中.求:

(1) 线圈平面与磁场垂直时(图 13-28),圆弧 $\overset{\frown}{AC}$ 段所受的磁力.

(2) 线圈平面与磁场成 60°角时,线圈所受的磁力矩.

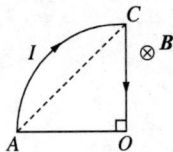

图 13-28

五、讨论交流

1. 在依靠显像管形成图像的电视机前移动磁铁,则屏幕上的图像会变形,试解释其原因.

2. 若磁感应强度 **B** 沿着某一闭合回路的积分等于零,是否能说明该积分路径上各点的磁感应强度 **B** 均为零? 是否能说明穿过该闭合回路的电流的代数和为零?

3. 在均匀磁场中有一根弯曲的载流导线. 请问:该导线如何放置时所受的磁力为零?

4. 在一均匀磁场中放置有两个面积相等的三角形和圆形线圈,其中通有相等的电流. 若它们在磁场中的方位相同,那么它们的磁矩是否相同? 所受的磁力矩是否相同?

5. 软磁材料和硬磁材料各有什么用途?

第十四章　电磁感应　电磁场和电磁波

一、学习基本要求

1. 了解电磁感应现象，掌握并能熟练应用法拉第电磁感应定律和楞次定律计算感应电动势，并判断其方向.

2. 理解动生电动势和感生电动势的本质，会计算动生电动势，并判断其方向.

3. 了解自感和互感的概念，会计算简单导体的自感和互感.

4. 了解磁场能量和磁能密度的概念，会计算均匀磁场和对称磁场的能量.

5. 了解位移电流和麦克斯韦电场的基本概念以及麦克斯韦方程组（积分形式）的物理意义.

6. 了解电磁振荡和电磁波的基本概念.

二、基本概念及基本规律

本章重点研究了电磁感应现象及其规律，电磁场和电磁波. 从电磁感应现象出发介绍了法拉第电磁感应定律和楞次定律；从产生感应电动势的原因出发介绍了动生电动势和感生电动势；从电流变化引起磁通变化的角度介绍了自感和互感、磁场的能量以及麦克斯韦电磁场理论基本概念；电磁振荡和电磁波等.

1. 电磁感应现象

当穿过闭合回路的磁通量发生变化时,不管这种变化是由什么原因导致的,回路中都会有电流产生,这一现象称为电磁感应现象.电磁感应现象中产生的电流称为感应电流,相应的电动势称为感应电动势.

产生感应电流的条件:
(1) 导体构成闭合回路.
(2) 穿过闭合导体回路的磁通量发生变化.

2. 电磁感应定律

当穿过闭合回路所围面积的磁通量发生变化时,回路中会产生感应电动势,且感应电动势正比于磁通量对时间变化率的负值.其数学表达式为

$$\mathscr{E} = -k \frac{\mathrm{d}\Phi}{\mathrm{d}t}.$$

若式中的各个物理量均采用国际单位制,则比例系数 k 取 1.因而,在国际单位制中,将电磁感应定律表述为

$$\mathscr{E}_i = -\frac{\mathrm{d}\Phi}{\mathrm{d}t}.$$

上式表明,感应电动势的大小和磁通量对时间变化率成正比,方向可由式中的负号来判断.

根据电磁感应定律中的负号判断感应电动势的方向可按以下步骤进行:

(1) 如图 14-1 所示,在闭合回路上预先选定回路的正方向.

(2) 根据右手螺旋定则确定回路所包围面积的正法线方向 n,即:伸开右手,让大拇指和四指垂直,四指的环绕方向和预先选定的回路的正方向一致时,大拇指的指向即为回路所包围面积的正法线方向,如图 14-1 所示.

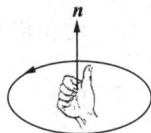

图 14-1

(3) 确定通过回路的磁通量 Φ_m 的正负.若通过回路的磁感应强度 B 的方向和 n 的方向一致,则通过回路的磁通量 Φ_m 为正;反之,则为负.

(4) 结合穿过回路的磁场的变化情况判定磁通量的增减情况.若 $\mathrm{d}\Phi_m > 0$,则 $\mathscr{E}_i < 0$,表明回路实际产生的电动势的方向和预先选定的回路正方向相

反;若 $d\Phi_m < 0$,则 $\mathscr{E}_i > 0$,表明回路实际产生的电动势的方向和预先选定的回路正方向一致.

> **说明:**
>
> (1) 闭合回路由 N 匝密绕线圈组成,通过 N 匝线圈的总磁通称为磁链: $\Psi = N\Phi$. 则回路中产生的感应电动势为 $\mathscr{E}_i = -\dfrac{d\Psi}{dt} = -N\dfrac{d\Phi}{dt}$.
>
> (2) 若闭合回路的电阻为 R,则回路中产生的感应电流为 $I_i = \dfrac{\mathscr{E}_i}{R} = -\dfrac{1}{R}\dfrac{d\Phi}{dt}$.
>
> (3) 在 $\Delta t = t_2 - t_1$ 时间内,通过导体回路任一截面的电量为: $q = \displaystyle\int_{t_1}^{t_2} I dt = -\frac{1}{R}\int_{\Phi_1}^{\Phi_2} d\Phi = \frac{1}{R}(\Phi_1 - \Phi_2)$.

3. 楞次定律

闭合回路中感应电流的方向总是企图使本身产生的磁通量去补偿或反抗引起感应电流的磁通量的变化. 或者可以简单表述为:感应电流的效果总是反抗引起感应电流的原因.

> **说明:**
>
> (1) 楞次定律告诉我们:感应电流的效果是阻碍磁通量的变化,而不是磁通量本身. 若原磁通量增加,则感应电流的磁场方向和原磁场相反;若原磁通量减小,则感应电流的磁场方向和原磁场一致.
>
> (2) 楞次定律的本质是能量守恒定律.

4. 动生电动势和感生电动势

产生感应电动势的原因是穿过闭合回路的磁通量发生改变. 由磁通量的表达式 $\Phi_m = \displaystyle\int_S \boldsymbol{B} \cdot d\boldsymbol{S}$ 可以看出,改变回路磁通量的方法有以下两种情况:

动生电动势　磁感应强度 $\boldsymbol{B}$ 不随时间变化,而闭合回路的整体或部分在恒定磁场中运动引起穿过闭合回路的磁通量发生改变,从而在回路中产生感应电动势,这样的电动势称为动生电动势. 其数学表达式为

$$\mathscr{E} = \int_L (\boldsymbol{v} \times \boldsymbol{B}) \cdot d\boldsymbol{l}.$$

式中:dl 为导线上的线元;B 为 dl 处对应的外磁场的磁感应强度;v 为 dl 处导线对应的运动速度.

感生电动势　闭合回路的任一部分在磁场中都不运动,而由磁感应强度 B 随时间变化引起穿过闭合回路的磁通量发生改变,从而在回路中产生感应电动势,这样的电动势称为感生电动势.其数学表达式为

$$\mathcal{E}_i = \oint_L \boldsymbol{E}_k \cdot \mathrm{d}\boldsymbol{l} = -\int_S \frac{\partial \boldsymbol{B}}{\partial t} \cdot \mathrm{d}\boldsymbol{S}.$$

式中的 S 是以闭合回路 L 为边界的任意曲面.

5. 自感电动势、互感电动势

自感电动势　回路中电流的变化将会引起自身回路中的磁通量变化,进而在自身回路中产生感应电动势的现象称为自感现象,自身回路中产生的感应电动势称为自感电动势.其数学表达式为

$$\mathcal{E}_L = -L \frac{\mathrm{d}I}{\mathrm{d}t}.$$

式中:负号表示自感电动势总是要阻碍线圈回路本身电流的变化;比例系数 L 称为自感系数,与回路的形状、大小以及周围介质情况有关,其数值等于回路中的电流为一单位时穿过此回路所围面积的磁通量.自感 L 的定义式为 $L = \dfrac{N\Phi}{I} = \dfrac{\Psi}{I}$ 或 $L = \dfrac{|\mathcal{E}_L|}{\mathrm{d}I/\mathrm{d}t}$.

互感电动势　当一个线圈中的电流发生变化时,它的周围空间将产生变化的磁场,从而在它附近的另一个线圈中产生感应电动势,此现象称为互感现象,另一个线圈中产生感应电动势称为互感电动势,如图 14-2 所示.其数学表达式为:

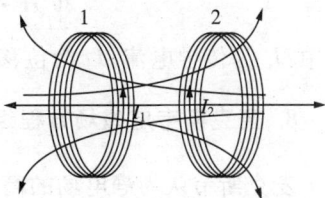

图 14-2

(1) 电流 I_1 的变化在线圈 2 中产生的互感电动势为 $\mathcal{E}_{21} = -M_{21} \dfrac{\mathrm{d}I_1}{\mathrm{d}t}$;

(2) 电流 I_2 的变化在线圈 1 中产生的互感电动势为 $\mathcal{E}_{12} = -M_{12} \dfrac{\mathrm{d}I_2}{\mathrm{d}t}$.

式中的比例系数 M_{21} 和 M_{12} 称为互感系数,在两线圈的形状、大小、匝数、相对位置以及周围的磁介质的磁导率都保持不变时,两者是相等的.互感系数的大小反映了两个线圈磁场的相互影响程度.

6. 磁场能量、磁场能量密度

磁场能量　和静电场一样,磁场中也储有能量,这样的能量称为磁场能量,用 W_m 表示.

磁场能量密度　单位体积中储存的磁场能量称为磁场能量密度,用 w_m 表示.其数学表达式为 $w_m = \dfrac{1}{2}\dfrac{B^2}{\mu}$.

任意磁场空间储存的总能量为 $W_m = \displaystyle\int_V w_m \mathrm{d}V = \int_V \dfrac{1}{2}\dfrac{B^2}{\mu}\mathrm{d}V$($V$ 为整个磁场所在空间的体积).

7. 位移电流、全电流安培环路定理

位移电流密度　电场中某一点位移电流密度矢量等于该点电位移矢量对时间的变化率,用 $\boldsymbol{j}_d$ 表示,即 $\boldsymbol{j}_d = \dfrac{\mathrm{d}\boldsymbol{D}}{\mathrm{d}t}$.

位移电流　电场中某一截面的位移电流等于通过该截面电位移通量对时间的变化率,用 I_d 表示,即 $I_d = \dfrac{\mathrm{d}\boldsymbol{\Psi}}{\mathrm{d}t}$.

全电流安培环路定理　在磁场中沿任意闭合回路 $\boldsymbol{H}$ 的线积分在数值上等于穿过以该闭合回路为边线的任意曲面的传导电流和位移电流的代数和,这称为全电流安培环路定理.其数学表达式为

$$\oint_L \boldsymbol{H} \cdot \mathrm{d}\boldsymbol{l} = \sum (I_c + I_d).$$

式中:I_c 为传导电流;I_d 为位移电流.

8. 麦克斯韦电磁场方程组

麦克斯韦认为静电场的高斯定理和稳恒磁场的高斯定理不仅适用于静电场和稳恒磁场,也适用于一般电磁场.于是,得到电磁场的四个基本方程,即

$$\oint_S \boldsymbol{D} \cdot \mathrm{d}\boldsymbol{S} = \int_V \rho \mathrm{d}V = q;$$

$$\oint_l \boldsymbol{E} \cdot \mathrm{d}\boldsymbol{l} = -\int_S \frac{\partial \boldsymbol{B}}{\partial t} \cdot \mathrm{d}\boldsymbol{S};$$

$$\oint_S \boldsymbol{B} \cdot \mathrm{d}\boldsymbol{S} = 0;$$

$$\oint_l \boldsymbol{H} \cdot \mathrm{d}\boldsymbol{l} = I_c + \int_S \frac{\partial \boldsymbol{D}}{\partial t} \cdot \mathrm{d}\boldsymbol{S}.$$

以上四个方程是麦克斯韦方程组的积分形式.

麦克斯韦方程组揭示了电磁场间的相互依存、相互转换的对立统一规律,它的成立预示着电磁波的存在.电磁场是以电磁波的形式存在的,静电场、稳恒磁场是在特定条件下的特殊情况.

9. 电磁振荡、电磁波

电磁振荡　电流与电荷、电场与磁场随时间做周期性变化的现象叫做电磁振荡.

电磁波　变化的电场和变化的磁场不断地交替产生,由近及远以有限的速度在空间传播,称为电磁波.

电磁波的基本性质:

(1) 电磁波是横波,具有偏振性.

(2) 电矢量与磁矢量垂直,且同相位.

(3) $\boldsymbol{E}$ 和 $\boldsymbol{B}$ 的幅值成比例,即 $\sqrt{\varepsilon_0}E=\sqrt{\mu_0}B$.

(4) 真空中电磁波的传播速度等于真空的光速,即 $u=\dfrac{1}{\sqrt{\varepsilon_0\mu_0}}=2.998\times10^8\,\mathrm{m\cdot s^{-1}}$.

三、典型例题精析

本章主要涉及动生电动势、自感以及磁场能量等计算,现将它们的解题思路归纳如下.

1. 闭合回路中的动生电动势有两种求解方法

(1) 利用法拉第电磁感应定律求解

① 约定回路的绕行正方向,并根据右手螺旋定则确定回路所在平面的正法线方向;约定回路中的 ε_+ 方向和绕行正方向一致.

② 计算通过闭合回路的磁通量.

③ 根据 $\mathscr{E}=-\dfrac{\mathrm{d}\Phi_m}{\mathrm{d}t}$ 计算回路中产生的动生电动势.若 $\mathscr{E}>0$,则表明回路实际产生的感应电动势的方向和预先约定的 $\mathscr{E}_+$ 一致;若 $\mathscr{E}<0$,则表明回路

实际产生的感应电动势的方向和预先约定的 $\mathcal{E}_+$ 相反.

（2）根据动生电动势表达式计算

① 在线上任取线元 $\mathrm{d}l$，并规定其方向.

② 根据表达式 $\mathrm{d}\mathcal{E} = (\boldsymbol{v} \times \boldsymbol{B}) \cdot \mathrm{d}l$ 写出 $\mathrm{d}l$ 对应的 $\mathrm{d}\mathcal{E}$.

③ 将 $\mathrm{d}\mathcal{E}$ 对整个运动导线积分，即 $\mathcal{E} = \int_a^b (\boldsymbol{v} \times \boldsymbol{B}) \cdot \mathrm{d}l$. 若计算结果 $\mathcal{E} > 0$，则表明回路实际产生的感应电动势的方向和预先约定的 $\mathrm{d}l$ 的方向一致；若计算结果 $\mathcal{E} < 0$，则表明回路实际产生的感应电动势的方向和预先约定的 $\mathrm{d}l$ 的方向相反.

2. 自感的计算

（1）假设导线中通电 I，求出电流产生的磁场.

（2）计算穿过线圈的磁通链 Ψ.

（3）代入公式 $L = \dfrac{\Psi}{I}$，求 L.

例 14-1　如图 14-3(a)所示，一矩形导体线框，宽为 l，与运动导体棒构成闭合回路. 如果导体棒以速度 v 做匀速直线运动，求回路内的感应电动势.

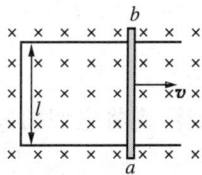　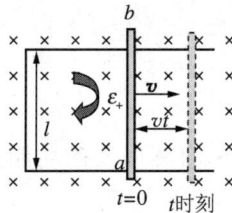　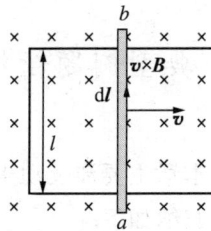

图 14-3(a)　　　　图 14-3(b)　　　　图 14-3(c)

逻辑推理

本题是典型的动生电动势的计算问题，可以从两个角度进行解答. 角度一：导体棒向右做匀速直线运动的过程中，穿过闭合回路的磁通量不断增加，可以先写出磁通量随时间变化的关系式，然后根据法拉第电磁感应定律求解；角度二：整个回路中产生感应电动势的是运动的导体棒，可以根据动生电动势的计算表达式 $\mathcal{E} = \int_a^b (\boldsymbol{v} \times \boldsymbol{B}) \cdot \mathrm{d}l$ 解答.

提纲挈领

法拉第电磁感应定律：$\mathscr{E} = -\dfrac{\mathrm{d}\Phi_{\mathrm{m}}}{\mathrm{d}t}$；

动生电动势的表达式：$\mathscr{E} = \displaystyle\int_a^b (\boldsymbol{v} \times \boldsymbol{B}) \cdot \mathrm{d}\boldsymbol{l}$.

详解过程

解　方法一：如图 14-3(b) 所示，约定顺时针方向为回路的绕行正方向，并假设 $t=0$ 时刻，穿过回路的磁通量为 Φ_0，则 t 时刻穿过回路的磁通量为 $\Phi = \Phi_0 + Blvt$.

根据法拉第电磁感应定律，可知 $\mathscr{E} = -\dfrac{\mathrm{d}\Phi}{\mathrm{d}t} = -Blv$. 式中的负号表明回路中实际产生的电动势的方向和约定的正方向相反，即回路中电动势的方向由导体棒的 a 端指向 b 端.

方法二：如图 14-3(c) 所示，在导体棒上任取线元 $\mathrm{d}l$，并取其方向为由导体棒的 a 端指向 b 端，则 $\mathrm{d}\mathscr{E} = (\boldsymbol{v} \times \boldsymbol{B}) \cdot \mathrm{d}\boldsymbol{l} = vB\mathrm{d}l$.

整个导体棒上产生的感应电动势为 $\mathscr{E} = \displaystyle\int_0^l \mathrm{d}\varepsilon = \int_0^l vB\,\mathrm{d}l = vBl$.

故回路内的感应电动势为 vBl，方向由导体棒的 a 端指向 b 端.

例 14-2　如图 14-4 所示，真空中长直导线通有交电流 $i = i_0 \sin\omega t$，旁边有一矩形线框，其宽为 a，长为 b，和直导线平行的两边距导线的距离分别为 l_1 和 l_2.(1) 求矩形线框中的感应电动势.(2) 若在回路中接上电阻为 R 的负载，求回路中产生的感应电流.

逻辑推理

本题中的矩形线框处于变化的磁场中，穿过回路的磁通量是关于时间的函数. 因此，可

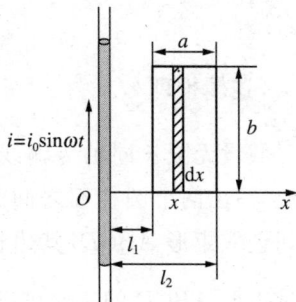

图 14-4

以先算出磁通量的表达式，然后根据法拉第电磁感应定律算出矩形线框中的感应电动势.若在回路中接上电阻为 R 的负载，可以根据欧姆定律算出回路中的感应电流.

提纲挈领

磁通量表达式：$\Phi_{\mathrm{m}} = \int_S \boldsymbol{B} \cdot \mathrm{d}\boldsymbol{S}$；

法拉第电磁感应定律：$\mathscr{E} = -\dfrac{\mathrm{d}\Phi_{\mathrm{m}}}{\mathrm{d}t}$；

欧姆定律：$I = \dfrac{U}{R}$.

详解过程

解 （1）磁通量的计算过程可参阅例 13-2，穿过矩形线框的磁通量为

$$\Phi_{\mathrm{m}} = \frac{\mu_0 b i_0}{2\pi} \ln \frac{l_2}{l_1} \sin\omega t.$$

根据法拉第电磁感应定律，可得 $\mathscr{E} = -\dfrac{\mathrm{d}\Phi_{\mathrm{m}}}{\mathrm{d}t} = -\dfrac{\mu_0 b i_0 \omega}{2\pi} \ln \dfrac{l_2}{l_1} \cos\omega t.$

（2）根据欧姆定律，可知回路中的感应电流为

$$I = \frac{\mathscr{E}}{R} = -\frac{\mu_0 b i_0 \omega}{2\pi R} \ln \frac{l_2}{l_1} \cos\omega t.$$

由此可见，交流电旁边的矩形线框中产生的感应电流也是交流电.

例 14-3 如图 14-5 所示，一无限长同轴传输线的内半径为 R_1，外半径为 R_2. 求该同轴传输线单位长度的自感.

逻辑推理

假设无限长同轴传输线中通有大小都为 I 的反向电流，写出两个圆柱面之间的磁感应强度. 在两个圆柱面间选取矩形 $ABCD$，其边长分别是 l 和 $R_2 - R_1$，算出穿过矩形 $ABCD$ 的磁通量，进而根据自感的定义 $L = \dfrac{\Psi}{I}$ 计算.

图 14-5

提纲挈领

安培环路定理：$\oint_L \boldsymbol{B} \cdot \mathrm{d}\boldsymbol{l} = \mu_0 \sum_{L_内} I_i$；

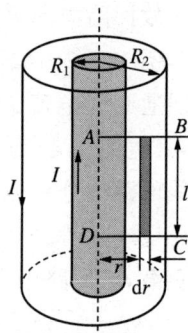

磁通量表达式：$\Phi_m = \int_S \boldsymbol{B} \cdot \mathrm{d}\boldsymbol{S}$；

自感定义式：$L = \dfrac{\Psi}{I}$.

详解过程

解　如图 14-5 所示，假设圆柱面上通有等值反向的电流 I，则根据安培环路定理，知两个圆柱面之间的磁感应强度为 $B = \dfrac{\mu_0 I}{2\pi r}(R_1 < R < R_2)$.

在矩形 $ABCD$ 上取一长为 l、宽为 $\mathrm{d}r$ 的面积元 $\mathrm{d}S$，则穿过面积元的磁通量 $\mathrm{d}\Phi = \boldsymbol{B} \cdot \mathrm{d}\boldsymbol{S} = \dfrac{\mu_0 I l}{2\pi r}\mathrm{d}r$.

穿过整个矩形 $ABCD$ 的磁通量为 $\Phi = \dfrac{\mu_0 I l}{2\pi}\int_{R_1}^{R_2}\dfrac{\mathrm{d}r}{r} = \dfrac{\mu_0 I l}{2\pi}\ln\left(\dfrac{R_2}{R_1}\right)$.

根据自感的定义式可知，$L = \dfrac{\Psi}{I} = \dfrac{\Phi}{I} = \dfrac{\mu_0 l}{2\pi}\ln\left(\dfrac{R_2}{R_1}\right)$.

故该同轴传输线单位长度的自感为 $L_0 = \dfrac{L}{l} = \dfrac{\mu_0}{2\pi}\ln\left(\dfrac{R_2}{R_1}\right)$.

例 14-4　若在例 14-3 中的同轴传输线中通有电流大小相等、方向相反的电流 I. 求单位长度同轴传输线中储存的磁能.（设金属芯线内的磁场可忽略）

逻辑推理

解　根据安培环路定理写出两个传输线间的磁感应强度，进而知道传输线间的磁能密度分布函数，然后对所求磁场空间的体积进行积分即可.

提纲挈领

安培环路定理：$\oint_L \boldsymbol{B} \cdot \mathrm{d}\boldsymbol{l} = \mu_0 \sum_{L内} I_i$；

磁能密度：$w_m = \dfrac{1}{2}\dfrac{B^2}{\mu}$；

任意磁场空间的能量：$W_m = \int_V w_m \mathrm{d}V = \int_V \dfrac{1}{2}\dfrac{B^2}{\mu}\mathrm{d}V$.

详解过程

解　根据安培环路定理可知，同轴传输线空间的磁感应强度为

$$B=\begin{cases}0(r<R_1,r>R_2);\\ \dfrac{\mu_0 I}{2\pi r}(R_1<r<R_2).\end{cases}$$

由此可见,磁场能量储存在两个圆柱面之间,且磁能密度为 $w_m=\dfrac{1}{2}\dfrac{B^2}{\mu_0}$

$=\dfrac{\mu_0 I^2}{8\pi^2 r^2}.$

图 14－6 为所取单位长度壳层体积元的截面示意图,显然 $dV=2\pi r dr\cdot 1.$

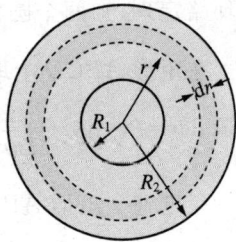

故单位长度同轴传输线中储存的磁能为

$$W_m=\int_V w_m dV=\int_{R_1}^{R_2}\frac{\mu_0 I^2}{8\pi^2 r^2}2\pi r dr$$

$$=\int_{R_1}^{R_2}\frac{\mu_0 I^2}{4\pi r}dr=\frac{\mu_0 I^2}{4\pi}\ln\frac{R_2}{R_1}.$$

图 14－6

四、动手动脑

1. 两根无限长平行直导线载有大小相等、方向相反的电流 I,并各以 dI/dt 的变化率减小,一矩形线圈位于导线平面内(图 14－7).则　　　　[　　]

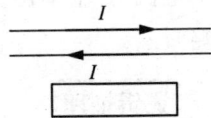

图 14－7

（A）线圈中无感应电流

（B）线圈中感应电流为顺时针方向

（C）线圈中感应电流为逆时针方向

（D）线圈中感应电流方向不确定

2. 闭合电路的一部分导线 ab 处于匀强磁场中,下图中各情况下导线都在纸面内运动.那么下列判断中,正确的是　　　　[　　]

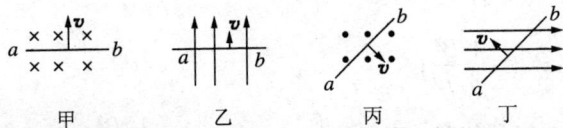

甲　　　　乙　　　　丙　　　　丁

（A）都会产生感应电流

（B）都不会产生感应电流

（C）甲、乙不会产生感应电流,丙、丁会产生感应电流

（D）甲、丙会产生感应电流,乙、丁不会产生感应电流

3. 如图 14-8 所示,矩形线框 abcd 的一边 ad 恰与长直导线重合(互相绝缘).现使线框绕不同的轴转动,不能使框中产生感应电流的是　　　[　　]

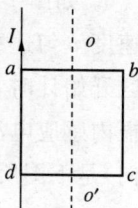

图 14-8

(A) 绕 ad 边为轴转动

(B) 绕 oo' 为轴转动

(C) 绕 bc 边为轴转动

(D) 绕 ab 边为轴转动

4. 关于产生感应电流的条件,以下说法中正确的是　　　[　　]

(A) 闭合电路在磁场中运动,闭合电路中就一定会有感应电流

(B) 闭合电路在磁场中做切割磁感线运动,闭合电路中一定会有感应电流

(C) 穿过闭合电路的磁通为零的瞬间,闭合电路中一定不会产生感应电流

(D) 无论用什么方法,只要穿过闭合电路的磁感线条数产生了变化,闭合电路中一定会有感应电流

5. 关于感应电动势大小的下列说法中,正确的是　　　[　　]

(A) 线圈中磁通量变化越大,线圈中产生的感应电动势一定越大

(B) 线圈中磁通量越大,产生的感应电动势一定越大

(C) 线圈放在磁感强度越强的地方,产生的感应电动势一定越大

(D) 线圈中磁通量变化越快,产生的感应电动势越大

6. 位于载流长直导线近旁的两根平行铁轨 A 和 B,与长直导线平行且在同一水平面上,在铁轨 A、B 上套有两段可以自由滑动的导体 CD 和 EF,如图 14-9 所示.若用力使导体 EF 向左运动,则导体 CD 将　　　[　　]

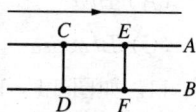

图 14-9

(A) 保持不动　　　　　(B) 向右运动

(C) 向左运动　　　　　(D) 先向右运动,后向左运动

7. 在匀强磁场中放一电阻不计的平行金属导轨,导轨跟大线圈 M 相接,如图 14-10 所示.导轨上放一根导线 ab,磁感线垂直于导轨所在平面.欲使 M 所包围的小闭合线圈 N 产生逆时针方向的感应电流,则导线的运动可能是　　　[　　]

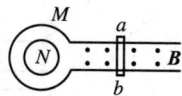

图 14-10

(A) 匀速向右运动　　　　(B) 加速向右运动

(C) 匀速向左运动　　　　(D) 加速向左运动

8. 如图 14-11 所示,一闭合直角三角形线框以速度 v 匀速穿过匀强磁场区域. 从 BC 边进入磁场区开始计时,到 A 点离开磁场区停止的过程中,线框内感应电流的情况(以逆时针方向为电流的正方向)是下图所示中的   [   ]

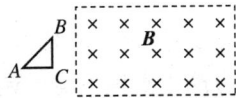

图 14-11

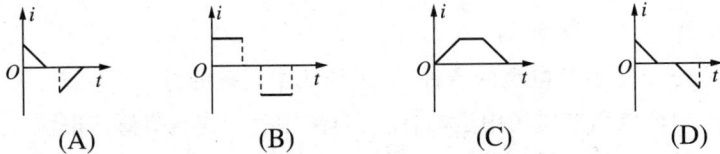

(A)   (B)   (C)   (D)

9. 真空中一根无限长直细导线上通电流 I,则距导线垂直距离为 a 的空间某点处的磁能密度为   [   ]

(A) $\dfrac{1}{2}\mu_0\left(\dfrac{\mu_0 I}{2\pi a}\right)^2$ (B) $\dfrac{1}{2\mu_0}\left(\dfrac{\mu_0 I}{2\pi a}\right)^2$

(C) $\dfrac{1}{2}\left(\dfrac{2\pi a}{\mu_0 I}\right)^2$ (D) $\dfrac{1}{2\mu_0}\left(\dfrac{\mu_0 I}{2a}\right)^2$

10. 如图 14-12 所示,长度为 l 的直导线 ab 置于均匀磁场 $\boldsymbol{B}$ 中,且平行于磁感应强度 $\boldsymbol{B}$. 若直导线 ab 以速度 $\boldsymbol{v}$ 垂直于纸面向里运动,则直导线 ab 中的电动势为   [   ]

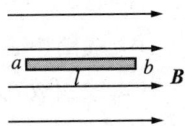

图 14-12

(A) Blv (B) $Blv\sin\alpha$

(C) $Blv\cos\alpha$ (D) 0

11. 如图 14-13 所示,一水平放置的矩形线圈在条形磁铁 S 极附近下落,在下落过程中,线圈平面保持水平,位置 1 和 3 都靠近位置 2.则线圈从位置 1 到位置 2 的过程中,线圈内_____感应电流,线圈从位置 2 至位置 3 的过程中,线圈内_____感应电流.(填"有"或"无")

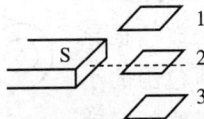

图 14-13

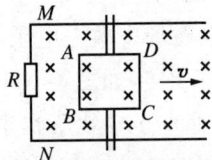

图 14-14

12. 如图 14-14 所示,平行金属导轨的左端连有电阻 R,金属导线框 $ABCD$ 的两端用金属棒跨在导轨上,匀强磁场方向指向纸内. 当线框 $ABCD$

沿导轨向右运动时,线框 $ABCD$ 中有无感应电动势? _____;电阻 R 上有无电流通过? _____.

13. 如图 14-15 所示,A、B 两闭合线圈为同样导线绕成且均为 20 匝,半径 $r_A = 2r_B$,线圈内有理想边界的匀强磁场.若磁场均匀减小,则 A、B 线圈中产生的感应电动势之比 $\mathcal{E}_A : \mathcal{E}_B =$ _____,产生的感应电流之比 $I_A : I_B =$ _____.

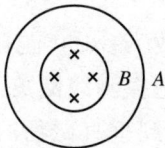
图 14-15

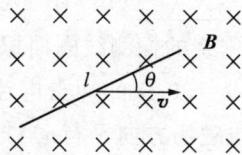
图 14-16

14. 一导体棒长 $l = 80$ cm,在磁感强度为 $B = 0.1$ T 的匀强磁场中,垂直于磁场方向做切割磁感线运动,运动的速度 $v = 2$ m/s,如图 14-16 所示.若速度方向与棒的夹角为 $\theta = 30°$,则导体棒中感应电动势的大小为 _____ V;此导体棒在做切割磁感线运动时,若速度大小不变,可能产生的最大感应电动势为 _____ V.

15. 将矩形线圈垂直于磁场方向放在匀强磁场中,如图 14-17 所示.将线圈在磁场中上下平移时,其感应电流为 _____;将线圈前后平移时,其感应电流为 _____;以 AF 为轴转动时,其感应电流方向为 _____;以 AC 为轴转动时,其感应电流方向为 _____;沿任意方向移出磁场时,其感应电流方向为 _____.

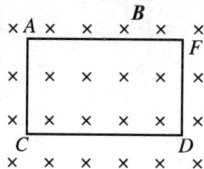
图 14-17

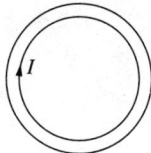
图 14-18

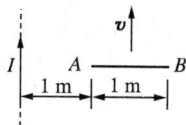
图 14-19

16. 如图 14-18 所示,两个圆形闭合线圈,当内线圈中电流强度 I 迅速增强时,外线圈的感应电流方向为 _____.

17. 如图 14-19 所示,金属杆 AB 以匀速 $v = 2$ m/s 平行于长直载流导线运动,导线与 AB 共面且相互垂直.已知导线载有电流 $I = 40$ A,则此金属杆中的感应电动势 $\mathcal{E}_i =$ _____,电势较高端为 _____.($\ln 2 = 0.69$)

18. 半径为 a 的无限长密绕螺线管,单位长度上的匝数为 n,通以交变电流 $i = I_m \sin\omega t$. 则围在管外的同轴圆形回路(半径为 r)上的感生电动势为 _____.

19. 一自感线圈中,电流强度在 0.002 s 内均匀地由 10 A 增加到 12 A,此过程中线圈内自感电动势为 400 V. 则线圈的自感系数 $L=$ _____.

20. 将一木环静止放置在随时间均匀变化的磁场中,则木环中有无感应电动势产生? _____ (填"有"或"无").

21. 一个密绕的探测线圈面积为 4 cm^2,匝数 $N=160$,电阻 $R=50$ Ω,线圈与一个内阻 $r=30$ Ω 的冲击电流计相连. 今把探测线圈放入一均匀磁场中,线圈法线与磁场方向平行. 当把线圈法线转到垂直磁场的方向时,电流计指示通过的电荷为 4×10^{-5} C. 问:磁场的磁感强度为多少?

22. 如图 14-20 所示,载流长直导线与矩形回路 $ABCD$ 共面,导线平行于 AB. 求下列情况下回路 $ABCD$ 中的感应电动势:

(1) 长直导线中电流 $I=I_0$ 不变,$ABCD$ 以垂直于导线的速度 v 从图示初始位置远离导线匀速平移到某一位置时(t 时刻);

(2) 长直导线中电流 $I=I_0\cos\omega t$,$ABCD$ 不动.

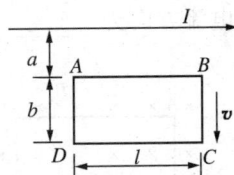

图 14-20

23. 一半径 $r=10$ cm 的圆形回路放在 $B=0.8$ T 的均匀磁场中,回路平面与 $\boldsymbol{B}$ 垂直. 当回路半径以恒定速率 $\dfrac{\mathrm{d}r}{\mathrm{d}t}=80$ cm·s^{-1} 收缩时,求回路中感应电动势的大小.

24. 一无限长圆柱形直导线,其截面各处的电流密度相等,总电流为 I. 求导线内部单位长度上所储存的磁能.

五、讨论交流

1. 当把一条形磁铁插入塑料圆环中时,圆环中是否有感应电动势产生? 圆环中是否有感应电流?

2. 现有两根完全相同的铝管竖直固定在支架上,若将外形和体积相同的铁块和磁铁同时从铝管上端放手,谁先到达铝管底端? 请分析原因.

3. 让一小块磁铁从竖直放置的较长铝管的上端下落,不计空气阻力. 试定性分析磁铁进入铝管后在管的上部、中部和下部的受力情况和运动情况.

第十五章　量子物理

一、学习基本要求

1. 了解斯特藩-玻耳兹曼定律和维恩位移定律,理解普朗克量子假设.

2. 理解光电效应和康普顿效应的实验规律,理解爱因斯坦光量子假设,掌握爱因斯坦方程的意义,理解光的波粒二象性.

3. 了解氢原子光谱的实验规律及玻尔氢原子理论.

4. 理解德布罗意假设和实物粒子的波粒二象性,了解一维坐标和动量的不确定关系.

5. 了解波函数及其统计解释,了解一维定态的薛定谔方程.

二、基本概念及基本规律

1. 黑体辐射的实验定律

黑体　能完全吸收照射到它上面的各种频率的电磁辐射的物体. 黑体是一种理想模型,用任意材料制成的空腔上开的小孔可以近似看做是黑体.

黑体辐射　黑体既能吸收电磁波,也能向外辐射电磁波,即黑体辐射. 在一定温度下,黑体吸收和辐射电磁波的能力都是最强的.

描述黑体辐射的两个物理量:

单色辐出度 $M_\lambda(T)$　单位时间内从物体单位面积发出的波长在 λ 附近单位波长区间的电磁波能量.

辐出度 $M(T)$　单位时间内单位面积上所辐射出的各种波长的电磁波的能量总和.

两者之间的关系为 $M(T) = \int_0^\infty M_\lambda(T)\mathrm{d}\lambda$.

黑体辐射满足两条实验定律(图 15-1):

斯特藩-玻耳兹曼定律　黑体辐出度与温度的四次方成正比,即

$$M(T) = \int_0^\infty M_\lambda(T)\mathrm{d}\lambda = \sigma T^4.$$

式中 $\sigma = 5.670 \times 10^{-8}\,\mathrm{W} \cdot \mathrm{m}^{-2} \cdot \mathrm{K}^{-4}$,为斯特藩-玻耳兹曼常数.

维恩位移定律　随着温度的升高,黑体单色辐出度的峰值对应的波长向短波方向移动,即 $\lambda_m T = b$,其中 $b = 2.898 \times 10^{-3}\,\mathrm{m} \cdot \mathrm{K}$.

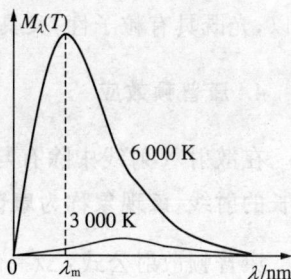

图 15-1

2. 普朗克假设、普朗克黑体辐射公式

普朗克量子化假设　谐振子吸收或辐射能量不是连续的,而是以正比于频率的能量子 $\varepsilon = h\nu$ 为基本单元一份一份地吸收或发射的.谐振子吸收或发射的能量只能是能量子的整数倍,即

$$\varepsilon = nh\nu\,(n = 1, 2, 3, \cdots).$$

其中 $h = 6.626 \times 10^{-34}\,\mathrm{J} \cdot \mathrm{s}$ 为普朗克常量.

普朗克黑体辐射公式　$M_\nu(T)\mathrm{d}\nu = \dfrac{2\pi h}{c^2} \dfrac{\nu^3 \mathrm{d}\nu}{\mathrm{e}^{h\nu/kT} - 1}$,其中 k 为玻耳兹曼常量.

普朗克公式与黑体辐射的实验结论基本吻合,成功地解决了瑞利-金斯的"紫外灾难".

3. 光电效应和爱因斯坦方程

光电效应　在光照射下,电子从金属表面逸出的现象,逸出的电子称为光电子.

爱因斯坦的光量子假设:光由一些以光速 c 运动的光量子(又称光子)构成、频率为 ν 的光,其光子能量为 $\varepsilon = h\nu$.

爱因斯坦方程　$h\nu = \dfrac{1}{2}mv^2 + W$,其中 W 为金属电子的逸出功,由金属材料决定.

截止频率(红限)　$\nu_0 = \dfrac{W}{h}$.

遏止电压 U_0　满足 $eU_0 = \dfrac{1}{2}mv^2$ 或 $h\nu = eU_0 + W$.

光电效应揭示了光具有粒子性,而干涉与衍射现象表明光具有波动性.所以,光既具有粒子性,又具有波动性,这种双重性质称为光的波粒二象性.

4. 康普顿效应

在散射 X 射线中除有与入射波长相同的射线外,还有波长比入射波长更长的射线,该现象称为**康普顿效应**.

康普顿散射公式:$\Delta\lambda = \lambda - \lambda_0 = \lambda_C(1 - \cos\theta)$,其中:$\lambda_C = \dfrac{h}{m_0 c} = 2.43 \times 10^{-12}$ m,为康普顿波长;θ 为散射角.

康普顿公式说明,散射光波长的改变量仅与散射角有关,最大改变波长为 $2\lambda_C$.

5. 氢原子的玻尔理论

卢瑟福以 α 粒子散射实验的结论为依据,提出原子的有核模型.为了避免该模型与经典电磁理论之间的矛盾,玻尔提出了三条假设:

(1) 定态假设

电子在原子中,可以在一些特定的轨道上运动而不辐射电磁波,这时原子处于稳定状态(定态),并具有一定的能量.

(2) 量子化假设

电子以速度 v 在半径为 r 的圆周上绕核运动时,只有电子的角动量等于 $h/2\pi$ 的整数倍的那些轨道是稳定的,即电子角动量满足量子化条件:$L = mvr = n\dfrac{h}{2\pi}(n = 1, 2, 3, \cdots)$,$n$ 称为主量子数.

(3) 辐射假设

当原子从高能量 E_i 的定态跃迁到低能量 E_f 的定态时,要发射频率为 ν 的光子,且满足频率条件 $h\nu = E_i - E_f$.

玻尔由三条假设出发,导出了氢原子能级公式:

$$E_n = E_1/n^2 \quad (n=1,2,3,\cdots).$$

式中: $E_1 = -\dfrac{me^4}{8\varepsilon_0^2 h^2} = -13.6\ \text{eV}$, 为基态能量; $E_n (n>1)$ 为激发态能量.

氢原子轨道半径公式:

$$r_n = r_1 n^2 \quad (n=1,2,3,\cdots).$$

式中 $r_1 = \dfrac{\varepsilon_0 h^2}{\pi me^2} = 5.29 \times 10^{-11}\ \text{m}$, 称为玻尔半径.

玻尔的氢原子理论能很好地解释氢原子光谱的规律性, 但是对多原子分子不适用.

6. 德布罗意假设

德布罗意假设　实物粒子与光一样, 具有波粒二象性, 且 $E = h\nu$, $P = \dfrac{h}{\lambda}$.

这种波叫做德布罗意波, 又称物质波.

后经实验证明, 电子、质子、中子、氦原子等实物粒子的确都具有波动性.

可根据 $\lambda = \dfrac{h}{P} = \dfrac{h}{mv}$ 和 $\nu = \dfrac{E}{h} = \dfrac{mc^2}{h}$ 求实物粒子的波长和频率.

> **注意:**
>
> 若粒子速率远小于光速, 以上两式中 m 可认为等于粒子的静止质量; 但若粒子速度接近光速, 则应使用相对论质量 $m = \gamma m_0$ 来计算.

德布罗意波是一种概率波, 在某处德布罗意波的强度与粒子在该处邻近出现的概率成正比.

7. 不确定关系

由于微观粒子具有波粒二象性, 所以不能同时准确确定其坐标和动量. 粒子在一维方向运动时, 其坐标的不确定范围 Δx 和动量的不确定范围 ΔP_x 满足如下关系: $\Delta x \Delta P_x \geqslant h$.

该关系称为坐标与动量的不确定关系.

8. 波函数及其统计解释

波函数 $\Psi(r,t)$　量子力学中用来描述微观粒子运动状态的函数, 常表示为坐标和时间的复函数, 微观粒子的各种力学量都可以用波函数表示.

沿 x 轴运动的微观粒子,其波函数为

$$\Psi(x,t)=\Psi_0 e^{-i2\pi\left(vt-\frac{x}{\lambda}\right)}=\Psi_0 e^{-i\frac{2\pi}{h}(Et-Px)}.$$

波函数的统计解释　$|\Psi|^2$ 表示在 t 时刻,粒子在某处单位体积内出现的概率,即概率密度.因此,某一时刻出现在某处附近体积元 dV 中的粒子概率为 $|\Psi|^2 dV=\Psi\Psi^* dV$.

波函数的归一化条件　$\int |\Psi|^2 dV=1$,表示某个时刻在整个空间发现粒子的概率为 1.

9. 薛定谔方程

薛定谔方程是波函数满足的方程,是微观粒子运动所遵循的基本方程.

一维势场中的定态薛定谔方程为

$$\frac{d^2\psi}{dx^2}+\frac{8\pi^2 m}{h^2}(E-E_p)\psi(x)=0,$$

式中 E 和 E_p 分别为粒子总能量和势能.

三维势场中的定态薛定谔方程为

$$\nabla^2\psi+\frac{8\pi^2 m}{h^2}(E-E_p)\psi=0,$$

式中 $\nabla^2=\frac{\partial^2}{\partial x^2}+\frac{\partial^2}{\partial y^2}+\frac{\partial^2}{\partial z^2}$,为拉普拉斯算符.

三、典型例题精析

例 15-1　在黑体被加热的过程中,其单色辐出度的最大值所对应的波长由 $1.0\ \mu m$ 变化到 $0.50\ \mu m$.其总辐出度变为原来的几倍?

逻辑推理

本题用黑体辐射的两条实验定律——斯特藩-玻耳兹曼定律和维恩位移定律可解.由峰值波长的比值根据维恩位移定律可求出温度比,再由斯特藩-玻耳兹曼定律可求辐出度的比.

提纲挈领

斯特藩-玻耳兹曼定律:$M(T)=\int_0^\infty M_\lambda(T)d\lambda=\sigma T^4$;

维恩位移定律:$\lambda_m T = b$.

详解过程

解 由 $M_B = \sigma T^4$ 和 $\lambda_m T = b$,可得 $\dfrac{M_2}{M_1} = \left(\dfrac{T_2}{T_1}\right)^4 = \left(\dfrac{\lambda_{m1}}{\lambda_{m2}}\right)^4 = 16$.

所以,总辐出度变为原来的 16 倍.

例 15-2 铝的逸出功为 4.2 eV,用波长为 200 nm 的紫外光照射到铝的表面发生光电效应.求:

(1)出射光电子的最大初动能;(2)遏止电压;(3)铝的红限波长.

逻辑推理

本题考核了光电效应的几个基本物理概念,由光电效应的爱因斯坦方程及相关物理量的定义可求解.

提纲挈领

爱因斯坦方程:$h\nu = \dfrac{1}{2}mv^2 + W$;

遏止电压:$U_0 = \dfrac{mv^2}{2e}$;

红限:$\nu_0 = \dfrac{W}{h}$,$\lambda_0 = \dfrac{c}{\nu_0} = \dfrac{ch}{W}$.

详解过程

解 (1)由爱因斯坦方程 $h\nu = \dfrac{1}{2}mv^2 + W$,可得

$$\frac{1}{2}mv^2 = h\nu - W = h\frac{c}{\lambda} - W = 3.23 \times 10^{-19}\ \text{J} = 2.02\ \text{eV}.$$

(2)遏止电压 $U_0 = \dfrac{mv^2}{2e} = 2.02\ \text{V}$.

(3)红限波长 $\lambda_0 = \dfrac{c}{\nu_0} = \dfrac{ch}{W} = \dfrac{3 \times 10^8 \times 6.63 \times 10^{-34}}{4.2 \times 1.6 \times 10^{-19}} \approx 2.96 \times 10^{-7}\ (\text{m})$.

例 15-3 氢原子玻尔理论中,(1)核外电子由主量子数 $n_i = 5$ 的轨道跃迁到 $n_f = 2$ 的轨道时,对外辐射光的波长为多少?(2)若再使核外电子由 $n_f = 2$ 的轨道激发至游离态,原子需吸收多少能量?

　　氢原子能级 $E_n = E_1/n^2$,原子跃迁的频率条件为 $h\nu = E_i - E_f$.根据能级差可算出跃迁辐射频率和波长;原子游离态可认为是 $n_i \to \infty$ 的状态,由激发态跃迁至游离态需要的能量应为其能级之差.

　　氢原子能级公式:$E_n = E_1/n^2$,$E_1 = -13.6\text{ eV}$,$n = 1,2,3,\cdots$;

　　原子跃迁的频率条件:$h\nu = E_i - E_f$.

　　解　(1) $E_n = E_1/n^2$.

　　由频率条件 $h\nu = h\dfrac{c}{\lambda} = E_i - E_f$,可得

$$\lambda = \frac{hc}{E_5 - E_2} = \frac{6.63\times10^{-34}\times3\times10^8}{-13.6\times1.6\times10^{-19}\times\left(\dfrac{1}{5^2}-\dfrac{1}{2^2}\right)} \approx 4.35\times10^{-7}\text{(m)}.$$

　　(2) 游离态 $n_i \to \infty$,$E_\infty = 0$.

　　原子激发至游离态需吸收的能量为 $\Delta E = E_\infty - E_2 = 0 - \dfrac{E_1}{2^2} = 3.4\text{ eV}$.

　　例 15-4　若电子速度远小于光速,求动能为 1 eV 的电子的德布罗意波长.

　　电子速度远小于光速,所以其质量近似可认为等于其静止质量 $9.1\times10^{-31}\text{kg}$.由电子动能可以求出其动量,再根据德布罗意关系可得电子的德布罗意波长.

　　德布罗意关系式:$\lambda = \dfrac{h}{P}$;

　　动能与动量的关系:$P = \sqrt{2E_k m}$.

解　$\lambda = \dfrac{h}{P} = \dfrac{h}{\sqrt{2E_k m}} = \dfrac{6.63 \times 10^{-34}}{\sqrt{2 \times 1.6 \times 10^{-19} \times 9.1 \times 10^{-31}}}$

$\approx 1.23 \times 10^{-9}$ (m).

例 15-5　若有：(1) 一颗质量为 10 g 的子弹，(2) 一个电子，它们都做一维运动，速率都为 200 m·s^{-1}，它们动量的不确定范围均为其动量的 0.01％．则子弹和电子位置的不确定量范围各为多大？

由于子弹和电子的速率都远小于光速，所以它们的质量都可以近似等于其静止质量．算出各自动量和其不确定范围，根据一维坐标动量的不确定关系，可算出位置的不确定范围．

$\Delta x \Delta P_x \geqslant h.$

解　(1) 对于子弹，动量：$P = mv = 2$ kg·m·s^{-1}；

动量的不确定范围：$\Delta P = 0.01\% \times P = 2 \times 10^{-4}$ kg·m·s^{-1}；

位置的不确定范围：$\Delta x \geqslant \dfrac{h}{\Delta P} = \dfrac{6.63 \times 10^{-34}}{2 \times 10^{-4}}$ m $\approx 3.3 \times 10^{-30}$ m.

计算出的位置不确定范围相当小，所以对于宏观物体子弹，其位置基本认为可以较精确测定．

(2) 对于电子，$P = mv = 9.1 \times 10^{-31} \times 200$ kg·m·s$^{-1} \approx 1.8 \times 10^{-28}$ kg·m·s^{-1}；

$\Delta P = 0.01\% \times P = 1.8 \times 10^{-32}$ kg·m·s^{-1}；

位置的不确定范围：$\Delta x \geqslant \dfrac{h}{\Delta P} = \dfrac{6.63 \times 10^{-34}}{1.8 \times 10^{-32}}$ m $\approx 3.7 \times 10^{-2}$ m.

计算出的位置不确定范围有 4 cm 之多，所以对于微观粒子电子，其位置和动量的不确定原理效果较为明显．

四、动手动脑

1. 下面各物体,是绝对黑体的是   [   ]

(A) 不辐射可见光的物体

(B) 不辐射任何光线的物体

(C) 不能反射可见光的物体

(D) 不能反射任何光线的物体

2. 按照玻尔理论,电子绕核做圆周运动时,电子的角动量 L 的可能值为

[   ]

(A) 任意值   (B) nh,$n=1,2,3\cdots$

(C) $2\pi nh$,$n=1,2,3\cdots$ (D) $\dfrac{nh}{2\pi}$,$n=1,2,3\cdots$

3. 关于光电效应有下列说法,其中正确的是   [   ]

① 任何波长的可见光照射到任何金属表面都能产生光电效应;

② 对同一金属如有光电子产生,则入射光的频率不同,光电子的最大初动能也不同;

③ 对同一金属由于入射光的波长不同,单位时间内产生的光电子的数目不同;

④ 对同一金属,若入射光频率不变而强度增加一倍,则饱和光电流也增加一倍.

(A) ①②③   (B) ②③④

(C) ②③   (D) ②④

4. 康普顿效应的主要特点是   [   ]

(A) 散射光的波长均比入射光短,且随散射角增大而减少,但与散射体的性质无关

(B) 散射光的波长均与入射光相同,与散射角、散射体的性质无关

(C) 散射光中既有与入射光波长相同的,也有比它长和短的,这与散射体的性质有关

(D) 散射光中有些波长比入射光波长长,且随散射角增大而增大,有些与入射光波长相同,这都与散射体的性质无关

5. 不确定关系式 $\Delta x \Delta P_x \geqslant h$ 表示在 x 方向上   [   ]

(A) 粒子的位置不能确定

(B) 粒子的动量不能确定

(C) 粒子的位置和动量都不能确定

(D) 粒子的位置和动量不能同时确定

6. 若 α 粒子在磁感应强度为 B 的均匀磁场中沿半径为 R 的圆形轨道运动,则粒子的德布罗意波长是 [　　]

(A) $\dfrac{h}{2eRB}$　　　 (B) $\dfrac{h}{eRB}$　　　 (C) $\dfrac{1}{2eRB}$　　　 (D) $\dfrac{1}{eRBh}$

7. 关于不确定关系 $\Delta x \cdot \Delta P_x \geqslant h \left(h = \dfrac{h}{2\pi} \right)$ 有以下几种理解:

① 粒子的动量不可能确定;

② 粒子的坐标不可能确定;

③ 粒子的动量和坐标不可能同时确定;

④ 不确定关系不仅适用于电子和光子,也适用于其他粒子.

其中,正确的是 [　　]

(A) ①② 　　 (B) ②④ 　　 (C) ③④ 　　 (D) ①④

8. 以下一些材料的逸出功为:

铍 3.9 eV;钯 5.0 eV;铯 1.9 eV;钨 4.5 eV.

今要制造能在可见光(频率范围为 $3.9\times10^{14}\sim7.5\times10^{14}$ Hz)下工作的光电管.在这些材料中,应选 [　　]

(A) 钨 　　　 (B) 钯 　　　 (C) 铯 　　　 (D) 铍

9. 以一定频率的单色光照射在某种金属上,测出其光电流曲线(图中实线),然后保持光的频率不变,增大照射光的强度,测出其光电流曲线(图中虚线).满足题意的图是 [　　]

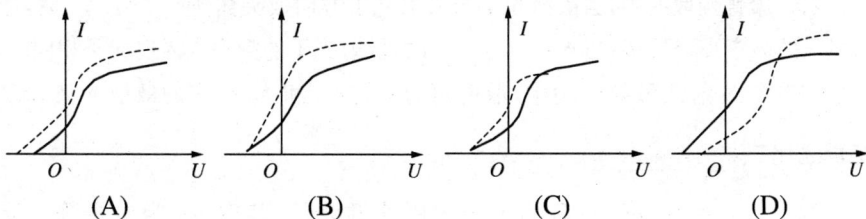

(A)　　　　　　　(B)　　　　　　　(C)　　　　　　　(D)

10. 已知氢原子从基态激发到某一定态所需能量为 10.19 eV,当氢原子从能量为 -0.85 eV 的状态跃迁到上述定态时,所发射的光子的能量为

[　　]

(A) 2.56 eV　　　　　　　　　(B) 3.41 eV

(C) 4.25 eV　　　　　　　　　(D) 9.95 eV

11. 要使处于基态的氢原子受激后可辐射出可见光谱线,最少应供给氢原子的能量为　　　　　　　　　　　　　　　　　　　　　[　　]

(A) 12.09 eV　　　　　　　　(B) 10.20 eV

(C) 1.89 eV　　　　　　　　　(D) 1.51 eV

12. 在加热黑体的过程中,其单色辐出度的最大值所对应的波长由 $0.69\ \mu m$ 变化到 $0.50\ \mu m$,其总辐出度变为原来的＿＿＿＿倍.

13. 电子显微镜中的电子从静止开始通过电势差为 U 的静电场加速后,其德布罗意波长是0.04 nm. 则 U 约为＿＿＿＿.

14. 已知粒子在一维矩形无限深势阱中运动,其波函数为: $\Psi(x) = \dfrac{1}{\sqrt{a}}\cos\dfrac{3\pi x}{2a}(-a<x<a)$. 则粒子在 $x=5a/6$ 处出现的概率为＿＿＿＿.

15. 若中子的德布罗意波长为2Å,则它的动能为＿＿＿＿.(中子质量 $m=1.67\times10^{-27}\ kg$)

16. 低速运动的质子 P 和 α 粒子,若它们的德布罗意波长相同,则它们的动量之比 $P_P:P_\alpha=$ ＿＿＿＿;动能之比 $E_P:E_\alpha=$ ＿＿＿＿.

17. 静质量为 m_e 的电子,经电势差为 U_{12} 的静电场加速后,若不考虑相对论效应.则电子的德布罗意波长 $\lambda=$ ＿＿＿＿.

18. 如果电子被限制在边界 x 与 $x+\Delta x$ 之间,$\Delta x=0.5$Å. 则电子动量 x 分量的不确定量近似地为＿＿＿＿ kg $\cdot$ m $\cdot$ s^{-1}. (不确定关系式 $\Delta x \cdot \Delta P_x \geqslant h/2$).

19. 钨的红限波长是 230 nm(1 nm $=10^{-9}$m),用波长为 180 nm 的紫外光照射时,从表面逸出的电子的最大动能为＿＿＿＿eV.

20. 康普顿散射中,当散射光子与入射光子方向成夹角 $\phi=$ ＿＿＿＿时,散射光子的频率小得最多;当 $\phi=$ ＿＿＿＿ 时,散射光子的频率与入射光子相同.

21. 在 X 射线散射实验中,散射角为 $\phi_1=45°$ 和 $\phi_2=60°$ 的散射光波长改变量之比 $\dfrac{\Delta\lambda_1}{\Delta\lambda_2}=$ ＿＿＿＿.

22. 令 $\lambda_C=h/(m_e c)$(称为电子的康普顿波长,其中 m_e 为电子静止质量,c 为真空中的光速,h 为普朗克常量). 当电子的动能等于它的静止能量时,它的德布罗意波长 $\lambda=$ ＿＿＿＿λ_C.

23. 以波长 $\lambda = 410$ nm $(1$ nm $= 10^{-9}$m$)$ 的单色光照射某一金属,产生的光电子的最大动能 $E_k = 1.0$ eV. 求能使该金属产生光电效应的单色光的最大波长是多少?

24. 实验发现基态氢原子可吸收能量为 12.75 eV 的光子.

(1) 试问:氢原子吸收该光子后将被激发到哪个能级?

(2) 受激发的氢原子向低能级跃迁时,可能发出哪几条谱线?

25. 如图 $15 - 2$ 所示,一电子以初速度 $v_0 = 6.0 \times 10^6$ m $\cdot$ s^{-1} 逆着场强方向飞入电场强度为 $E = 500$ V $\cdot$ m^{-1} 的均匀电场中. 问:该电子在电场中要飞行多长距离 d,可使得电子的德布罗意波长达到 $\lambda = 1$ Å.(飞行过程中,电子的质量认为不变,即为静止质量 $m_e = 9.11 \times 10^{-31}$kg)

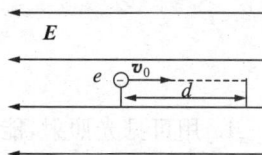

图 $15 - 2$

26. 同时测量能量为 1 keV 的做一维运动的电子的位置与动量时,若位置的不确定值在 0.1 nm 内,则动量的不确定值的百分比 $\Delta P/P$ 至少为何值?

五、讨论交流

1. 电子衍射实验中,单个电子的落点是无规律的,而大量电子的散落形成衍射图样.这是否意味着单个粒子呈现粒子性,而大量粒子集合呈现波动性?

2. 有人认为德布罗意波是粒子的疏密波,类似于声波.这种理解对不对?

3. 经典物理中是否存在不确定关系?

4. 用可见光照射,能否使基态氢原子受到激发?

5. 核外电子是否有确定的轨道?

习题答案

上 篇

第一章 质点运动学

1～5 CDDDB 6～10 BCCDC 11～15 BACCD 16. 8 m 10 m 17. 0.15 m/s²

1.26 m/s² 18. $(2\boldsymbol{i}+4\boldsymbol{j})$ m·s⁻¹ 4.47 m·s⁻¹ $y=\dfrac{1}{8}x^2-2$ 19. 直线

20. (1) 5.00 m/s (2) 1.67 m/s² 21. $4t^3-3t^2$(rad/s) $12t^2-6t$ (m/s²) 22. (1) $-\dfrac{g}{2}$

(2) $\dfrac{2\sqrt{3}v^2}{3g}$ 23. (1) $x=(y-3)^2$ (2) $\Delta\boldsymbol{r}=4\boldsymbol{i}+2\boldsymbol{j}$ (3) $\boldsymbol{v}=24\boldsymbol{i}+2\boldsymbol{j}$,$\boldsymbol{a}=8\boldsymbol{i}$ 24. $v=$

$2(x+x^3)^{\frac{1}{2}}$ 25. (1) 0.35 m/s,方向东偏北8.98° (2) 1.16 m/s 26. $v^2=v_0^2+k(y_0^2-$

$y^2)$ 27. (1) $a_{\mathrm{t}}=36$ m·s⁻²,$a_{\mathrm{n}}=1\,296$ m·s⁻² (2) 2.67 rad

第二章 牛顿定律

1～5 CACCC 6～10 BBBDC 11. $7\sqrt{2}$ m/s² 两个力夹角的角平分线 12. $2g$

(方向向下) 0 13. 不一定 14. (1) $mg/\cos\theta$ (2) $\sin\theta\sqrt{\dfrac{gl}{\cos\theta}}$ 15. $(\mu\cos\theta-\sin\theta)g$

16. 5.2 N 17. 3.53 m/s² 18. (1) $\boldsymbol{r}=-\dfrac{13}{4}\boldsymbol{i}-\dfrac{7}{8}\boldsymbol{j}$（m） (2) $\boldsymbol{v}=-\dfrac{5}{4}\boldsymbol{i}-$

$\dfrac{7}{8}\boldsymbol{j}$（m·s⁻¹）

第三章 动量守恒定律和能量守恒定律

1～5 CBBCC 6～10 BBBCB 11～15 ACCDC 16. 18 N·s 17. $2\boldsymbol{i}$ m/s

18.5 m/s　19. mv_0　竖直向下　20. $\dfrac{m_1}{m_1+m_2}$　21.（1）0　（2）$\dfrac{2\pi mg}{\omega}$　（3）$\dfrac{2\pi mg}{\omega}$

22. 18 J　6 m/s　23. 4 000 J　24. 不一定　动量　25. 980 J　26. 28.8 m/s　27. $\alpha=$

26°34′　28.（1）1.8×10^3 N　（2）$v_A=6$ m/s，$v_B=22$ m/s　29. $v_1=-\dfrac{m}{M}v$，$v_2=\dfrac{m}{M+m}v$

第四章　刚体转动

1～5　CBDCA　6～10　ABADD　11. 6.54 rad/s²　4.8 s　12. $mL^2/12$　$mL^2/3$

13. 转动惯量　角加速度　14.（1）0.8 rad/s²　（2）4 rad·s⁻¹　1.6　（3）0.51 m·

s⁻²　15. 25 kg·m²　16. 157 N·m　17. $\dfrac{(J+mr^2)\omega_1}{J+mR^2}$　18. $M\omega_0/(M+2m)$

19.（1）$v=1.23$ m/s，$a_n=10$ m/s²　（2）$\beta=-0.545$ rad/s²，$N=9.75$ r　20. $v=mgt/$

$\left(m+\dfrac{1}{2}M\right)$　21. $3v_0/(2l)$　22.（1）$\omega=\omega_0+\dfrac{2v}{21R}$　（2）$v=-21R\omega_0/2$，与盘的初始转

动方向一致　23. $\alpha=\dfrac{3g\cos\theta}{2l}$，$\omega=\sqrt{(3g\sin\theta)/l}$

第五章　机械振动

1～5　DCBBB　6～11　CBCBDC　12. 24/7 s　$\dfrac{4}{3}\pi$　13. $x=2\times10^{-2}\cos\left(5t/2-\right.$

$\left.\dfrac{1}{2}\pi\right)$（m）　14. 0.25 s　0.1 m　$\dfrac{2\pi}{3}$　2.5 m/s　63 m/s²　15.（1）$A\cos\left(\dfrac{2\pi t}{T}-\dfrac{1}{2}\pi\right)$

（2）$A\cos\left(\dfrac{2\pi t}{T}+\dfrac{1}{3}\pi\right)$　16. A_2-A_1　$x=(A_2-A_1)\cos\left(\dfrac{2\pi t}{T}+\dfrac{1}{2}\pi\right)$　17. π　18. 5 cm

19. 0　20. $0.04\cos\left(\pi t-\dfrac{1}{2}\pi\right)$　21. $\pm2\pi/3$　22.（1）$\dfrac{\pi}{5}$s，10 rad/s　（2）$-\dfrac{3}{4}\sqrt{3}$m/s，

$\dfrac{\pi}{3}$　（3）$x=15\cos\left(10t+\dfrac{\pi}{3}\right)$（m）　23.（1）$\pm4.24\times10^{-2}$m　（2）0.75 s　24. $x=2\times$

$10^{-2}\cos(4t+\pi/3)$（m）　（图略）

第六章　机械波

1～5　CAABC　6～10　AAAAC　11～12　CD　13. 沿 x 轴负方向　3π/4

14. 0.6 m　0.25 m　15. $y=0.1\cos\left(4\pi t+2\pi x+\dfrac{\pi}{2}\right)$（m）　16. $0.1\cos(4\pi t-\pi)$（m）

-1.26 m/s　17. $y=A\cos\{\omega[t+(1+x)/u]+\varphi\}$　18. $y=A\cos\left[2\pi\left(\nu t-\dfrac{L_1+L_2}{\lambda}\right)+\varphi\right]$

19. $y=A\cos\left[2\pi\left(\nu t+\dfrac{x+L}{\lambda}\right)+\dfrac{\pi}{2}\right]$　$t_1+L/(\lambda\nu)$　20. $y_1=A\cos(2\pi t/T+\varphi)$　$y_2=$

$A\cos[2\pi(t/T+x/\lambda)+\varphi]$　21. 频率相同　振动方向一致　相位差恒定

22. $\sqrt{A_1^2+A_2^2+2A_1A_2\cos2\pi(L-2r)/\lambda}$　23. 0　24. S_1 的相位比 S_2 的相位超前 π/2

25. 相同　$2\pi/3$　26. （1）$y = A\cos\left[2\pi\left(250t + \dfrac{x}{200}\right) + \dfrac{1}{4}\pi\right]$（m/s）　（2）$y =$

$A\cos\left(500\pi t + \dfrac{5}{4}\pi\right)$（m）　$v = -500\pi A\sin\left(500\pi t + \dfrac{5}{4}\pi\right)$（m/s）　27. （1）$y =$

$A\cos\left[2\pi\nu(t - t') + \dfrac{1}{2}\pi\right]$　（2）$y = A\cos\left[2\pi\nu(t - t' - x/u) + \dfrac{1}{2}\pi\right]$　28. （1）$y =$

$A\cos\left(\dfrac{2\pi ut}{\lambda} - \dfrac{\pi}{2} + \dfrac{2\pi}{\lambda}x\right)$（SI）　（2）（图略）　29. 0.46 m

第七章　波动光学

　　1～5　BBABA　6～10　BBDCC　11～15　CBBCC　16. 3λ　1.333　17. 线偏振
部分偏振　布儒斯特　18. 7.32 mm　19. 113 nm　20. 子波　子波相干叠加
21. 横　22. 4　23. 1.732　24. （1）0.910 mm　（2）24 mm　25. （1）1.2 cm
（2）1.2 cm　26. 11.8°

第八章　狭义相对论

　　1～5　DABAD　6～8　ACC　9. 相对性原理　光速不变原理　10. 伽利略变换
洛伦兹变换　11. 光速　不等于　12. 相对的　运动　13. $m = \dfrac{m_0}{\sqrt{1 - (v/c)^2}}$　14. 5.8

$\times 10^{-13}$　8.04×10^{-2}　15. 0.5　16. $(3/5)c$　17. 2.60×10^8　18. （1）2.25×10^{-7} s

（2）3.75×10^{-7} s　19. $v = 0.91c$，$\tau = 5.31 \times 10^{-8}$ s　20. （1）1.8×10^8 m·s^{-1}　（2）$9 \times$

10^8 m　21. $v = \dfrac{4}{5}c$　22. 9.1%

下　篇

第九章　气体动理论

　　1～5　CBBAC　6～10　CDCBB　11～13　DCB　14. 28×10^{-3} kg/mol
15. 1.04 kg/m³　16. （1）1.2×10^{-24} kg·m·s^{-1}　（2）3.33×10^{27}　（3）4×10^3 Pa
17. 1.93 K　4.01×10^4 Pa　18. 1.33×10^5 Pa　19. 气体分子任一自由度上的平均动能
20. $\dfrac{i}{2}pV$　21. 6.23×10^3　6.21×10^{-21}　1.035×10^{-20}　22. 氩　氦　23. （1）1

（2）2　（3）10/3　24. （1）6.21×10^{-21} J，483 m/s　（2）300 K　25. $\dfrac{m(H_2)}{m(He)} = \dfrac{1}{2}$，

$\dfrac{E(H_2)}{E(He)} = \dfrac{5}{3}$

第十章　热力学基础

　　1～5　CADBA　6～10　BBBBD　11～13　BBA　14. 如下表：

过程	内能增量 $\Delta E/J$	做功 W/J	吸热 Q/J
$A \to B$	0	50	50
$B \to C$	-50	50	0
$C \to D$	-100	-50	-150
$D \to A$	150	0	150
$ABCD$	循环效率 $\eta = 25\%$		

15. 气体在等体过程中吸收的热量只用来增加内能,而在等压过程中不仅增加内能,还要对外做功 16. >0 >0 17. (1) 循环工作的热机 不使外界发生任何变化 (2) 自动 外界的变化 18. 具有等效性 与热现象有关的过程进行的方向性 19. 166 J 20. 124.7 J -84.3 J 21. (1) 等体过程:$W=0,Q=\Delta E=623.25$ J (2) 等压过程:$Q=1038.75$ J,$\Delta E=623$ J,$W=415.5$ J (3) 绝热过程:$Q=0$,$\Delta E=623.25$ J,$W=-623.25$ J 22. (1) $T_C=100$ K,$T_B=300$ K (2) $W_{AB}=400$ J,$W_{BC}=-200$ J,$W_{CA}=0$ (3) $Q=200$ J 23. (1) 2.72×10^3 J (2) 2.20×10^3 J 24. (1) 5.35×10^3 J (2) 1.34×10^3 J (3) 4.01×10^3 J

第十一章 静电场

1~5 CCDBC 6~10 BBBCB 11~12 DC 13. $\dfrac{Q}{4\pi\varepsilon_0 R}$ 14. $-\dfrac{Q}{4}$ $\dfrac{Q}{2\pi\varepsilon_0 d}$

15. 6 N/C 水平向右 16. 0 17. $-\dfrac{\sigma}{2\varepsilon_0}$ $\dfrac{3\sigma}{2\varepsilon_0}$ $\dfrac{\sigma}{2\varepsilon_0}$ 18. $\dfrac{2\sigma}{\varepsilon_0}a$ $-\dfrac{2\sigma}{\varepsilon_0}x$ $-\dfrac{2\sigma}{\varepsilon_0}a$

19. $\dfrac{\lambda_0}{8\varepsilon_0 R}$,负 y 方向 20. 球内:$E=\dfrac{Ar^2}{4\varepsilon_0}$,球外:$E=\dfrac{AR^4}{4\varepsilon_0 r^2}$ 21. $V_P=\dfrac{q}{4\pi\varepsilon_0 l}\ln\left(\dfrac{l+\sqrt{a^2+l^2}}{a}\right)$

22. $U_{AB}=\dfrac{q}{4\pi\varepsilon_0}\left(\dfrac{1}{R_A}-\dfrac{1}{R_B}\right)$

第十二章 静电场中的导体和电介质

1~5 ADCCA 6~10 CCBCA 11. $-q$ $-q$ 0 q 12. A D 13. 0 $\dfrac{q}{4\pi\varepsilon_0 d}$ 14. 0 $\dfrac{q_a q_b}{4\pi\varepsilon_0 r^2}$ 15. $\sigma(x,y,z)/\varepsilon_0$ 与导体表面垂直朝外($\sigma>0$)或与导体表面垂直朝里($\sigma<0$) 16. 增大 增大 17. (1) 球壳内表面电荷为 $-q$,球壳外表面电荷为 $Q+q$. (2) $\dfrac{-q}{4\pi\varepsilon_0 a}$ (3) $\dfrac{q}{4\pi\varepsilon_0 r}-\dfrac{q}{4\pi\varepsilon_0 a}+\dfrac{q+Q}{4\pi\varepsilon_0 b}$ 18. (1) B 球表面,3×10^6 V/m (2) 3.77×10^{-4} C

第十三章 恒定磁场

1~5 DCACC 6~10 BBDDB 11~12 AC 13. $\dfrac{\mu_0 I}{4R}+\dfrac{\mu_0 I}{2\pi R}$ 垂直于纸面向外

14. $\dfrac{q\omega}{2\pi}$　$\dfrac{\mu_0 q\omega}{4\pi R}$　垂直于纸面向里　15. $B\pi R^2$　$-B\pi R^2$　16. 0　0　17. 等于

18. $\sqrt{2}IaB$　面内垂直于 bc 连线并指向圆心　19. $\dfrac{1}{2}\pi R^2 IB$　在图面中向上　$\dfrac{1}{2}\pi+n\pi$

$(n=1,2,\cdots)$　20. 2.52×10^{-5} Wb　21. 3.73×10^{-3} T,方向垂直纸面向上　22. 1:1

23. $B=\mu_0 R\sigma\omega$,方向平行于轴线朝右　24. 2.14×10^{-8} Wb　25. $2BIR$,方向沿 y 轴正向

26. (1) 0.283 N,方向与直线 AC 垂直、与 OC 的夹角为 $45°$　(2) 1.57×10^{-2} N·m

第十四章　电磁感应　电磁场和电磁波

1～5　CDADD　6～10　CBABD　11. 有　有　12. 无　有　13. 1:1　1:2

14. 0.08　0.16　15. 0　0　$AFDCA$　$AFDCA$　$AFDCA$　16. 逆时针方向

17. 1.104×10^{-5} V　A　18. $-\mu_0 nI_m\pi a^2\omega\cos\omega t$　19. 0.4 H　20. 有　21. 5×10^{-2} T

22. (1) $\mathscr{E}_1=\dfrac{\mu_0 Ilv}{2\pi}\left(\dfrac{1}{a+vt}-\dfrac{1}{a+b+vt}\right)$　(2) $\mathscr{E}_2=\dfrac{\mu_0 lI_0\omega}{2\pi}\ln\dfrac{a+b}{a}\sin\omega t$　23. 0.40 V

24. $\dfrac{\mu_0 I^2}{16\pi}$

第十五章　量子物理

1～5　DDDDD　6～11　ACCBAA　12. 3.63　13. 940 V　14. 1/2a　15. 3.29×

10^{-21}J　16. 1:1　4:1　17. $\dfrac{h}{\sqrt{2m_e qU_{12}}}$　18. 6.63×10^{-24}　119. 1.5　20. π　0

21. 0.586　22. $1/\sqrt{3}$　23. 612 nm　24. (1) 12.75 eV　(2) 六条谱线,分别为 λ_{41}、λ_{31}、

λ_{21}、λ_{43}、λ_{42}、λ_{32}　25. 9.66×10^{-2} m　26. 3.09%

图书在版编目（CIP）数据

大学物理习题精析与自测 / 姜悦,郭小建主编. —南京:南京大学出版社,2012.1(2014.1 重印)
　ISBN 978 - 7 - 305 - 09186 - 5

　Ⅰ.①大…　Ⅱ.①姜…②郭…　Ⅲ.①物理学-高等学校-题解　Ⅳ.①O4 - 44

　中国版本图书馆 CIP 数据核字(2012)第 001450 号

出版发行　南京大学出版社
社　　　址　南京市汉口路 22 号　　　　邮　编 210093
网　　　址　http://www.NjupCo.com
出版人　左　健

书　　名　**大学物理习题精析与自测**
主　　编　姜　悦　郭小建
责任编辑　胥橙庭　单　宁　　编辑热线　025 - 83596923

照　　排　南京紫藤制版印务中心
印　　刷　南京玉河印刷厂
开　　本　787×960　1/16　印张 16.25　字数 275 千
版　　次　2012 年 1 月第 1 版　2014 年 1 月第 3 次印刷
ISBN　978 - 7 - 305 - 09186 - 5
定　　价　31.00 元

发行热线　025 - 83594756　83686452
电子邮箱　Press@NjupCo.com
　　　　　　Sales@NjupCo.com(市场部)